防静电工程

袁亚飞　主编

国家静电防护产品质量监督检验中心　组织编写

電子工業出版社

Publishing House of Electronics Industry

北京·BEIJING

内容简介

本书从静电危害的三要素出发，给出静电防护的基本方法及建设 EPA 所需要的器材、设备、设施、工具等。通过分析大地、接体地、接地线、接地电阻等概念，比较并分析了几种静电接地的优缺点，给出最优的接地方案。结合国内外相关标准给出防静电瓷质地板、PVC（聚氯乙烯）贴面板、环氧自流地坪、三聚氰胺贴面板、水磨石、活动地板等各种地面的适用范围、技术要求、检测方法、施工方案、工程验收等，也介绍了防静电工作台面、服装、鞋、腕带、手套、离子风机、电烙铁、包材等的技术要求、检测方法等相关内容。同时分析了防静电工作区的湿度控制，包括湿度影响静电的原理、湿度控制的发展趋势及实际应用案例。本书尽可能地依据现有标准并从超越标准的角度引导读者去思考防静电器材、设备、设施、工具的选购标准、评价方法等问题。

本书可供航空航天、电子工程、通信工程、半导体技术、计算机与信息工程、企业管理、质量控制等相关专业的大专院校的师生和科研机构人员阅读，也可供 ESD 专业培训使用，对于相关专业的工程技术和管理人员也有一定的参考价值。

图书在版编目（CIP）数据

防静电工程 / 袁亚飞主编. —北京：电子工业出版社，2018.9

ISBN 978-7-121-34828-0

Ⅰ. ①防…　Ⅱ. ①袁…　Ⅲ. ①静电防护　Ⅳ.①TN07

中国版本图书馆 CIP 数据核字（2018）第 176798 号

策划编辑：孟　宇
责任编辑：章海涛
印　　刷：北京捷迅佳彩印刷有限公司
装　　订：北京捷迅佳彩印刷有限公司
出版发行：电子工业出版社
　　　　　北京市海淀区万寿路 173 信箱　邮编：100036
开　　本：787×980　1/16　印张：17.25　字数：358 千字
版　　次：2018 年 9 月第 1 版
印　　次：2019 年 4 月第 2 次印刷
定　　价：69.00 元

凡所购买电子工业出版社图书有缺损问题，请向购买书店调换。若书店售缺，请与本社发行部联系，联系及邮购电话：（010）88254888，88258888。

质量投诉请发邮件至 zlts@phei.com.cn，盗版侵权举报请发邮件至 dbqq@phei.com.cn。

本书咨询联系方式：mengyu@phei.com.cn。

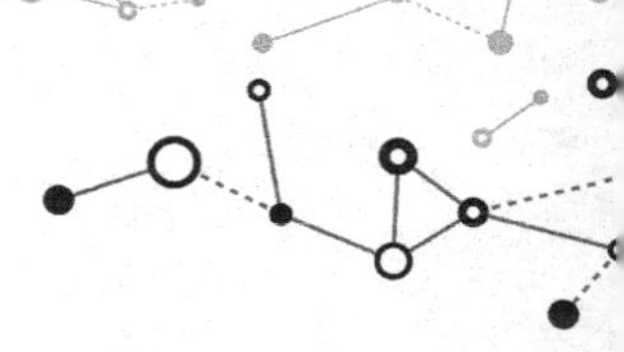

前言

1969 年年底，荷兰、挪威、英国三艘 20 万吨超级油轮在洗舱时相继发生爆炸，引起人们对防静电工作的重视。近年来电子产品的静电敏感等级不断降低，电子工业中的防静电工作形势也日趋严峻。然而，我国的防静电产品生产规模比较小，高科技含量低，产品结构不合理，缺少与国际接轨的标准化实验方法和仪器设备，技术监督机制不够健全，致使许多静电防护工作没有可靠的保障，用户在采购产品时，陷入供应商的陷阱，造成不可挽回的经济损失。例如，某单位近万平方米的防静电地坪施工，经过几次返工仍不合格，直接经济损失近 200 万元；某单位采购的 500 把防静电工作椅，验收合格后投入使用，在进行半年符合性验证时，验证结果为全部不合格；某单位购买的近千件防静电服，清洗后全部不合格，等等。如何对电子产品进行静电防护，如何建立符合标准要求的防静电工作区，如何选购符合要求的防静电用品，如何检测防静电用品等一系列问题一直困扰着电子工程师及质量管理人员。本书主要从解决上述问题出发，依据最新的国内外标准，参考国际上实用的做法，给出切实可行的解决方案。

本书第 1 章绪论从静电危害的三要素出发，介绍静电防护的基本方法及建设 EPA 所需要的器材、设备、设施、工具等。第 2 章通过静电接地讲解大地、接地体、接地线、接地电阻等概念，比较并分析几种静电接地的优缺点，同时给出最优的接地方案。第 3 章介绍防静电地面的国内外技术要求，结合国内外相关标准给出防静电瓷质地板、PVC 贴面板、环氧自流地坪、三聚氰胺贴面板、水磨石、活动地板等各种地面的适用范围、技术要求、检测方法、施工方案、工作验收等。第 4～11 章，分别介绍防静电工作台面、服装、鞋、腕带、手套、离子风机、电烙铁、包材等产品的技术要求、检测方法等相关内容。第 12 章介绍防静电工作区的湿度控制，包括湿度影响静电的原理、湿度控制的发展趋势及实际应用案例。

本书由国家静电防护产品质量监督检验中心组织编写，作者均来自北京东方计量测试研究所。第 1 章由袁亚飞、刘民、季启政编写；第 2 章由袁亚飞、刘民、周黎编写；第 3 章由袁亚飞、周黎、高志良编写；第 4 章由袁亚飞、季启政、董怿博编写；第 5～6 章由袁亚飞、张卫红、季启政编写；第 7～8 章由袁亚飞、马姗姗、高志良编写；第 9～10 章由袁亚飞、高志良、张卫红编写；第 11 章由袁亚飞、张絮洁、季启政、周蜡琴编写；第 12 章由袁亚飞、张絮洁、高志良、周蜡琴编写。全书由袁亚飞修改、统稿。

由于编者水平有限，书中难免存在一些不足之处或者错误，恳请读者和相关专家不吝赐教，作者联系方式：luardust@126.com。

编　者

2018 年 6 月 26 日于北京

目录

第1章
绪　　论

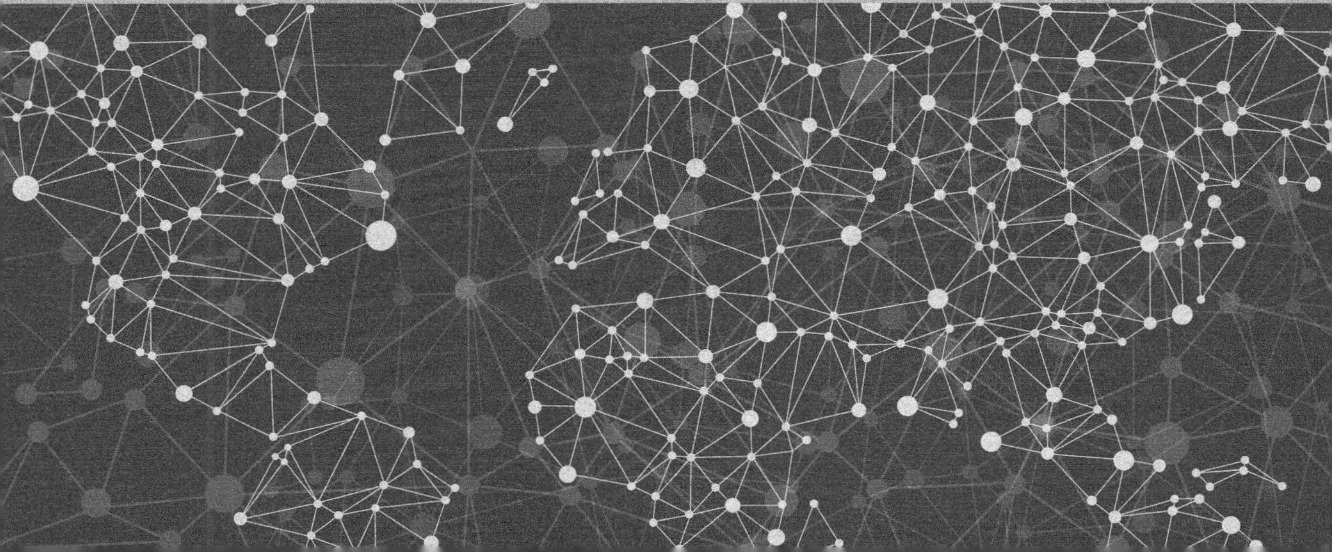

早在公元前 600 多年，人类就开始记录静电现象。1969 年年底，荷兰、挪威、英国三艘 20 万吨超级油轮在洗舱时相继发生爆炸，防静电工作引起了人们的重视。随着电子技术的发展，微电子元件的集成度越来越高，一个极端微弱的静电放电就可能击穿元器件，造成断路或短路，使元器件失效或报废。静电放电的电磁脉冲也可能引起逻辑电路的异常翻转、数据错误或丢失，电子元器件的损伤进一步影响到组件、设备和系统的可靠性。日本曾对不合格的电子产品进行解剖、分析，发现 45%的不合格品都是由静电造成的；近期美国公布的涉及 10 多个行业的调查结果显示，平均每年因静电造成的直接经济损失高达 200 多亿美元，仅电子工业部门每年因静电危害损坏电子元器件的损失高达 100 多亿美元；英国的电子产品，每年因静电造成的损失近 20 亿英镑；我国的电子产品因静电所造成的直接损失也在 10 亿元人民币以上。总之，静电危害已经成为电子工业中的不可忽视的问题。

1.1　防护原则

任何静电危害的发生都必须具有静电源、路径、敏感器件三个基本要素，如图 1-1 所示。

（1）静电源：是由不平衡电荷产生的，在静电放电时，提供必要的电场、电压、电流或能量。有时一个器件既可以是静电源，又可以是敏感器件。

（2）路径：是指静电源和敏感器件之间能量的耦合路径，可以通过传导耦合，也可以通过辐射耦合，有时也可以是电场力的作用。

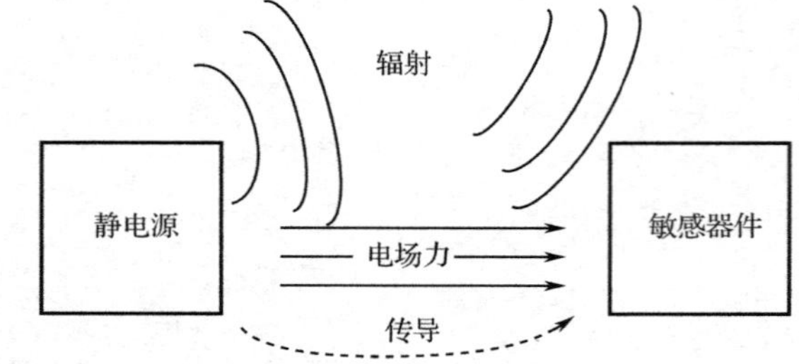

图 1-1　静电危害的三要素

（3）敏感器件：是一切对静电敏感对象的总称，它可以是一个 PN 结、一个晶片、一个元器件、一个组件、一个设备或一个系统等，也可以是一种易燃、易爆的物质。

只有这三个要素同时满足才能形成静电危害，缺少任何一个要素都不能形成静电危害。只要控制这三个要素中的任何一个，就能够防止静电危害的发生。

针对以上三个要素，静电防护的基本原则如下。

（1）控制静电源：使其不超过敏感器件的敏感电压。

（2）切断耦合路径：使静电源和敏感器件之间没有作用的路径。

（3）敏感器件 ESD 加固设计：使敏感器件对静电不敏感。ESD 加固设计技术有时也称静电防护设计，主要是针对敏感器件增加保护电路的方法。感兴趣的读者可以参考防静电设计的相关资料。

1.2　控制静电源

当防静电小车在地面上移动时，小车上累积的电荷量 q_3 应为小车移动时产生的电荷量 q_1 与小车泄漏的电荷量 q_2 之差，如图 1-2 所示。在发生静电放电的时刻，小车的带电荷量为 $q_3 = q_1 - q_2$。防静电的目的就是要减少小车上的残留电荷量 q_3，要减少 q_3，无非有两条途径，即减小 q_1 或增大 q_2。但在具体实施时，减少 q_1 与增大 q_2 这两种做法对小车和地面的要求是不一样的。在实际工作时，增大 q_2（减小电阻）的方法比较容易实现，这也是 EPA 尽量采用静电耗散材料的原因之一。

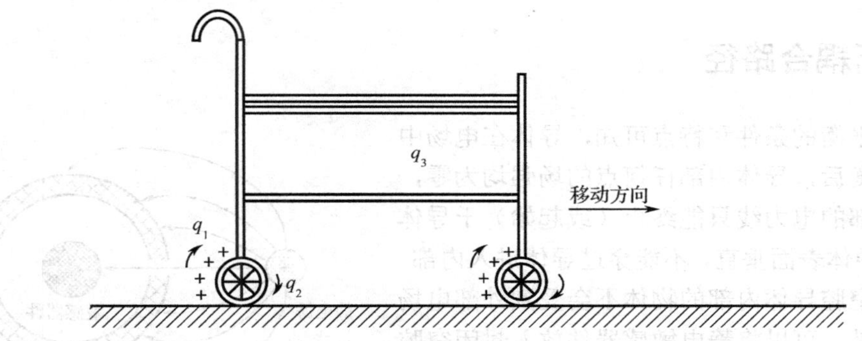

图 1-2　防静电小车上的电荷移动

1．减小起电量

减小静电起电量 q_1，首先要分析静电起电的主要方式，以及影响静电起电的主要因素，针对具体的方式和影响因素，进行具体控制。一般而言，在 EPA 工作内最常见的起电方式有摩擦起电和感应起电两种。减少起电量的方法又称抑制起电法。

减少摩擦起电量的实用方法有：① 配置防静电服、帽等；② 尽量减小物体之间的分离速度，使相对运动速度降低；③ 尽量减少物体之间接触和分离的次数；④ 升高温度，增加相对湿度等。

减小感应起电量主要采用远离静电源的方法。因为影响感应起电量大小的主要因素是静电场的强弱，而静电场的大小与其距离静电源的远近成反比，即离静电源越远，感应起电量越小。

2．增大泄漏量

增大泄漏量就要减小对地（或对另一个物体）的电阻值。这样，如何增大泄漏量的问题就转化为如何减小对地泄漏电阻的问题。而电阻太小又可能发生静电放电或静电能量集中释放，因此控制泄漏速度能够有效地控制泄漏电阻。泄漏电阻既不能太大又不能太小，需要在规定的范围内，这是静电防护的一般要求。

减小泄漏电阻的方法有很多种，而最常用的方法有以下三种。

（1）接地：又称泄放法，即将可能产生静电源的器件、组件、设备、设施等进行接地处理。EPA 内人体接地的方式主要有腕带系统、地板—鞋束系统两种。

（2）中和：又称中和法，因为绝缘材料上的静电荷无法通过接地技术消除，所以只能采用中和技术进行消除，即采用静电消除器中和绝缘体上的静电荷。

（3）提高环境温度，增加环境的相对湿度：相对湿度的增加可以大大降低物体表面的电阻率；温度升高可增加带电粒子的热能，带电粒子更容易移动，同时也降低了物体表面的电阻率。

1.3　切断耦合路径

由静电平衡的条件和特点可知，导体在电场中达到静电平衡后，导体内部任何点的场强均为零，因此导体外部的电力线只能终止（或起始）于导体表面，并与导体表面垂直，不能穿过导体进入内部。也就是说，空腔导体内部的物体不会受到外部电场的影响。于是，可以将静电敏感器件放入封闭空腔导体的内部，如图 1-3 所示，敏感器件就不会受外界静电源的干扰。根据这个原理，制成了防静电屏蔽包装袋，可以在 EPA 外使用。该方法是切断耦合路径的方法，也称屏蔽法。

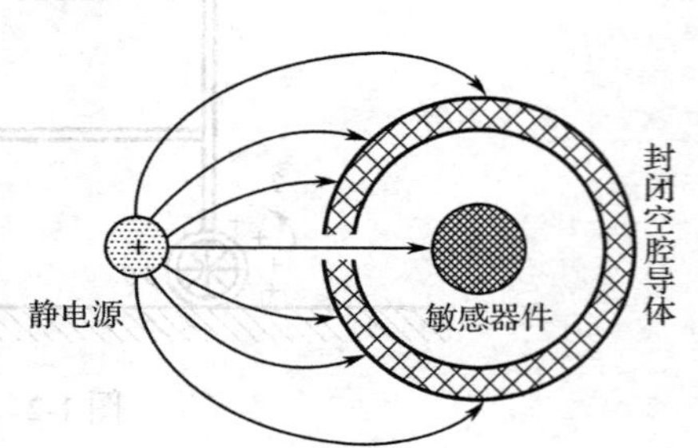

图 1-3　防静电屏蔽包装袋的工作原理

1.4　防静电工程

根据静电危害的三要素，防静电的方法有抑制起电法、泄放法、中和法和屏蔽法 4 种。这 4 种方法都需要通过配置符合要求的器材、设备、设施或工具才能够实施，如抑制起电法需配置防静电服、防静电帽；泄放法需配置腕带系统、地板—鞋束系统、防静电工作台面、防静电设备、防静电工具等；中和法需要配置离子风机等；屏蔽法需要配置防静电包材、防静电屏蔽包装袋等。防静电工程系统如图 1-4 所示。

然而，我国的防静电产品生产规模比较小，高科技含量低，产品结构不合理，缺少与国际接轨的标准化实验方法和仪器设备，技术监督机制不够健全，致使许多部门的静电防护工作没有可靠的保障。1997 年 12 月 29 日，光明日报在报道我国防静电装备行业存在的问题时指出："生产规模小，产业结构不合理，技术含量低的产品出现了一哄而上的情况。"这可能导致用户在采购产品时，陷入供应商的陷阱，造成不可挽回的经济损失。例如，某单位对近万平方米的防静电地坪施工，经过几次返工仍不合格，直接经济损失近 200 万元；

某单位采购的 500 把防静电工作椅，验收合格后投入使用，在进行半年符合性验证时，验收结果为全部不合格；某单位购买的近千件防静电服，清洗后全部不合格，等等。

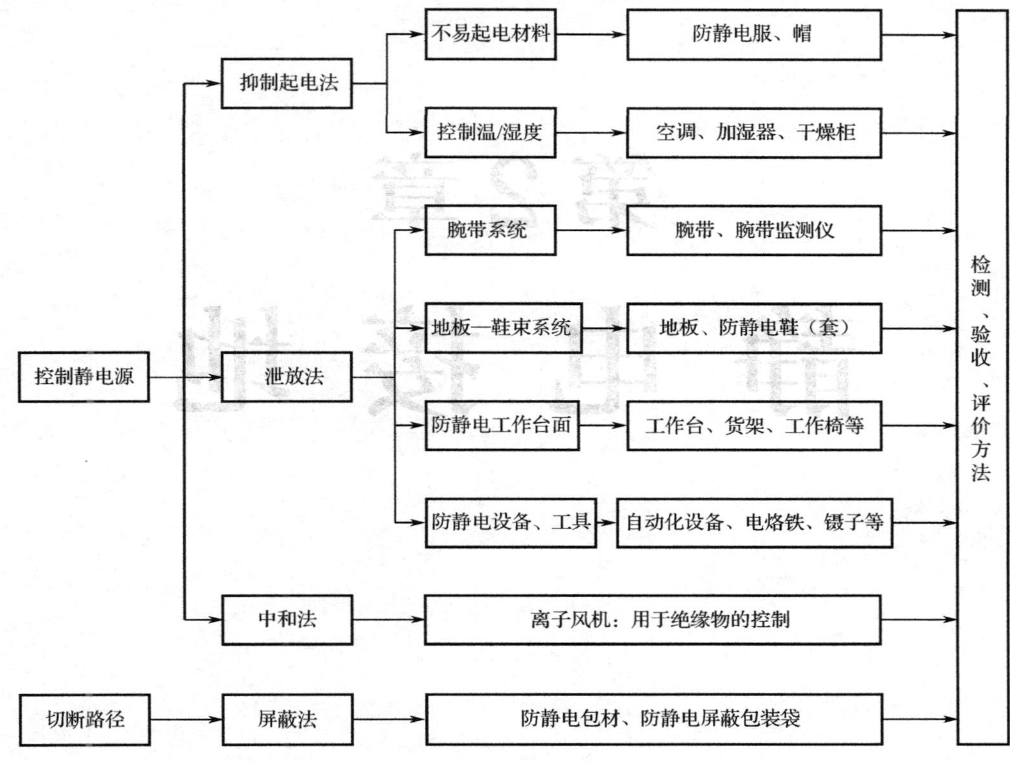

图 1-4　防静电工程系统

参考文献

[1] 袁亚飞.电子工业静电防护技术与管理[M]. 北京：中国宇航出版社，2013.

[2] 刘尚合，魏明.我国静电防护研究的进展和存在的问题与建议[J]. 西安：中国物理学会第八届静电学术年会，2011.

第 2 章

静 电 接 地

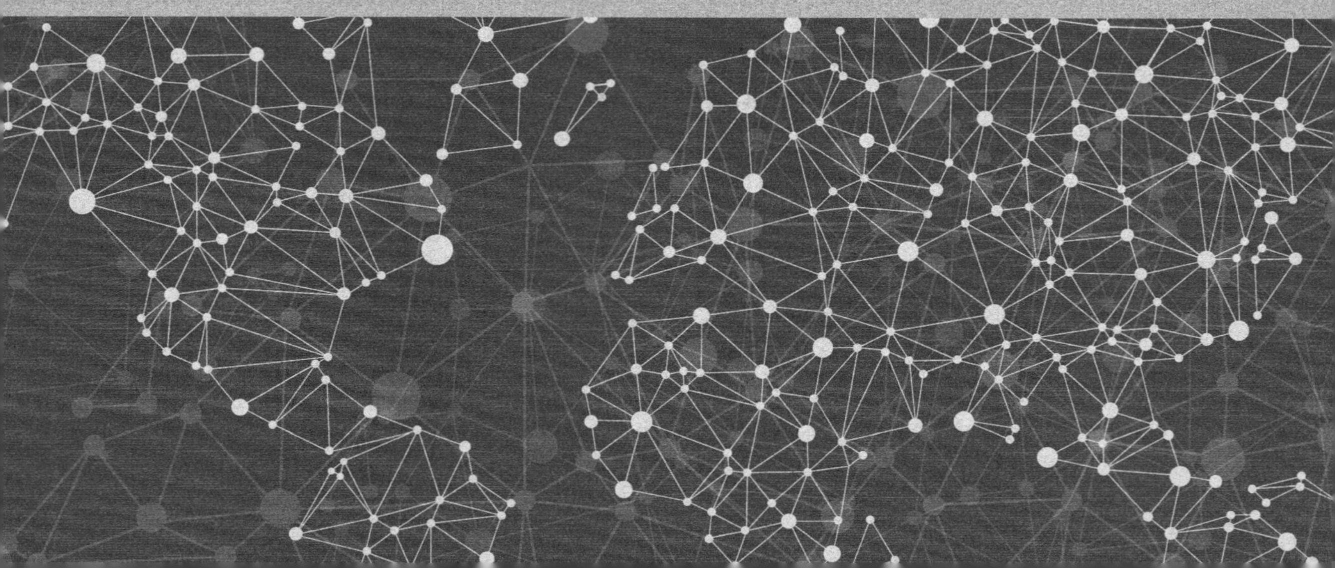

静电接地是指物体通过导电材料、防静电材料或防静电制品与大地在电气上做可靠连接，使静电导体与大地的电位接近，给静电亚导体提供泄漏电荷的通道，保证物体之间的电位差最小或处于等电位状态，防止静电电荷的积聚，减小静电放电发生的可能性。静电接地是最有效、最基本、最重要的防静电措施。

2.1　地

2.1.1　地的概念

地的电阻率非常低，电容量非常大，拥有吸收无限电荷的能力，而且在吸收大量电荷后仍能保持电位不变，因此适合作为电气系统的参考电位体。这种“地”是“电气地”，并不等于“地理地”，但却包含在“地理地”中。“电气地”的范围随大地结构的组成及大地与带电体接触的情况而定。

与大地紧密接触并形成电气接触的一个或一组导电体称为接地极，通常采用圆钢或角钢，也可采用铜棒或铜板。图 2-1 为圆钢接地极示意图。当注入地中的电流 I 通过接地极向大地做半球形散开时，由于在距接地极越近的地方球面越小，在距接地板越远的地方球面越大，因此在距接地极越近的地方电阻越大，而在距接地极越远的地方电阻越小。试验证明：在距单根接地极或碰地处 20m 以外的地方，呈半球形的球面已经很大，几乎没有电阻存在，也无电压降。换句话说，该处的电位已接近于零，电位等于零的“电气地”称为“地电位”。若接地极不是单根的而是由多根组成的，则屏蔽系数增大，上述 20m 的距离可能会增大，如图 2-1（b）所示。流散区是指电流通过接地极向大地流散时产生明显电位梯度的土壤范围，接地极是指流散区以外的土壤区域。在接地极分布很密的地方，很难存在电位等于零的“电气地”。

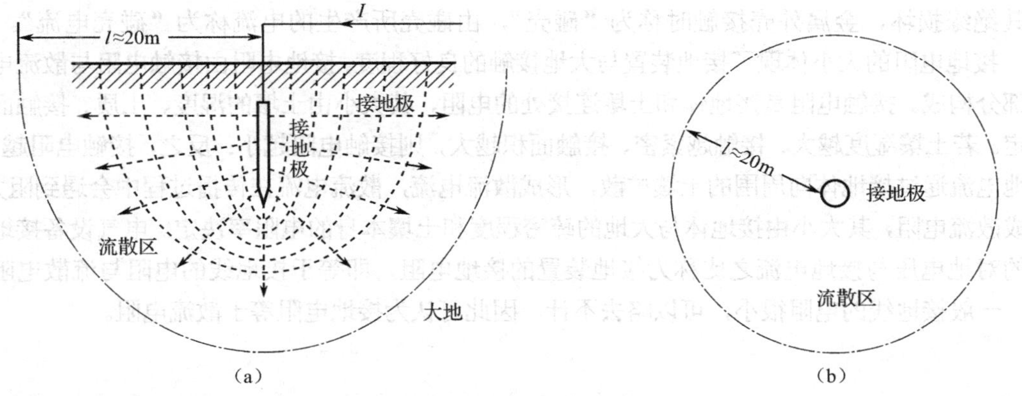

图 2-1　圆钢接地极示意图

电子设备中各级电路电流的传输、信息的转换要求有一个参考地电位，这个电位还可防止外界电磁场信号的侵入，这个电位称为“逻辑地”。这个“地”不一定是“理想地”，可能是电子设备的金属机壳、底座、印制电路板上的地线或建筑物内的总接地端子、接地干线等，逻辑地可与大地接触，也可不与大地接触，而“电气地”必须与大地接触。

2.1.2 接地

大地是可导电的地层，其任何一点的电位通常取为零。电力系统和电气装置的中性点，电气设备的外露、导电部分和导电装置外导电部分经由导体与大地相连，称为“接地”。接地的目的是使人可能接触到的导电部分的电位基本降低到接近地电位，这样当发生电气放电时，即使这些导体部分带电，但因其电位与人体所站立处的大地电位基本接近，可以减少电击危险；同时电力系统接地后还可以稳定运行。“电气装置”是一定空间中若干相互连接的电气设备的组合。“电气设备”是发电、变电、输电、配电或用电的任何设备，如发电机、变压器、电器、测量仪表、保护装置、布线材料等。“外露导电部分”为电气装置能被触及的导电部分，它在正常情况下不带电，但在故障情况下可能带电，一般指金属外壳。有时为了安全保护的需要，将装置外导电部分与接地线相连。“装置外导电部分”也称外部导电部分，不属于电气装置，一般是指水、暖、煤气、空调的金属管道及建筑物的金属结构，外部导电部分可能引入电位，一般是地电位。“接地线”是连接到接地极的导线。“接地装置”是接地极与接地线的总称。

从接地点注入地下的电流称为接地电流，接地电流有正常接地电流和故障接地电流之分。正常接地电流是指正常工作时通过接地装置流入地下，接大地形成工作回路的电流；故障接地电流是指系统发生故障时出现的接地电流。超过额定电流的任何电流称为过电流，在正常情况下的不同电位点间，由于阻抗可忽略不计的故障产生的过电流称为短路电流，如相线和中性线间由金属性短路所产生的电流称为单相短路电流。当电气设备的外壳接地且其绝缘损坏，金属外壳接触时称为“碰壳”，由碰壳所产生的电流称为“碰壳电流”。

接地电阻的大小体现了接地装置与大地接触的良好程度，接地电阻由接触电阻与散流电阻两部分构成。接触电阻是接地体和土壤连接处的电阻，其大小由土壤的湿度、土质、接触面积决定。若土壤湿度越大、接触越紧密、接触面积越大，则接触电阻越小；反之，接触电阻越大。接地电流通过接地体向周围的土壤扩散，形成散流电流，散流电流在传播过程中会遇到阻力，形成散流电阻，其大小由接地体与大地的疏密程度和土壤本身的电阻率决定。电气设备接地部分的对地电压与接地电流之比称为接地装置的接地电阻，即等于接地线的电阻与流散电阻之和。一般接地线的电阻很小，可以略去不计，因此可认为接地电阻等于散流电阻。

2.1.3　接地的分类

接地的目的主要有两个：第一，为设备的操作人员提供安全保障，即保护性接地；第二，防止设备损坏和提高设备的稳定性，即功能性接地。

1. 保护性接地

防电击接地：为了防止电气设备绝缘损坏或产生漏电电流，使平时不带电的外露导电部分带电而导致电击，将设备的外露导电部分接地，称为防电击接地。这种接地还可以限制线路涌流或低压线路及设备由于高压窜入而引起的高电压；当产生电路故障时，有利于过电流保护装置动作而切断电源，这种接地也是狭义的“保护性接地”。这种接地一方面降低了接触电压，将电器设备的机架、机壳和走线架等金属部分与大地间的电压降到允许的数值；另一方面降低了跨步电压，将电气设备与大地之间的电位差降低，使得当故障电流流入大地上层时，其扩散能力最小。

防雷接地：将雷电导入大地，防止雷电流使人身受到电击或财产受到破坏。

防静电接地：将静电荷引入大地，防止由于静电积聚对人体和设备造成危害。特别是目前电子设备中很多都使用集成电路，而集成电路容易受到静电作用产生故障，接地后可防止集成电路的损坏。

防电蚀接地：地下埋设金属体作为牺牲阳极或阴极，防止电缆、金属管道等受到电蚀。

2. 功能性接地

工作接地：为了保证电力系统正常运行，防止系统振荡，保证继电保护的可靠性，在交直流电力系统的适当地方进行接地。交流电一般为中性点接地，直流电一般为中点接地。将除电子设备系统外的交直流接地称为功率地。

逻辑接地：为了确保参考电位的稳定，将电子设备中的适当金属件作为“逻辑地”，一般采用金属底板作为逻辑地。逻辑接地及其他模拟信号系统的接地统称为直流地。

屏蔽接地：将电气干扰源引入大地，抑制外来电磁干扰对电子设备的影响，也可减少电子设备产生的干扰对其他电子设备的影响。

信号接地：为保证信号具有稳定的基准电位而设置的接地，如检测漏电电流的接地，阻抗测量电桥和电晕放电损耗测量等电气测量的接地。

2.2　接地体

静电接地系统是指带电体上的电荷向大地泄漏、消散的外界导出通道，主要由接地体、接地线、接线端子和可能的带电体组成，如图 2-2 所示。

接地体是指埋入大地以便与大地有良好接触的导体或几个导体的组合，也可理解为埋入土壤或混凝土基础中用于散流的导体，接地体可分为自然接地体和人工接地体两种。

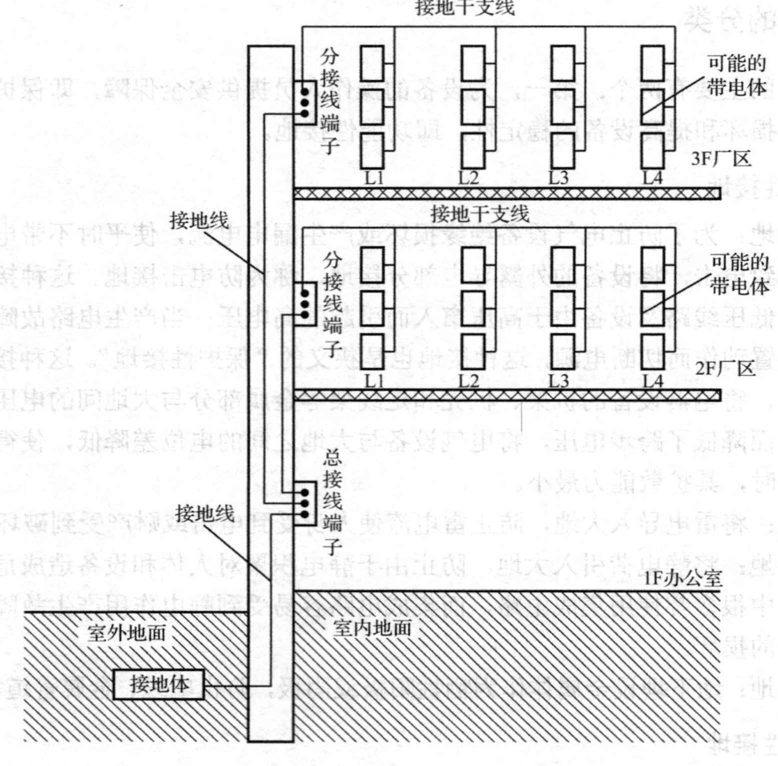

图 2-2 静电接地系统

2.2.1 自然接地体与人工接地体

1. 自然接地体

自然接地体是指用于其他目的，且与土壤保持紧密接触的金属导体，它可以是兼作接地极用的直接与大地接触的各种金属构件、金属井管、钢筋混凝土建（构）筑物的基础、金属管道和设备等。对于大型建筑而言，一般把建筑物的基础钢筋作为自然接地体。

在电力行业标准《交流电气装置的接地》（DL/T 621—1997）中规定：交流电力设备的接地装置，应充分利用直接进入地中或水中的自然接地体。在《建筑物电子物电子信息防雷技术规范》（GB 50343—2012）中第 5.2.6 条提出：接地装置应优先利用建筑物的自然接地体。这是因为自然接地体相对于人工接地体而言具有以下优点。

（1）制作方便。因为自然接地体利用的是建筑物基础钢筋，所以制作时只需要将基础钢筋相互焊接，构成电气通路，再将主钢筋与其焊接，作为引下线，并在需要引出的地方焊接引出钢筋或扁钢。如建筑物、构筑物采用板式、箱式等形式基础钢筋，基础钢筋还可以作为内部均压带，而不用另外制作均压带。而人工接地体则需要将角钢、钢管等制作成一定形状，挖沟槽将其埋在地下，各接地体之间再用扁钢等连接，其制作和安装都比较麻烦。

（2）节约钢材。由于自然接地体只是将基础内钢筋与柱内钢筋相互连接，形成良好的电气通路，因此它可以成为比较好的接地极；而人工接地体则需要额外用角钢等钢材埋在地下，使钢材相互连接才可以作为接地极。

（3）安全可靠，不易损坏。因为人工接地体一般都埋在建筑物基础 3m～5m 以外的地方，埋深在 2m 或 2m 以内，若临近有机械开挖，则很容易被破坏，有可能酿成安全事故。而自然接地体则埋在基础混凝土内，不存在被破坏的可能性。

（4）寿命长，免维护。由于自然接地体在基础混凝土内，而混凝土是其最好的防腐材料，因此接地体不容易被腐蚀，可以说接地体的使用寿命和建筑物的使用寿命是相同的。人工接地体的使用寿命相对要短得多，若所处的土壤含腐蚀性物质较多，则使用寿命更短。若不能及时对已腐蚀的接地体进行修复和维护，则有可能导致一些安全事故的发生。若对人工接地体进行维护则需要重新挖出，不仅工作量大，而且容易造成临近绿化、建筑物等的损坏。

（5）应用范围广。在房屋建筑、给水排水构筑物、设备基础等方面均要采用自然接地体。使用时，只需将建筑物基础内钢筋做成电气通路，再可靠引出，即可作为防雷、防静电等的接地系统接地体使用。

虽然自然接地体在接地工程中具有很多优点，但若使用不当、设计不合理，则往往达不到预期效果。因此，为了使自然接地体的优势得以发挥，还应特别注意以下问题。

（1）在利用自然接地体时，必须取得主管部门的同意，并应考虑到非导体段存在接触不良的可能性，凡接触不可靠处应加跨接线；检修时应有电气工作人员配合。

（2）应特别注意自然接地体的性质，不可利用有可燃或爆炸性介质的金属管道作为自然接地体。

（3）应充分利用自然接地极接地，但应对相关参数进行严格核算，保证其安全性。

（4）当利用自然接地体时，应采用不少于两根导体在不同地点与接地网相连接，并设置将自然接地极与人工接地极分开的测量井。

当然，自然接地体并不是万能的，在一些带有地下、半地下室的建筑中，因使用防水卷材，自然接地体的接地效果有时并不好，需要结合人工接地体共同达到满意的接地效果。

2．人工接地体

自然接地体有时不能保证适当低的散流电阻，因此在 1000V 以上大接地短路电流（即单相接地短路电流大于 500A 的电气设备）的电网中，应采用人工接地体。在实际应用中，有时为了更好地降低接地散流电阻，同时采用人工接地体和自然接地体，以弥补自然接地体的不足。

人工接地体埋设方式有垂直埋设和水平埋设两种。垂直埋设的接地体（垂直接地体）多采用钢管、角钢、圆钢制成；水平埋设的接地体（水平接地体）多采用圆钢、扁钢制成。人工接地体最好采用垂直埋设，多岩石地区可采用水平埋设。

垂直接地体在使用钢管时，可采用直径50mm、管壁厚3.5mm、长2m～2.5m的钢管。当土壤较松时，只要把钢管的一端砸扁或加工成尖状，另一端锯平即可；当土壤坚实时，为了便于将钢管打入地下，需要在钢管的一端加装尖状管头，另一端加装管帽。垂直接地体在使用角钢时，可采用40mm×40mm×4mm～50mm×50mm×5mm的角钢，其长度为2.5m～3m，角钢的一端也要加工成尖状，向地下埋设时比较省力。垂直接地体在使用圆钢时，可采用直径16mm、长2.5m～3m的圆钢。为保证接地装置的安全可靠，垂直接地体必须满足以下要求。

（1）要有足够的机械强度。以上提到的垂直接地体所用的钢管、角钢、圆钢的尺寸，就是考虑机械强度后给定的尺寸。

（2）为了达到接地电阻的数值要求，接地体应由两根以上的钢管、角钢或圆钢组成。比较常用的是把几根钢管、角钢或圆钢埋设成一圈或一排，并在其上端用扁钢或圆钢连接成一个整体，接地体的连接一般多采用焊接。用扁钢连接时，其搭接长度一定应为扁钢宽度的2倍；用圆钢连接时，其搭接长度应为圆钢直径的6倍。

（3）为了减小接地电阻受季节及其他因素的影响，接地体应埋设在大地冻土层以下。一般垂直接地体的顶端距地面的深度应不小于6m。另外，几根接地体之间的间距应不小于5m，但距离也不能太大，否则会增加施工的工作难度。

（4）在有强烈腐蚀性的土壤中，为了防腐蚀，接地体应使用镀铜、镀锌或镀铅的钢制元件，并且适当增加其截面积。为了减小接地电阻，可以采用化学方法处理土壤，但要注意控制其对接地体的腐蚀性。

（5）接地体与建筑物和人行道的距离一般不小于1.5m；接地体与独立避雷针的接地体之间的地下距离应不小于3m；接地装置的地上部分与独立避雷针接地装置的地上部分之间的距离应不小于3m～5m。

（6）对于大接地短路电流系统的接地体，还必须验证计算其热稳定性。而一般低压系统的接地体，由于通过的电流不大，因此可以不验算。

水平接地体在使用圆钢时，多采用直径16mm的圆钢；在使用扁钢时，多采用40mm×4mm的扁钢。水平接地体的型式常见的有带状、环状和放射线状等，其埋设深度一般为0.6m～1m。带状接地体多由几根水平平行铺设的圆钢或扁钢并联而成，其埋设深度不小于0.6m，根数的多少和每根的长度不等，可视实际情况通过计算确定；环状接地体是由圆钢或扁钢构成的环状接地垂直埋设的接地体。为了保证足够的机械强度，并考虑防腐蚀的要求，钢质接地体的最小尺寸如表2-1所示，铜质接地体的最小尺寸如表2-2所示。

表 2-1　钢质接地体的最小尺寸

<table>
<tr><td colspan="2" rowspan="2">材料种类圆钢直径/mm</td><td colspan="2">地上</td><td colspan="2">地下</td></tr>
<tr><td>室内</td><td>室外</td><td>交流</td><td>直流</td></tr>
<tr><td colspan="2"></td><td>6</td><td>8</td><td>10</td><td>12</td></tr>
<tr><td rowspan="2">扁钢</td><td>截面/mm²</td><td>60</td><td>100</td><td>100</td><td>100</td></tr>
<tr><td>厚度/mm</td><td>3</td><td>4</td><td>4</td><td>6</td></tr>
<tr><td colspan="2">角钢厚度/mm</td><td>2</td><td>2.5</td><td>4</td><td>6</td></tr>
<tr><td colspan="2">钢管管壁厚度/mm</td><td>2.5</td><td>2.5</td><td>3.5</td><td>4.5</td></tr>
</table>

表 2-2　铜质接地体的最小尺寸

种类、规格及单位	地上	地上
铜棒直径/mm	4	6
铜排截面/mm^2	10	30
铜管管壁厚度/mm	2	3

2.2.2　共用接地系统

1. 构成

在现代建筑中，经常将防静电的接地体与防雷接地装置、建筑物金属构件、低压配电保护线（PE）等电位连接带、设备保护地、屏蔽体接地及其他接地装置等连接在一起，称为联合接地体。

当建筑物为钢筋混凝土结构时，主钢筋实际上已经成为雷电流的下引线，在这种情况下要将防雷、安全、工作三类接地系统分开会遇到很大的困难，而不同接地之间保持安全距离也很难满足，接地线之间还会存在电位差，易引起放电，损害设备甚至危及人身安全。于是，在 IEC 标准和 ITU 相关的标准中均不再提单独接地，国家标准也都优先推荐共用接地系统，这些标准都建议优先考虑连接在一起的接地方式，即共用接地系统。共用接地系统容易均衡建筑物内各部分的电位，降低接触电压和跨步电压，减少在不同金属部件之间产生闪络的可能性，接地电阻更小。

在共用接地系统的基础上，可以进一步把整个建筑物设计成一个等电位准“法拉第笼”，建筑物防雷、电力、安全和信息系统共用一个接地网，接地引下线①利用建筑物主钢筋，建筑物主钢筋自身的上、下连接点应采用搭焊接方式，上端与楼顶避雷装置，下端与接地网，

① 《建筑物防雷设计规范》（GB 5057—2010）2.0.9 给出防雷“引下线”的定义为“用于将雷电流从接闪器传导至接地装置的导体”。在此，可以把“引下线”作为接地线的一部分来理解。

中间与各层均压网、环状接地母线焊接成电气上连通的“笼式”接地系统。为减少外界电磁干扰，要求接地电阻小于 1Ω。这种“笼式”接地系统，在不同层接地母线之间可能还存在着电位差，应用时仍要注意。

2. 案例

本案例简单设计某个机房的共用接地系统，需要说明的是，在实际机房的接地系统设计时，应该请有资质的单位进行详细方案设计。

（1）设计依据：《建筑物防雷设计规范》（GB 50057—2010）和《电子信息系统机房设计规范》（GB 50174—2008）。

（2）实施措施有以下几个步骤。

① 铺设接地网。若建筑物的桩基础接地网电阻满足要求，则可以直接采用建筑物接地网；若不满足则需要单独铺设接地网，并且设计人工接地体。接地网铺设完成后，将接地网与机房等电位均压带采用 40mm×4mm 的镀锌钢板连接。

② 铺设等电位均压带。在机房内铺设网格型均压带，网格大小约为 3m×3m，材料采用 40mm×4mm 的镀锌钢板，用 ϕ8mm 绝缘子作为支撑。在机房四周用镀锌钢板铺设等电位均压带，内部采用镀锌钢板连接成面积约为 9m^2 的网络。

③ 铺设汇流排。在各机房内靠近柱子的角位处，设置两块汇流排，规格为 80mm×8mm 的镀锌钢板（4 块镀锌钢板焊接），长 200mm，汇流排分别与两个墙体立柱连接，另一端与等电位均压带连接，具体连接方式如图 2-3 所示。将电源 PE 线、机房内的设备外壳、机架等可导电金属物体就近与汇流排或等电位均压带连接，连接线采用 25mm^2 多股铜芯线及镀锌钢板等。

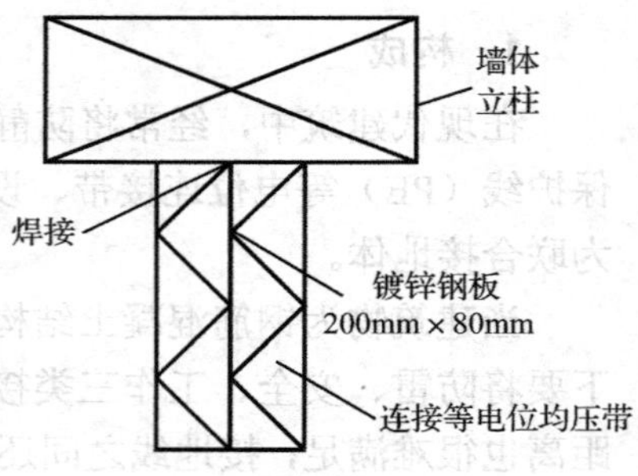

图 2-3 汇流排连接方式

④ 设备与等电位接地排连接。四周的环形接地排相隔 5m 左右引出一根连接装置（顶端打直径 12mm 圆孔，露出防静电地板约为 100mm），以便机房设备与接地排连接。

⑤ 防静电接地、电气设备的保护地等都可以接到等电位均压带上。防雷接地的均压网需要每层（或隔层）连接到每层（或隔层）均压网上，以达到电位均衡，保障人身和设备安全。

2.3 接地线

接地线是接地体与接地端子之间或接地端子与带电体之间连接的导体，在低压供配电系统中，由于保护接地线连接形式的不同，因此构成了不同的配电系统，如 IT 系统、TT

系统和 TN 系统。其中，TN 系统是工业中应用最广泛的系统，尤其是保护接地线（PE）与中性线（N）严格分开的 TN-S 系统，该系统既保证了人身安全和设备的正常工作，又是标准推荐使用的系统。

2.3.1　TN 系统的安全原理及类别

在变压器或发电机中性点直接接地的 380/220V 三相四线低压电网中，将正常运行时不带电的用电设备的金属外壳经公共的保护线与电源的中性点直接电气连接，即过去所称的三相四线制供电系统中的保护接零。TN 系统也就是保护接零系统。

1. TN 系统的安全原理

TN 系统示意图如图 2-4 所示。在中性点接地的三相四线制配电网中，当电气设备发生单相碰壳时，故障电流经设备的金属外壳形成相对保护线的单相短路，这将产生较大的短路电流 I_{SS}，令线路上的保护装置立即动作，图 2-4 中的熔断器 FU 熔断，将故障部分迅速切除，从而保证人身安全和其他设备或线路的正常运行。

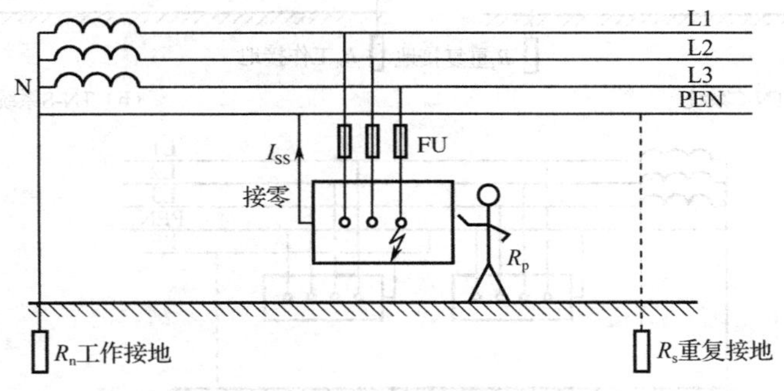

图 2-4　TN 系统示意图

接零的保护作用不是由单独接零来实现的，而是要与其他线路保护装置配合使用才能完成。在三相四线配电网中要区分开工作零线和保护零线。工作零线即中性线，用 N 表示；保护零线即保护导体，用 PE 表示。若一根线既是工作零线又是保护零线，则用 PEN 表示。

2. TN 系统的分类

TN 系统的电源中性点直接接地，并由中性线引出，按其保护线形式，TN 系统又分为：TN-C 系统、TN-S 系统和 TN-C-S 系统三种。

（1）TN-C 系统（三相四线制）。如图 2-5（a）所示，该系统的中性线（N）和保护线（PE）是合二为一的，该线又称保护中性线（PEN）。它的优点是节省了一根导线，但在三相负载不平衡或保护中性线断开时，会使所有用电设备的金属外壳都带上危险电压。在一般情况下，若保护装置和导线截面选择适当，则 TN-C 系统是能够满足要求的。

（2）TN-S 系统（三相五线制）。如图 2-5（b）所示，该系统的 N 线和 PE 线是分开的。它的优点是，PE 线在正常情况下没有电流通过，因此不会对接在 PE 线上的其他设备产生电磁干扰。此外，由于 N 线和 PE 线分开，因此 N 线断开也不会影响 PE 线的保护作用。

这种系统多用于对安全可靠性要求较高，设备对电磁抗干扰要求较严，或环境条件较差的场所使用。对新建的工业建筑、民用建筑、住宅小区等特别推荐使用 TN-S 系统，但 TN-S 系统耗用的导电材料较多，投资较大。

（3）TN-C-S 系统（三相四线制与三相五线制混合系统）。如图 2-5（c）所示，该系统中有一部分中性线和保护线是合二为一的，而另一部分是分开的。它兼有 TN-C 系统和 TN-S 系统的特点，常用于配电系统末端环境较差或对电磁抗干扰要求较高的场所。

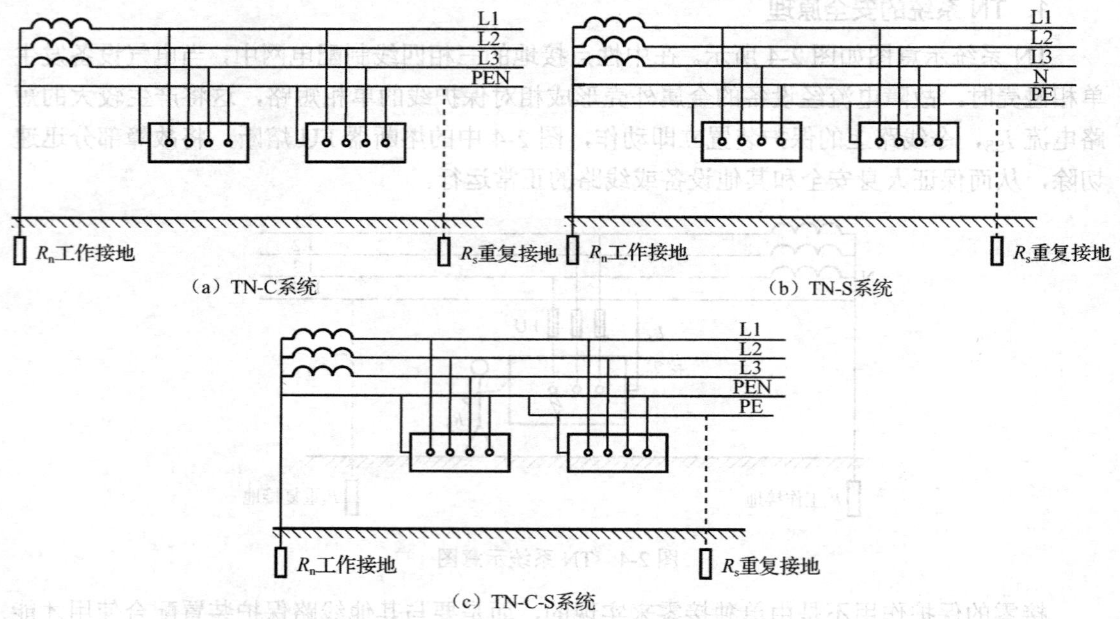

图 2-5　TN 系统的分类

在 TN-C、TN-S 和 TN-S-C 系统中，为了确保 PE 线或 PEN 线安全可靠，除在电源中性点进行工作接地外，对 PE 线和 PEN 线还必须进行必要的重复接地。另外，PE 线与 PEN 线上不允许装设熔断器或开关。

2.3.2　保护接零的应用范围

在电力系统中，由于电气装置绝缘老化、磨损或过电压击穿等原因，都会使原来不带电的部分（如金属底座、金属外壳、金属框架等）带电，或者使原来带低压电的部分带上高压电，这些意外的不正常带电将引起电气损坏或人身触电伤亡事故。为了避免这类事故的发生，通常采取保护接地和保护接零的防护措施。

1. 保护接地的作用及其局限性

在电源中性点不接地的系统中，若电气设备金属外壳不接地，当设备带电部分某处绝缘损坏碰壳时，则外壳带电，其电位与设备带电部分的电位相同。若线路与大地之间存在电容，或者线路某处绝缘不好，当人体触及带电的设备外壳时，则接地电流将全部流经人体，显然这是十分危险的。

采取保护接地后，接地电流将同时沿着接地体与人体两条途径流过。因为人体电阻比保护接地电阻大得多，所以流过人体的电流很小，绝大部分电流流过接地体（分流作用），从而可以避免或减轻触电的伤害。

从电压角度来说，采取保护接地后，故障情况下带电金属外壳的对地电压等于接地电流与接地电阻的乘积，其数值比相电压要小得多，接地电阻越小，外壳对地电压越低。当人体触及带电外壳时，人体承受的电压（接触电压）最大为外壳对地电压（人体离接地体20m 以外），一般均小于外壳对地电压。

由以上分析可知，保护接地是通过限制带电外壳对地电压（控制接地电阻的大小）或减小通过人体的电流来达到保障人身安全的目的的。

在电源中性点直接接地的系统中，保护接地有一定的局限性。这是因为在该系统中，当设备发生碰壳故障时，便形成单相接地短路，短路电流流经相线、保护接地、电源中性点接地装置。若接地短路电流不能使熔丝可靠熔断或自动开关可靠跳闸，则漏电设备金属外壳上就会长期带电，这样也是很危险的。

2. 保护接零的作用及应用范围

由于保护接地有一定的局限性，因此采用保护接零。即将电气设备正常情况下，不带电的金属部分用金属导体与系统中的零线连接起来，当设备绝缘损坏碰壳时，就形成单相金属性短路，短路电流流经相线（零线回路），而不经过电源中性点接地装置，从而产生足够大的短路电流，使过流保护装置迅速动作，切断漏电设备的电源，以保障人身安全，其保护效果比保护接地的效果更好。

保护接零适用于电源中性点直接接地的三相四线制低压系统。在该系统中，凡是绝缘损坏或其他原因可能呈现危险电压的金属部分，除另有规定外都应接零，接零和不必接零的设备或部位与保护接地相同。另外，凡是由单独配电变压器供电的厂矿企业，都应采用保护接零的方式。

3. 对保护零线的要求

（1）保护零线应单独铺设，并在首、末端和中间处做不少于三处的重复接地，每处重复接地电阻值不大于 10Ω。

（2）保护零线仅起到保护接零的作用，不得与工作零线混用。

（3）保护零线上不得装设控制开关和熔断器。

（4）保护零线应为具有绿/黄双色标志的绝缘线。

（5）保护零线截面积应不小于工作零线截面积。当架空铺设时，采用绝缘铜线，截面积应不小于 $10mm^2$；采用绝缘铝线时，截面积应不小于 $16mm^2$；电气设备的保护接零线应采用截面积不小于 $2.5mm^2$ 的多股绝缘铜线。

4．采用保护接零应注意的问题

保护接零能有效地防止触电事故，但是在具体实施过程中，若稍有疏忽大意，则仍然会导致触电。

（1）严防零线断线。在接零系统中，当零线断开后，接零设备外壳就会呈现危险的对地电压。采取重复接地后，设备外壳对地电压虽然有所降低，但仍然是危险的。所以一定要确保保护零线的施工及检修质量，零线的连接必须牢靠，零线的截面积应符合要求。为了严防零线断开，零线上不允许单独装设开关或熔断器。若采用自动开关，则只有当过流脱扣器动作后能同时切断相线时，才允许在零线上装设过流脱扣器。在同一台配电变压器供电的低压电网中，不允许保护接零与保护接地混合使用，必须把系统内所有电气设备的外壳都与零线连接起来，构成一个零线网络，才能确保人身安全。

（2）严防电源中性点接地线断开。在保护接零系统中，若电源中性点接地线断开，则当系统中任何一处发生接地或设备碰壳时，都会使所有接零设备外壳呈现接近相电压的对地电压，这是十分危险的。因此，在日常工作中要认真做好巡视检查，当发现中性点接地线断开或接触不良时，应及时进行处理。

（3）重复接地。保护接零系统零线应装设足够的重复接地。

2.3.3　静电接地点

在采用 TN 系统尤其是采用 TN-S 系统的建筑中，即三相五线制或单相三线制系统，这种接地系统完善了保护措施，有效地降低了接触电压、缩短了切除接地故障的时间，该接地系统是确保安全用电的重要保障。许多标准都利用电源保护地作为防静电接地点，并称这是最优的选择，如图 2-6 所示。

若 EPA 内没有电源保护（PE）地，不便利用或特殊要求不希望使用电源保护地，则可以把公共接地点连接到功能地（如专用地线）G2 上，如图 2-7 所示，该连接方式可以实现 ESD 的接地。

在这种接地方式中，交流供电的设备、工具等仍通过电源接地系统接地。这个情况表明，在 EPA 内可同时使用电源保护地和功能地。当仪器外壳发生漏电时，仪器外壳的电流 I 通过电源的保护地 G1 流回大地，而操作人员通过腕带系统和地板—鞋束系统连接到功能接地 G2 上，因为 G1 与 G2 之间存在着一定的地电阻 R，所以 G1 与 G2 之间也存在电位差

$U=IR$。根据美国 ESD 协会调查，G1 与 G2 之间的电位差可能高达 500V，不仅威胁到工作人员的安全，而且可能导致 ESD 产品损坏。只有选择适当的节点把功能地 G2 和保护地 G1 连接起来，并使两者之间的电阻小于 25Ω，确保两者之间的电位差最小。同时，功能接地线的接地电阻要符合国家电力标准的相关要求，满足电网的安全作用要求。

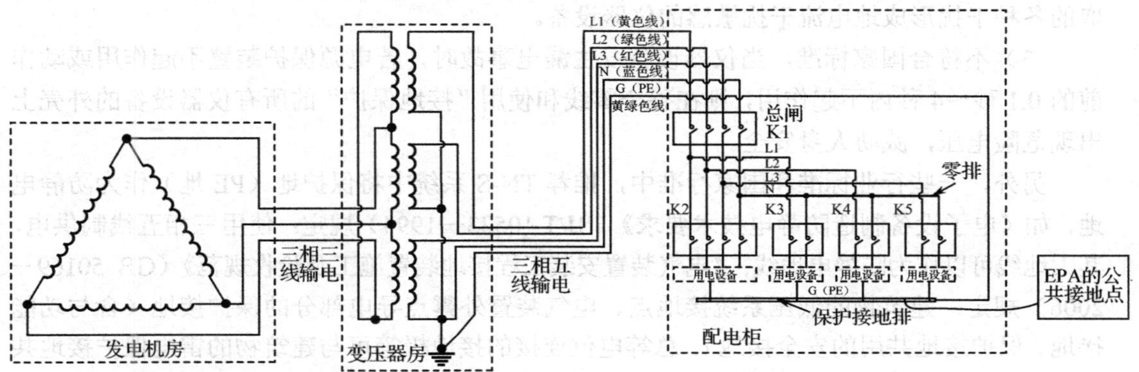

图 2-6　TN-S 系统（GB 14050）标准三相五线制 TN-S 配电示意图

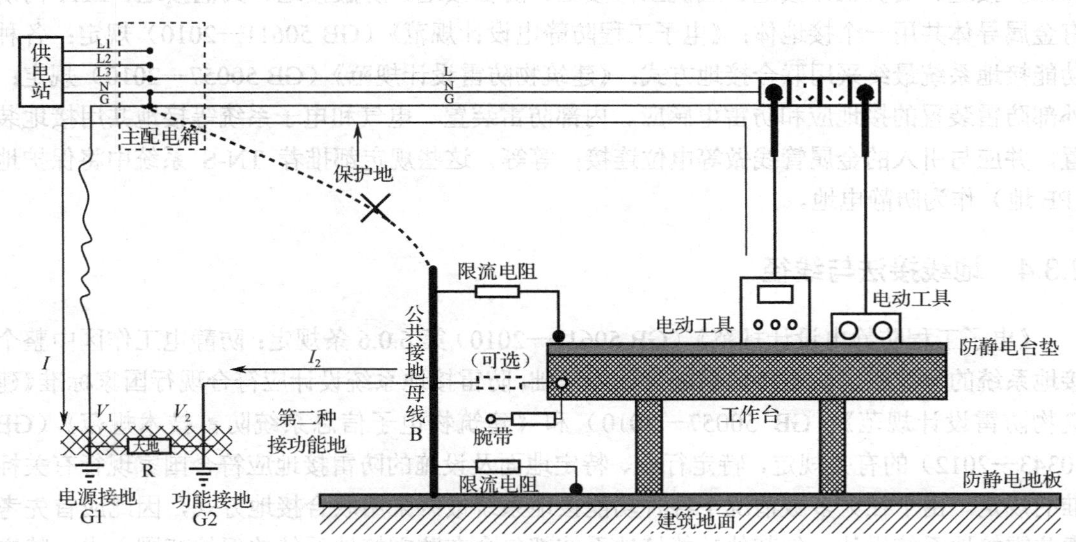

图 2-7　接功能地的连接方式

以前，采用的都是三相四线制的供配电系统，不具备 PE 接地的条件，接功能地提供了较好的 ESD 接地方法。但在今天，大多数 EPA 供电电源都具备了 PE 接地的条件，接功能地已不再是 ESD 接地的最优选择。

在图 2-7 中，要求把功能地 G2 和保护地 G1 连接起来，并使两者之间的电阻小于 25Ω，从静电防护的角度来说，把它们接到同一根接地线上，确实处于相同地电位。但是接功能地与接保护地相比，仍然存在着以下不足。

（1）弃用现成的电源接地系统，增加了专用地线的铺设、管理和维护成本。

（2）专用地线和电源中性线的接地点不同，对测量仪器设备而言构成接地回路，且二者之间的大地电阻 R 随地区、季节、距离等因素的变化而变化，阻值不稳定；大地电阻拾取的各种干扰形成地电流干扰敏感的仪器设备。

（3）不符合国家标准。当仪器设备发生漏电事故时，若电源保护装置不起作用或动作前的 0.1 秒～4 秒内不起作用，则在整个零线和使用“接地保护”的所有仪器设备的外壳上出现危险电压，威胁人身安全。

另外，一些行业标准和国家标准中，推荐 TN-S 系统中将保护地（PE 地）作为防静电地，如《电子设备制造防静电技术要求》（SJ/T 10533—1994）规定：使用三相五线制供电，其大地线可以作为防静电地线；《电气装置安装工程接地装置施工及验收规范》（GB 50169—2006）规定：建筑物的低压系统接地点、电气装置外露点导电部分的保护接地（含与功能接地、保护接地共用的安全接地）、总等电位连接的接地极等可与建筑物的雷电保护接地共用同一个接地装置；《防静电工作区技术要求》（GJB 3007A—2009）规定：防静电接地应和保护接地、交流工作接地、直流工作接地、防雷接地、屏蔽接地、其他接地、EPA 内所有金属导体共用一个接地体；《电子工程防静电设计规范》（GB 50611—2010）规定：各种功能接地系统最终采用联合接地方式；《建筑物防雷设计规范》（GB 50057—2010）规定：外部防雷装置的接地应和防雷电感应、内部防雷装置、电气和电子系统等接地共用接地装置，并应与引入的金属管线做等电位连接；等等。这些规定都推荐 TN-S 系统中将保护地（PE 地）作为防静电地。

2.3.4　地线接法与线径

《电子工程防静电设计规范》（GB 50611—2010）第 6.0.6 条规定：防静电工作区中整个接地系统的设计应以防雷接地系统设计为基础。防雷接地系统设计应符合现行国家标准《建筑物防雷设计规范》（GB 50057—2010）和《建筑物电子信息系统防雷技术规范》（GB 50343—2012）的有关规定，特定行业、特定地面及设施的防雷接地应符合国家现行有关标准的规定。由于在大多数情况下各种功能接地系统最终采用联合接地方式，因此应首先考虑防雷接地系统设计，使其他功能接地系统都包含在防雷接地系统的保护范围之内。特定行业、特定地面及设施的防雷接地尚应符合现行国家标准《电子信息系统机房设计规范》（GB 50174）和现行行业标准《通信机房静电防护通则》（YD/T 754）、《移动通信基站防雷与接地设计规范》（YD 5068）、《航天系统地面设施接地要求》（QJ 1211）等有关规定。

防静电接地系统在接入大地前应设置总等电位接地端子板、楼层等电位接地端子板、防静电接地端子板。从总等电位接地端子板或楼层等电位接地端子板上引出的接地主干线，其截面积应不小于 95mm^2，并应使用绝缘屏蔽电缆或采用绝缘导线穿金属管铺设，如图 2-8 所示。当接地主干线引到防静电工作区时，应与设置在该区域内的防静电接地端子板连接。当防静电工作区设置在高层建筑内，且总等位接地端子板与防静电工作区楼层垂直距离较远时，为保证防静电接地端子板与楼层其他接地设备的等电位，防静电接地主干线宜从楼层等电位接地端子板引接。防静电接地系统各个连接部位之间的电阻应不大于 0.1Ω，防静电接地系统接地端口之间应做等电位连接。防静电接地系统应设计低阻抗的静电泄放电气通路，接地导线的横截面除满足低电阻的要求外，还必须有足够的机械强度及其他电磁兼容性要求。

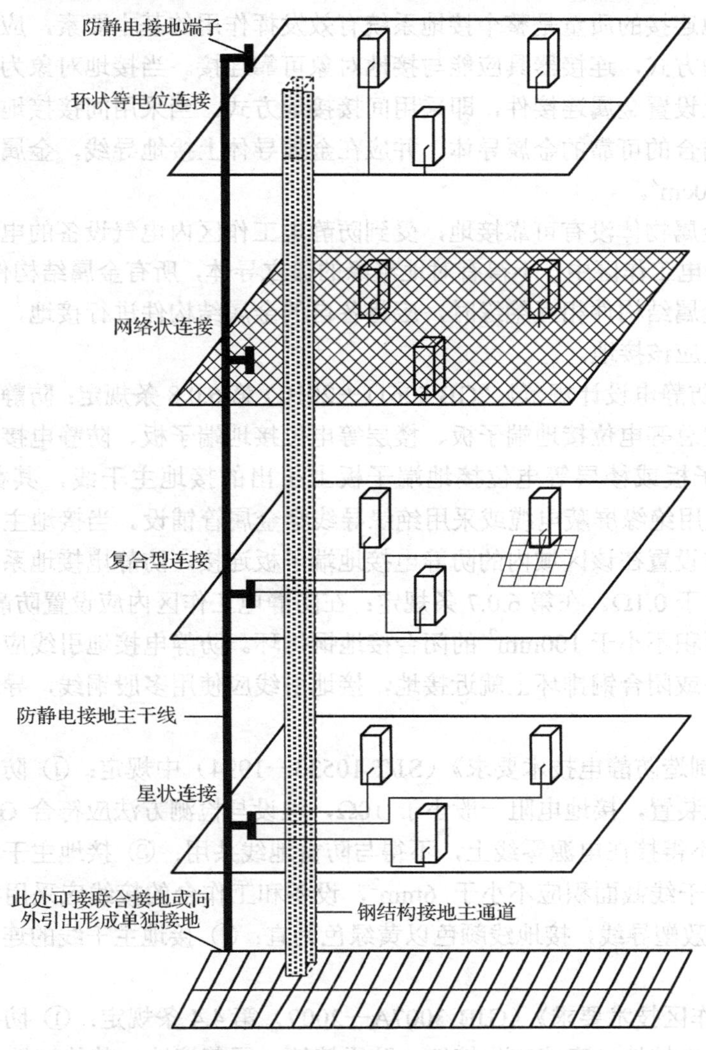

图 2-8　接功能地的连接方式

现行国家标准《建筑物电子信息系统防雷技术规范》（GB 50343—2004）第 5.2.2 条的条文说明中提到：当建筑物采用总等电位连接措施后，各等电位连接网格均与共用接地系统有直通大地的可靠连接，每个电子信息系统的等电位连接网络，不宜再铺设单独的接地引下线至总等电位接地端子，而宜将各个等电位连接网络用接地线引至本楼层或电气竖井的等电位接地端子板。

为了保证整个设施接地系统获得良好的接地连接和低电阻的电气通路，防静电接地主干电缆应避免与非屏蔽电源电缆长距离平等铺设，并应远离防雷引下线，屏蔽金属层应两端接地。

防静电接地连接的质量是整个接地系统有效发挥作用的基本要素，应采用焊接或利用连接器具连接的方式，连接器具应能与接地对象可靠连接。当接地对象为非金属导体时，应在接地对象上设置金属连接件，即采用间接接地方式。当采用间接接地时，应在接地对象上装设紧密结合的可靠的金属导体，并应在金属导体上接地导线，金属导体的紧密结合面积应不小于 20cm^2。

为了避免金属物体没有可靠接地，受到防静电工作区内电气设备的电场作用而表面积聚静电，在防静电工作区中，不得有对地绝缘的孤立导体，所有金属结构件都应可靠接地。当两个以上的金属结构件相互绝缘时，应将各自的金属结构件进行接地，或在其相互之间连接跨接线，且应该接地。

《电子工程防静电设计规范》（GB 50611—2010）第 6.0.8 条规定：防静电接地系统在接入大地前应设置总等电位接地端子板、楼层等电位接地端子板、防静电接地端子板。从总等电位接地端子板或楼层等电位接地端子板上引出的接地主干线，其截面积应不小于 95mm^2，并应使用绝缘屏蔽电缆或采用绝缘导线穿金属管铺设。当接地主干线引到防静电工作区时，应与设置在该区域内的防静电接地端子板连接。防静电接地系统各个连接部位之间电阻应不大于 0.1Ω。在第 6.0.7 条规定：在防静电工作区内应设置防静电接地端子板、接地网格或截面积不小于 100mm^2 的闭合接地铜排环。防静电接地引线应从防静电接地端子板、接地网络或闭合铜排环上就近接地，接地引线应使用多股铜线，导线截面积应不小于 1.5mm^2。

《电子设备制造防静电技术要求》（SJ/T 10533—1994）中规定：① 防静电系统必须有独立可靠的接地装置，接地电阻一般小于 10Ω，埋设与检测方法应符合 GJB 79 的要求；② 防静电地线不得接在电源零线上，不得与防雷地线共用；③ 接地主干线截面积应不小于 100mm^2，支干线截面积应不小于 6mm^2，设备和工作台的接线应采用截面积应不小于 1.25mm^2 的多股敷塑导线，接地线颜色以黄绿色为宜；④ 接地主干线的连接应采用钎焊方式。

《防静电工作区技术要求》（GJB 3007A—2009）第 4.4 条规定：① 防静电接地应和保护接地、交流工作接地、直流工作接地、防雷接地、屏蔽接地、其他接地、EPA 内所有金属导体共用同一个接地体，其接地电阻以上述系统中要求的接地电阻最小值为基准，接地电阻值应符合 GB 50174—1993 中第 6.4.2 条的要求。EPA 内不允许存在对接地系统绝缘的孤立导体。若对上述接地有特殊要求，则按相应标准规范执行。② 对于没有接地系统的临时 EPA，在设置防静电接地时，防静电接地电阻应不大于 1000Ω。③ EPA 内每个防静电装备接地线应独立与接地系统连接，不允许多个防静电装备串联接地。④ 在实际操作中可能出现人员和防静电接地并联的状况，将人体对地的等效电阻降低到危险的程度。考虑到所有并联通路，对地电阻值应足够大，将漏电时通过人体的电流限定在 5mA 以下。在使用防静电装备（用品）涉及操作人员安全时，防静电接地应采取软接地方式（接地线串接 1MΩ 电阻），其对地电阻可由外接电阻、静电防护材料（用品）的内部固有电阻或它们的组合构成。⑤ 防静电接地系统应具有足够的机械强度和可靠性。防静电装备接地地线最小截面积不小于 $2mm^2$，接地母线最小截面积不小于 $10mm^2$，防静电接地线宜采用裸铜线，如带有绝缘外皮的地线，外皮颜色应为黄绿色。⑥ 接地系统的走线和连接应满足 GB 50169—1992 中第 3.4.6 条的要求，当有电磁兼容要求时，还应满足 GJB 1210—1991 中第 5.1、5.2、5.3 条的要求。⑦ 各接地干线之间的连接应采用钎焊、熔焊或压力连接件、卡箍等进行搭接连接。⑧ 防静电工具、装置等接地端子允许使用电气连接可靠、易于装拆的各种夹式连接器。

具体的防静电设备/设施的地线接法与线径要求，将在以后各章节中陆续介绍。

2.4 接地电阻

建筑物的接地装置无论采用自然接地体还是人工接地体或者综合（联合）接地体，设计图纸均会对接地电阻提出明确要求。一般较大型的建筑物的防雷接地、电气装置的接地和智能化系统的接地等均采用共用接地装置，一般要求接地装置的接地电阻不大于 1Ω。在北京市的项目中，北京电力公司还要求：当高压系统的保护接地与低压系统的系统（工作）接地共用接地装置时，接地电阻值不大于 0.5Ω。《电子工程防静电设计规范》（GB 50611—2010）规定：防静电接地宜选择联合接地方式，当选择单独接地方式时，接地电阻应不大于 10Ω。而国际标准《The Development of an Electrostatic Discharge Control Program for Protection of Electrical and Electronic Parts, Assemblies and Equipment》（ANSI/ESD S20.20）要求：防静电接地电阻小于 1Ω。《建筑电气工程施工质量验收规范》（GB 50303—2002）第 24.1.2 条还以强制性条文的形式规定：测试接地装置的接地电阻值必须符合设计要求。这是因为接地在建筑中具有特别重要的作用，在静电防护领域中也是一样的，它是实现静电防护的最重要的措施之一。因此，对接地电阻参数的测定是定量评价、考核监控接地系统运行状态的唯一手段。

2.4.1 接地电阻的概念

大地的电阻率非常低，电容量非常大，拥有吸收无限电荷的能力，而且在吸收大量电荷后仍能保持电位不变，因此适合作为电气系统的参考电位体。实际上，大地的电阻率为

（10～1×10⁴）Ω·m，若有电流通过，则大地不再保持等电位。流进大地的电流是经过接地电极注入的，进入大地以后的电流向四处扩散，距离注入点无穷远处，大地中的电流密度接近零，则电场强度接近零，该处的电位也接近零。由此可见，当接地点有电流注入大地时，该点相对于远处的零电位来说，接地电极的电位有确定的升高。接地电阻是电流由接地装置流入大地，再经大地流向另一接地体或向远处扩散所遇到的电阻，接地电阻值体现了接地装置与大地接触的良好程度。接地电阻 R 在数值上等于接地电极相对于无穷远处的电位 U 与接地电极中注入电流 I 的比值：$R=U/I$，单位：Ω。如图 2-9 所示。

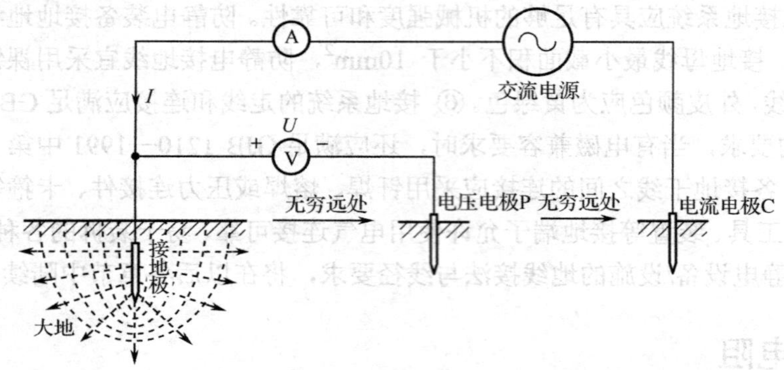

图 2-9　接地电阻的定义示意图

2.4.2　电位降法测量原理

《接地电阻测量导则》（GB/T 17949.1—2000）虽然规定了两点法、三点法、比较法、多级大电流法、故障电流法和电位降法 5 种测量方法，但在工程中应用最多的是电位降法，也就是我们常说的三极法。电位降法是将电流输入待测接地极，记录该电流与该接地极和电位极间电压的关系。电位降法需要设置一个电流电极，以便向待测接地电极输入电流，还需设置一个电压电极，以便测量待测接地极的电压，如图 2-9 所示。图 2-9 中所描述的电位降法与《低压电气装置第 6 部分：检验》（GB/T 16895.23—2012/IEC 60364—6:2006）给出的电位降法的示意图虽然表述方式不一样，但原理是一样的。

注入电流 I 是指“通过接地装置流入大地的电流”，这个电流与导线中流过的电流是不一样的，导线中的电流是需要形成闭合回路的，而“通过接地装置流入大地的电流”扩散到大地里。在进行接地电阻测试时，为了能够向接地装置输入测试电流，就必须解决电流的归路问题，这需要找到或人为制作一个电流回路，如图 2-10 所示。提供注入电流回路的一个电极称为电流电极 C，它的接地电阻大小不影响测量结果，但电阻太大会使电源的负载增加。

同时，需要在零电位参考点加一个辅助电压电极 P，用一根导线将参考电位取回来，它与接地装置的电位之差，就是需要的电压 U。电压电极测量零电位的电压，由于电压表的输入阻抗很大，因此电极 P 中几乎没有电流，可作为零电位参考。实际上，只要大地中有电流流过就有电压降，这个点就不是零电位。因此严格地说，零电位在距离被测接地装置很远的地方。对于单根金属棒（管）接地极来说，离接地极的距离一般在 20m 以上才可以认为是零电位。

1. 接地电阻的等效电路

测量接地电阻的等效电路如图 2-11 所示。R_E、R_P、R_C 分别为 E、P、C 电极的接地电阻，节点 G 表示无穷远处的零电位。

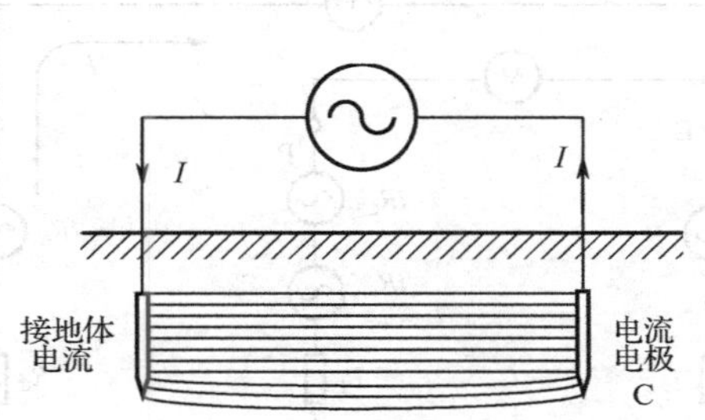

图 2-10　测量接地电阻时的电流分布

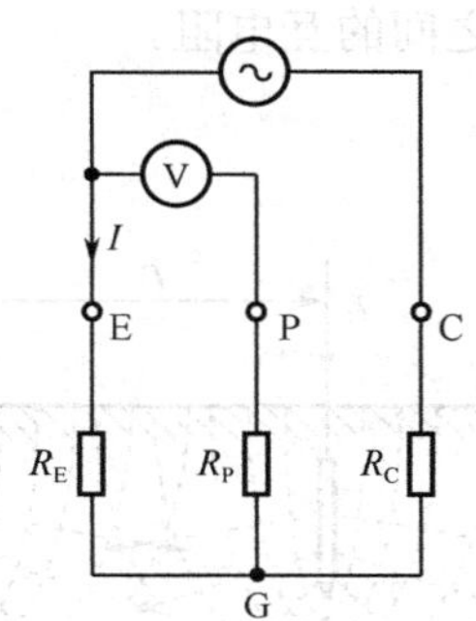

图 2-11　测量接地电阻的等效电路

2. 互电阻的概念及其对接地电阻的影响

实际测量中不可能在无穷远处安置辅助电极，当距离有限时，电极之间有互电阻的影响，使得电压测量出现偏差，土壤电阻率越低或者电极距离越近，互电阻影响越大，直接影响测量结果。若地面或者地下有沿电流方向的导体，如水沟、管路和钢盘混凝土等，则会加重互电阻影响。两个电极之间的互电阻定义为：当电极 2 的电流为零，电极 1 注入的电流为 I_1 时，电极 2 的电位 U_2 升高与电流 I_1 的比值，称为电极 1、2 的互电阻 $R_{12}=U_2/I_1$，$R_{12}=R_{21}$，如图 2-12 所示。

3. 互电阻的计算

电流在土壤中向四处扩散，假设土壤电阻率 ρ 均匀，电极 1 注入电流，假设在距离较远处，等电位面为半球状，其半径为 r，电极 1 与电极 2 相距为 D，电极 2 所在等电位面的电位 U_2 为

$$U_2=I\cdot\int_D^{\infty}\rho\frac{\mathrm{d}r}{2\pi r^2}=\frac{I\rho}{2\pi}\cdot\frac{1}{D} \tag{2-1}$$

式中：

ρ——土壤电阻率，单位为Ω·m；

D——电极 1 和电极 2 之间的距离，单位为 m；

r——半球状等电位面半径，单位为 m。

互电阻 R_{12} 为

$$R_{12}=\frac{U_2}{I}=\frac{\rho}{2\pi D} \tag{2-2}$$

4．接地电阻的测量

考虑互电阻影响后，图 2-11 的等效电路转换为图 2-13，R_{EP}、R_{CP}、R_{CE} 分别表示三个电极之间的互电阻。

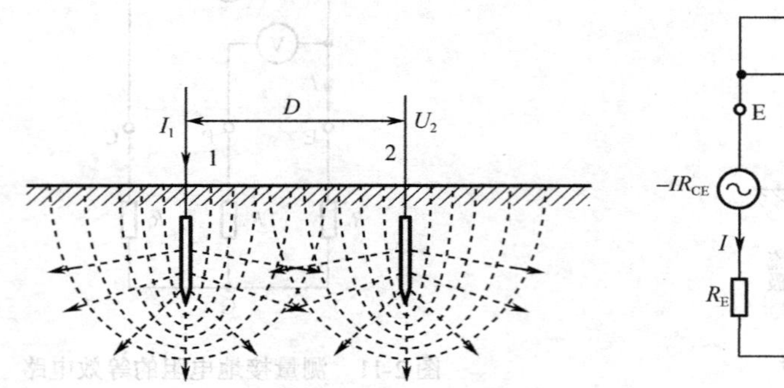

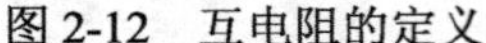
图 2-12　互电阻的定义

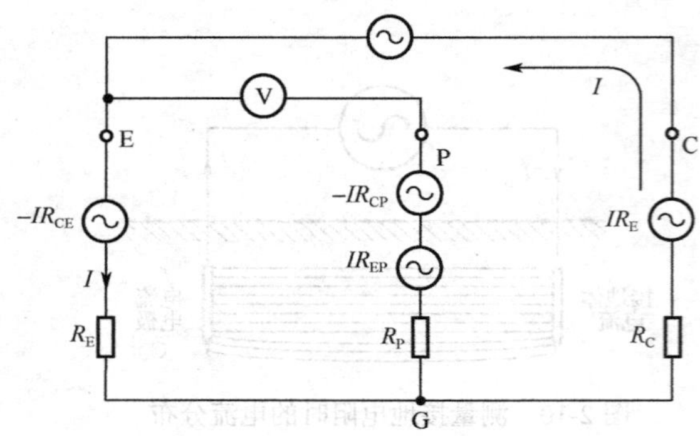

图 2-13　测量接地电阻的等效电路

如图 2-13 所示，电压电极 P 中没有电流注入，但是电极 E 的注入电流 I 在互电阻 R_{EP} 的电压为 $U_{\mathrm{EP}}=IR_{\mathrm{EP}}$；电极 C 的注入电流（$-I$）（方向与 I 相反）在互电阻 R_{CP} 的电压为 $U_{\mathrm{CP}}=-IR_{\mathrm{CP}}$，则 P 点的电位 U_{P} 为

$$U_{\mathrm{P}}=U_{\mathrm{EP}}+U_{\mathrm{CP}}+U_{\mathrm{G}}=I(R_{\mathrm{EP}}-R_{\mathrm{CP}}) \tag{2-3}$$

则 E 点的电位 U_{E} 为

$$U_{\mathrm{E}}=IR_{\mathrm{E}}+(-I)R_{\mathrm{CE}}=I(R_{\mathrm{E}}-R_{\mathrm{CE}}) \tag{2-4}$$

则电压表的读数 U 为

$$U=U_{\mathrm{E}}-U_{\mathrm{P}}=I(R_{\mathrm{E}}-R_{\mathrm{CE}})-I(R_{\mathrm{EP}}-R_{\mathrm{CP}})=I(R_{\mathrm{E}}-R_{\mathrm{CE}}+R_{\mathrm{CP}}-R_{\mathrm{EP}}) \tag{2-5}$$

测量所得的接地电阻 R_E' 为

$$R_E'=\frac{U}{I}=R_{\mathrm{E}}-R_{\mathrm{CE}}+R_{\mathrm{CP}}-R_{\mathrm{EP}} \tag{2-6}$$

测量误差（$\Delta R_E'$）为

$$\Delta R_E'=R_E'-R_E=R_{\mathrm{CE}}-R_{\mathrm{CP}}+R_{\mathrm{EP}} \tag{2-7}$$

假设，电极 E、C 距离为 D_{EC}，电极 E、P 距离为 D_{EP}，电极 P、C 距离为 D_{PC}，若 E、

P、C 电极在同一条直线上，如图 2-14 中粗实线所示，则 $D_{\mathrm{EC}}=a$，$D_{\mathrm{EP}}=x$，$D_{\mathrm{PC}}=a-x$，代入式（2-7）整理可得

$$\Delta R_E'=\frac{\rho}{2\pi}\left(\frac{1}{D_{\mathrm{EC}}}-\frac{1}{D_{\mathrm{PC}}}+\frac{1}{D_{\mathrm{EP}}}\right)=\frac{\rho}{2\pi}\left(\frac{1}{a}+\frac{1}{x}-\frac{1}{a-x}\right) \tag{2-8}$$

从式（2-8）可见，按照定义，将电极 P、C 放在无穷远处，测量误差为零，若电极间距满足 $\left(\frac{1}{D_{\mathrm{EC}}}-\frac{1}{D_{\mathrm{PC}}}+\frac{1}{D_{\mathrm{EP}}}\right)=0$ 或 $\left(\frac{1}{a}+\frac{1}{x}-\frac{1}{a-x}\right)=0$，则也可以使测量误差为零，解方程可得 $x=0.618a$，适当选择电压电极 P 的位置可以测量得到较准确的测量结果，这仅是理论分析的结果，假设条件为以下两个。

（1）被测电极 E 的等效半径 r_{E} 相对电极 E、C 间距 a 很小，即 $a \gg r_{\mathrm{E}}$，此时地下等位面采用半球模型。

（2）土壤电阻均匀分布，测量范围内没有其他导体，如地下管线等。

在实际测量中，一般选择 $a>11r_{\mathrm{E}}$，r_{E} 为被测电极 E 的等效半径，可用下式确定

$$r_{\mathrm{E}}=\sqrt{S/\pi} \tag{2-9}$$

式中：S ——电极系统所覆盖的面积，单位为 m^2。

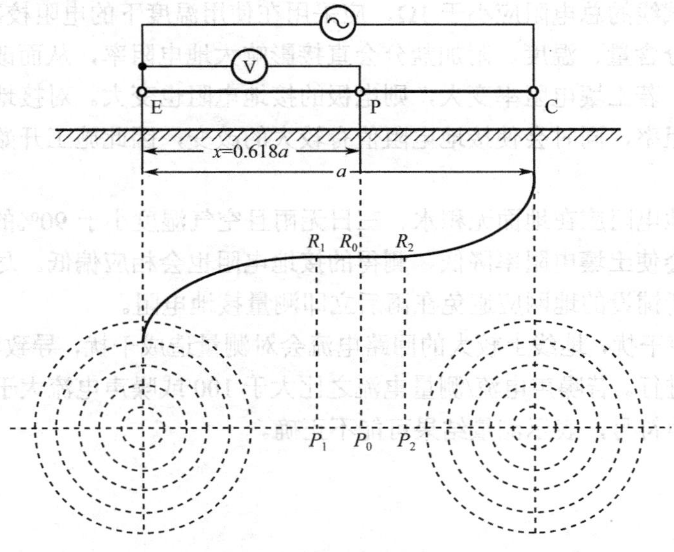

图 2-14　测量接地电阻与电极之间距离的关系

5．测量接地电阻的注意事项

电极之间的距离是从电极中心计算的。对于大型接地系统，一般测试点取接地系统边沿上的接线点，中心点的位置只能靠估计，所以要准确测量大型接地系统的接地电阻，就

必须把电流电极 C 放在尽可能远的地方，电压电极 P 在电极 E、C 之间取多个不同点测量，按图 2-14 画出 x - R_E 曲线（E 电极的位置按中心点计算），接地电阻的实际值就在曲线中部出现的平坦部分所对应的纵坐标值（斜率最小部分）。若曲线的平坦部分的值难以判断，则需要再把电极 C 向远处移动，重新测定曲线。

2.4.3 影响接地电阻测量的因素

在各种影响因素稳定的情况下，接地电极的接地电阻有确定的值，可以准确地测量，但是在测试过程中，很多外界因素会对测量结果产生不可预知的影响，经常会遇到接地电阻测试仪读数不稳定（偏大或偏小，甚至出现读数为零值或负值）的现象。若不能认真分析且正确校正，则其测量结果必定影响测量的准确度，并且影响数据的公正性。通过对测试过程的研究分析，总结了以下 5 个注意事项。

（1）被测电极 E 与辅助电极 C 的直线延伸方向，应远离地下管线、水渠等地下导体，避免土壤电阻率不均匀带来的测量误差。当无法远离这些地下导体时，最好使直径 EC（电极 E 与辅助电极 C 之间的距离）与地下导体相垂直或相交叉，不能平行，更不能重叠。在三个电极之间的地面上，不要有大面积导体。

（2）加长测试线的总电阻应小于 1Ω，应采用在使用温度下的电阻校准数据。

（3）土壤水分含量、温度、附加盐分会直接影响大地电阻率，从而改变接地电阻周围土壤的导电特性。若土壤电阻率变大，则电极的接地电阻也变大。对接地电极有影响的施工改变了土壤电阻率，同时会使接地电阻值有较大的改变，因此施工开始前和结束后均应测量接地电阻。

（4）测量接地电阻应在地面无积水、三日无雨且空气湿度小于 90%的条件下进行。土壤中含水量增大会使土壤电阻率降低，测得的接地电阻也会相应偏低。尽量在干燥的季节测量接地电阻，新铺设的地网应避免在雨后立即测量接地电阻。

（5）注意噪声干扰，地线上较大的回路电流会对测量造成干扰，导致测量结果不准确，甚至使测试不能进行。若噪声电流/测量电流之比大于 100 或噪声电流大于 2.1A，则仪表将显示有光标的噪声符号，表示测量结果可能不正确。

参考文献

[1] 张庆河，李盈康. 电气与静电安全[M]. 北京：中国石化出版社，2015.

[2] 刘海. 对联合接地方式的理解[J]. 电网技术，2014(5).

[3] 李翔，郭惠君. 电子仪器生产中静电防护的探索与实践[J]. 兰州石化职业技术学院学报，2018，8(2).

[4] 彭利强，刘源，等. 自然接地体在变电站降阻改造中的应用分析[J]. 电瓷避雷器，2011，(243).

[5] 徐龙成. 自然接地体接地技术与应用[J]. 中国科技信息，2007(17).
[6] 周志敏，纪爱华. 现代防雷实用技术[M]. 北京：电子工业出版社，2015.
[7] 袁亚飞. 电子工业静电防护技术与管理[M]. 北京：中国宇航出版社，2013.
[8] 周卫新. 建筑物接地装置接地电阻测量相关问题探讨[J]. 建筑电气，2016(5).
[9] 丁立强，翟玉卫，等. 防静电区域接地电阻测试方法研究. 2015 国防无线电&电学计量与测试学术交流会.

相关标准

GB/T 15463—2008，静电安全术语
GB 50057—2010，建筑物防雷设计规范
GB 50611—2011，电子工程防静电设计规范
DL/T 621—1997，交流电气装置的接地
GB 50057—2010，建筑物防雷设计规范
GB 50343—2012，建筑物电子物电子信息防雷技术规范
GB 50169—2006，电气装置安装工程接地装置施工及验收规范
QW 942—2002，接地电阻测量方法

第 3 章

防静电地面

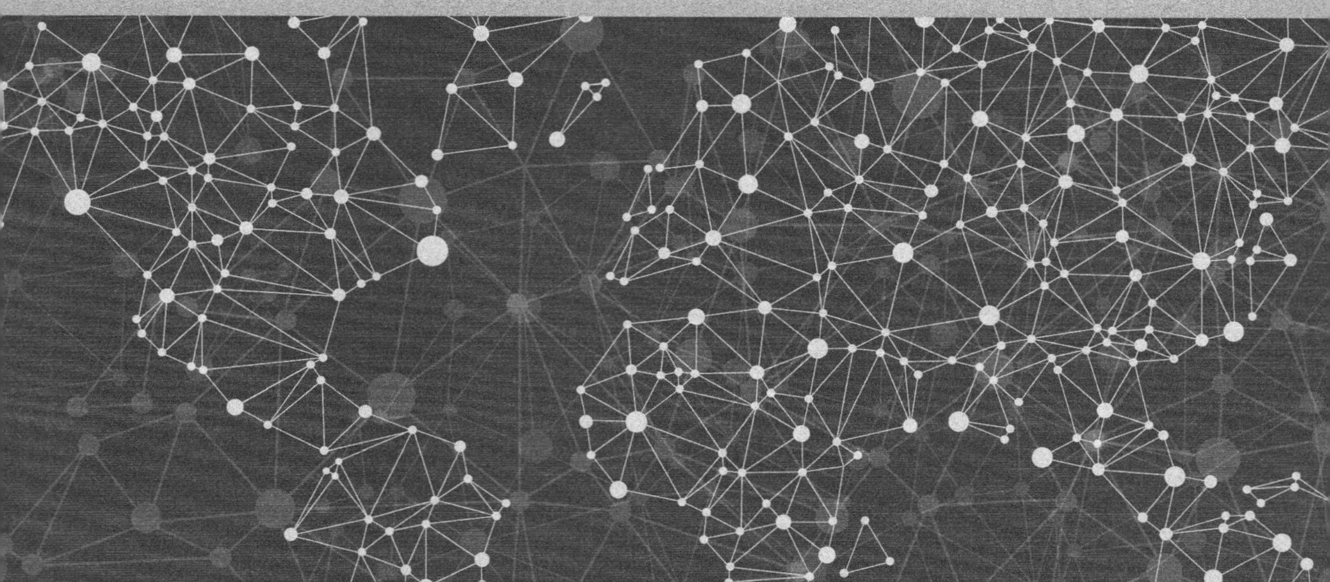

按国家标准进行防静电工程设计中，地面（或楼面）必须设置成防静电地面，应根据不同的基础条件及防静电目标合理的选择地面种类。《电子工程防静电设计规范》（GB 50611—2010）将防静电地面分为可贴面地面、活动地板、自流平地面、水磨石地面及移动工作地垫等。《防静电工程施工与质量验收规范》（GB 50944—2013）中将防静电地面分为防静电水泥类地面、防静电贴面板地面、防静电活动地板地面、防静电树脂涂层类地面、防静电陶瓷地板地面和防静电地毯地面等。《防静电瓷质地板地面工程技术规程》（IECS 155—2003）分析了常用的几种不同防静电地面的优缺点，给出了不同地面的适用范围和使用寿命。但无论哪种防静电地面，铺设完成后都必须满足防静电性能的要求，如表 3-1 所示。

表 3-1　国内外防静电地面的防静电性能要求

标准	ANSI/ESD S20.20—2014	IEC 61340—5—1—2016	GB/T 32304—2015	GJB 3007A—2009
项目	点对点电阻：<1.0×10^{9}Ω 点对地电阻：<1.0×10^{9}Ω 行走电压：<100V	点对点电阻：<1.0×10^{9}Ω 点对地电阻：<1.0×10^{9}Ω 行走电压：<100V	点对点电阻：1.0×10^{4}Ω～1.0×10^{9}Ω 点对地电阻：1.0×10^{4}Ω～1.0×10^{9}Ω 行走电压：<100V	点对地电阻（耗散型）：1.0×10^{6}Ω～1.0×10^{9}Ω 点对地电阻（导电型）：<1.0×10^{6}Ω

本章主要介绍防静电瓷质地板、防静电 PVC 贴面板、防静电环氧自流地坪、防静电三聚氰胺贴面板、防静电水磨石和防静电活动地板等几种防静电地面的技术要求、施工和测试方法等相关内容。

3.1　防静电瓷质地板

3.1.1　概述

防静电瓷质地板是在生产过程中加入耐高温导电材料进行物理改性，经高温烧制而成的表面电阻为 1×10^{5}Ω～1×10^{9}Ω、吸水率为 E≤0.5%的瓷质板块，分为抛光板块和亚光板块两种。抛光板块是指做过边缘处理且对板面进行抛光的瓷质板块；亚光板块是指仅做过边缘处理而未对板面进行抛光的瓷质板块。国内应用较广的防静电陶瓷砖是指在生产过程中加入特殊材料，使产品具有永久防静电性能的瓷质地板。

防静电瓷质地板与其他类型的地板相比较，具有以下特点：① 将耐高温导电无机材料加入瓷层内部进行物理改性，并经高温烧制而成，防静电性能稳定；② 不仅具有稳定持久的防静电性能，而且具有耐磨、耐腐、耐老化、不发尘、防火等优点；③ 在框架结构楼（地）面层上，可一次完成地面作业，降低成本。在中国工程建设标准化协会标准《防静电瓷质地板地面工程技术规程》（IECS 155—2003）中，给出了国内外防静电地面材料技术性能的比较，如表 3-2 所示。

表 3-2　国内外防静电地面材料技术性能的比较

序号	产品名称	主要应用范围	优缺点	电性能/Ω	耐火性	抗静电年限
1	防静电 PVC 贴面板	电子仪器生产车间、洁净车间、集成电路生产车间	施工简单，不发尘；易老化，抗污能力差，不耐磨	10^6～10^{10}	B 级	3 年以上
2	聚氨酯和环氧自流地坪	电子仪器生产车间、洁净车间、医院手术室	不发尘；造价高，施工复杂	10^6～10^{10}	B 级	5 年以上
3	防静电橡胶	电子仪器生产车间、洁净车间、集成电路生产车间	施工简单，不发尘；易老化，不耐磨	10^7～10^8	B 级	5 年以上
4	防静电水磨石	电子仪器生产车间、集成电路生产车间、交换设备生产车间	施工简单，造价低；易发尘，易吸潮	10^5～10^7	A 级	5 年以上
5	防静电瓷质地板	电子仪器生产车间、洁净车间、大规格集成电路生产车间、上走线设备的电信机房	施工简单，不发尘，耐磨、耐腐、抗污能力强，防火性为 A 级，造价适中	10^6～10^{10}	A 级	10 年以上

防静电陶瓷砖按胚体是否导电可分为一代防静电陶瓷砖（一代产品）和二代防静电陶瓷砖（二代产品）。一代防静电陶瓷砖的瓷砖上表面的釉料导电，胚体不导电；二代防静电陶瓷砖不仅釉料导电，而且胚体也导电。鉴别时，用表面电阻测试仪（俗称重锤表）在规定的环境条件下按规定的方法测试防静电陶瓷砖背面的点对点电阻值（不带釉料的一面）或者测试体积电阻，若符合标准要求，则该瓷砖就是二代产品；否则为一代产品。随着技术的发展，将会出现第三代防静电陶瓷砖，其不仅釉料导电、胚体导电，而且釉料与胚体的颜色趋于一致，像大理石一样。

区分防静电陶瓷砖与伪劣防静电陶瓷砖的方法，也是区分是否为永久性瓷砖的方法如下。

（1）“烤”：在一般环境中，瓷砖都含有一定的水分，其体积电阻也较低。由于伪劣瓷砖没有经过防静电改性，因此其电阻值随使用环境湿度而改变。在干燥环境中，体积电阻高达 $1\times10^{12}\Omega$以上，变成绝缘体。可将瓷砖放入烘箱在 110℃温度下烧烤 24 小时，取出后在 1 分钟内直接测其电阻，就可辨别是否为伪劣产品。也可以按照 ANSI/ESD S20.20 标准的要求，将防静电陶瓷砖在低湿环境（相对湿度：(12±3)%，温度：(23±3)℃）放置 48 小时或 72 小时后进行测试，不符合要求的即为伪劣产品。

（2）“洗”：有些伪劣产品表面用防静电蜡（剂）进行过处理和浸泡，用烘箱烧烤后测试电阻的方法是不能辨别真伪的。此时，可将防静电陶瓷砖表面用中性洗涤剂或水（pH 值：

6.5～7.5 左右）浸泡擦洗三遍后再按“烤”的方法进行测试。

（3）“磨”：有的伪劣产品经过表面涂层处理，瓷砖胚体并没有进行防静电处理，故不能实现真正的防静电保护。遇到这种情况可用砂布打磨将表面涂层磨掉后再进行测试。这种方法也可以区分一代产品和二代产品，一代产品仅是釉面导电，若将釉面磨掉后，一代产品就变成不防静电的普通瓷砖了。

（4）“烧”：有的伪劣产品仅在抛光砖的基础上利用防静电树脂进行涂层处理，其防静电性能不稳定、不耐磨且易老化。鉴别方法可用明火烧灼，待其表面涂层氧化后，再进行辨别。

3.1.2　技术要求

防静电陶瓷砖的选择除要关注防静电性能外，还要关注其尺寸规格、表面质量、机械性能、耐磨性能等瓷砖的通用要求。在采购订货时，如尺寸、厚度、表面特征、颜色、外观、有釉砖、耐磨性级别及其他性能均应与相关方协调一致。

1. 通用瓷砖性能

常用的防静电陶瓷砖是将混合好的粉料置于模具中在一定压力下压制成型的干压砖，属于吸水率小于等于 0.5%（$E \leqslant 0.5\%$）的瓷质砖，该类产品的尺寸、表面质量、物理性能和化学性能的技术要求应符合 GB/T 4100 陶瓷砖的要求，具体如表 3-3 所示。

表 3-3　防静电陶瓷砖的技术要求

<table>
<tr><th colspan="4">技术要求</th><th rowspan="3">试验方法</th></tr>
<tr><th colspan="2" rowspan="2">项目</th><th colspan="2">名义尺寸</th></tr>
<tr><th>70mm≤N<150mm</th><th>N>150mm</th></tr>
<tr><td rowspan="3">长度与宽度</td><td rowspan="2">每块砖（2 条或 4 条边）的平均尺寸相对于工作尺寸（W）的允许偏差（%）</td><td>±0.9mm</td><td>±0.6，最大值±2.0mm</td><td rowspan="2">GB/T 3810.2</td></tr>
<tr><td colspan="2">抛光砖：最大值±1.0mm</td></tr>
<tr><td colspan="3">制造商应选用以下尺寸：
a. 模数砖名义尺寸连接宽度允许在 2mm 到 5mm 之间；
b. 非模数砖工作尺寸与名义尺寸之间的偏差不大于±2%，最大 5mm</td><td>GB/T 3810.2</td></tr>
<tr><td colspan="2">厚度：
厚度由制造商确定
每块砖厚度平均值相对于工作尺寸厚度的允许偏差/%</td><td>±0.5mm</td><td>±5，
最大值±0.5mm</td><td>GB/T 3810.2</td></tr>
<tr><td colspan="2" rowspan="2">边直度（正面）
相对于工作尺寸的最大允许偏差/%</td><td>±0.5mm</td><td>±5，
最大值±0.5mm</td><td rowspan="2">GB/T 3810.2</td></tr>
<tr><td colspan="2">抛光砖：±0.2，最大值≤1.5mm</td></tr>
</table>

续表

技术要求				试验方法
项目		名义尺寸		
		70mm≤N<150mm	N>150mm	
直角度：相对于工作尺寸的最大允许偏差/%		±0.75mm	±0.5，最大值±2.0mm	GB/T 3810.2
		抛光砖：±0.2，最大值≤2.0mm		
表面平整度最大允许偏差/%	相对于由工作尺寸计算的对角线的中心弯曲度	±0.75mm	±0.5，最大值±2.0mm	GB/T 3810.2
	相对于工作尺寸的边弯曲度	±0.75mm	±0.5，最大值±2.0mm	GB/T 3810.2
	相对于由工作尺寸计算的对角线的翘曲度	±0.75mm	±0.5，最大值±2.0mm	GB/T 3810.2
	抛光砖的表面平整度允许偏差为±0.15%，且最大偏差≤2.0mm 边长>600mm 的砖，表面平整度用上凸和下凹表示，其最大偏差≤2.0mm			GB/T 3810.2
背纹（有要求时）	深度（h）/mm	h≥0.7		GB/T 4100
	形状	背纹形状由制造商确定，示例见 GB/T 4100 标准中图 3 所示		
表面质量		至少砖的 95%的主要区域无明显缺陷		GB/T 3810.2
吸水率（质量分数）		平均值≤0.5%，单个值≤0.6%		GB/T 3810.3
破坏强度/N	厚度（工作尺寸）≥7.5mm	≥1300		GB/T 3810.4
	厚度（工作尺寸）<7.5mm	≥700		
断裂模数/[N/mm^2（MPa）] 不适用于破坏强度≥3000N 的砖		平均值≥35，单个值≥32		GB/T 3810.4
耐磨性	无釉地砖耐磨损体积/mm^3	≤175		GB/T 3810.6
	有釉地砖表面耐磨性	报告陶瓷砖耐磨性级别和转数		GB/T 3810.7
线性热膨胀系数	从环境温度到 100℃	大多数陶瓷砖都有微波的线性热膨胀，若陶瓷砖安装在高热变性的情况下则应进行该项试验		GB/T 3810.8
抗热震性		所有陶瓷砖都具有耐高温性，凡是有可能经受热震应力的陶瓷砖都应进行该项试验		GB/T 3810.9
釉面砖抗釉裂性		经试验应无釉裂		GB/T 3810.11
抗冻性		经试验应无裂纹或剥落，对于明示并准备用在受冻环境中的产品应通过该项试验，一般对明示不用于受冻环境中的产品不要求该项试验		GB/T 3810.12
地砖摩擦系数		单个值≥0.50		GB/T 4100，附录 M

续表

<table>
<tr><th colspan="5">技术要求</th><th rowspan="3">试验方法</th></tr>
<tr><th colspan="3" rowspan="2">项目</th><th colspan="2">名义尺寸</th></tr>
<tr><th>70mm≤N<150mm</th><th>N>150mm</th></tr>
<tr><td colspan="3">湿膨胀/（mm/m）</td><td colspan="2">大多数有釉砖和无釉砖都有微小的自然湿膨胀，当正确铺贴（或安装）时，不会引起铺贴问题。但在不规范安装和一定的湿度条件下，当湿膨胀大于 0.06%时（0.66mm/m）就有可能出问题</td><td>GB/T 3810.10</td></tr>
<tr><td colspan="3">小色差</td><td colspan="2">纯色砖
有釉砖：$\Delta E<0.75$
无釉砖：$\Delta E<1.0$
仅在认为单色有釉砖之间的小色差是重要的特定情况下采用本标准方法</td><td>GB/T 3810.16</td></tr>
<tr><td colspan="3">抗冲击性</td><td colspan="2">用恢复系数确定砖的抗冲击性</td><td>GB/T 3810.5</td></tr>
<tr><td colspan="3">抛光砖光泽度</td><td colspan="2">≥55</td><td>GB/T 13891</td></tr>
<tr><td rowspan="2">耐污染性</td><td colspan="2">有釉砖</td><td colspan="2">最低 3 级</td><td rowspan="2">GB/T 3810.14</td></tr>
<tr><td colspan="2">无釉砖</td><td colspan="2">在有污染的场所使用时，由制造商考虑耐污染性问题</td></tr>
<tr><td rowspan="5">耐化学腐蚀性</td><td rowspan="2">耐低浓度酸和碱</td><td>有釉砖</td><td colspan="2" rowspan="2">制造商应报告耐化学腐蚀性的等级
（一般陶瓷砖都具备抗普通化学药品的性能）</td><td rowspan="2">GB/T 3810.13</td></tr>
<tr><td>无釉砖</td></tr>
<tr><td colspan="2">耐高浓度酸和碱</td><td colspan="2">陶瓷砖通常都具有抗普通化学药品的性能。若准备将陶瓷砖在有可能受腐蚀的环境下使用，则应按 GB/T 3810.13 中第 4.3.2 条规定进行高浓度酸和碱的耐化学腐蚀性试验</td><td>GB/T 3810.13</td></tr>
<tr><td rowspan="2">耐家庭化学试剂和游泳池盐类</td><td>有釉砖</td><td colspan="2">不低于 GB 级</td><td rowspan="2">GB/T 3810.13</td></tr>
<tr><td>无釉砖</td><td colspan="2">不低于 UB 级</td></tr>
<tr><td colspan="3">铅和镉的溶出量</td><td colspan="2">仅当用于加工食品的工作台或墙面且砖的釉面与食品有可能接触的场所时，则要求进行此项测定</td><td>GB/T 3810.15</td></tr>
</table>

表 3-3 中的一些相关术语解释如下。

（1）市场上大多数是 600mm×600mm 的正方形防静电陶瓷砖，正方形砖的平均尺寸是四条边测量值的平均值。按标准要求，正方形砖的平均尺寸是利用游标卡尺对试样的四条边分别进行 10 次测量获得的平均值。名义尺寸是用来统称产品规格的尺寸，工作尺寸是按制造结果而确定的尺寸，包括长、宽、厚，表 3-3 中仅取边长，实际尺寸是按照 GB/T 3810.2 中规定的方法测得的尺寸。例如，市场上 600mm×600mm 的正方形防静电陶瓷砖，其名义尺寸是 600mm×600mm，因生产加工问题，工作尺寸是 601mm×601mm，实际尺寸可能是 600.8mm×601.2mm，名义尺寸和工作尺寸均应标记在包装上。例如，对某个 600mm×600mm 的正方形样品经过 40 次测量，得到的平均尺寸为 600.8mm，在包装上查得工作尺寸为 601mm，则允许偏差=((601mm−600.8mm)/601mm)×100%=0.4%<0.5%，符合要求。

（2）模数尺寸是包括了尺寸为 M（M=100mm）、2M、3M 和 5M 及它们倍数或分数为基数的陶瓷砖，不包括表面积小于 9000mm^2 的陶瓷砖。例如，边长为 600mm 砖的模数为 6，是模数砖。

（3）边直度是指在砖的平面内，边的中央偏离直线的偏差，结果用百分比表示，即边直度=C/L×100%，如图 3-1 所示。对于边长为 600mm 的正方形砖，边直度为 600mm×0.5%=3.0mm。

（4）直角度是将砖的一个角紧靠在用标准板校正过的直角上，该角与标准直角的偏差用百分比表示，即直角度=δ/L×100%，如图 3-2 所示。对于边长为 600mm 的正方形砖，直角度为 600mm×0.5%=3.0mm。

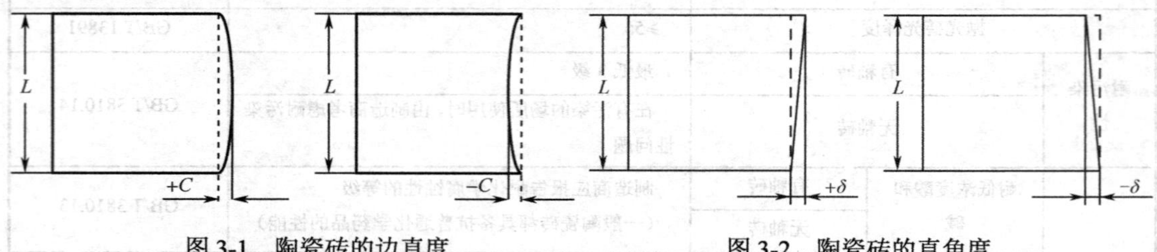

图 3-1 陶瓷砖的边直度　　图 3-2 陶瓷砖的直角度

（5）中心弯曲度是砖面中心点偏离由四个角点中的三个点所确定的平面的距离，中心弯曲度= $\Delta C/D$×100%，如图 3-3 所示。对于边长为 600mm 的正方形砖，中心弯曲度为 600mm×1.414×0.5%=4.2mm。

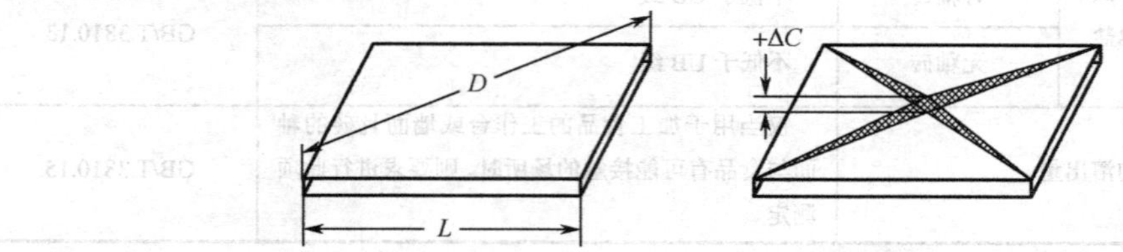

图 3-3 陶瓷砖的中心弯曲度

（6）边弯曲度是砖的一条边的中点偏离由四个角点中的三个点所确定的平面的距离，边弯曲度=$\Delta S/D$×100%，如图 3-4 所示。对于边长为 600mm 的正方形砖，边弯曲度为 600mm×1.414×0.5%=4.2mm。

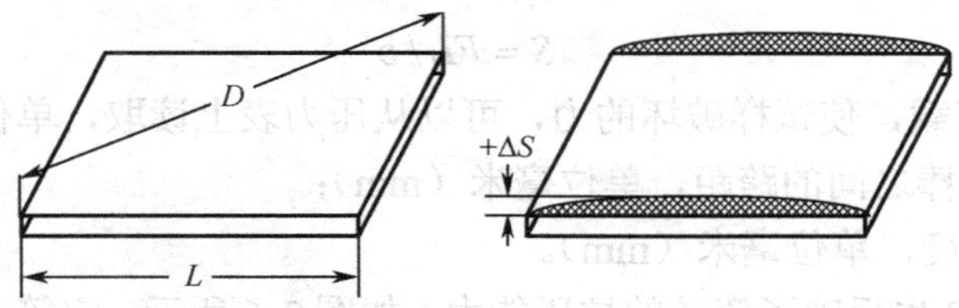

图 3-4　瓷砖的边弯曲度

（7）翘曲度是由砖的三个点确定一个平面，第四角点偏离该平面的距离，翘曲度=$\Delta W/D \times 100\%$，如图 3-5 所示。对于边长为 600mm 的正方形砖，允许翘曲的尺寸为 600mm×1.414×0.5%=4.2mm。

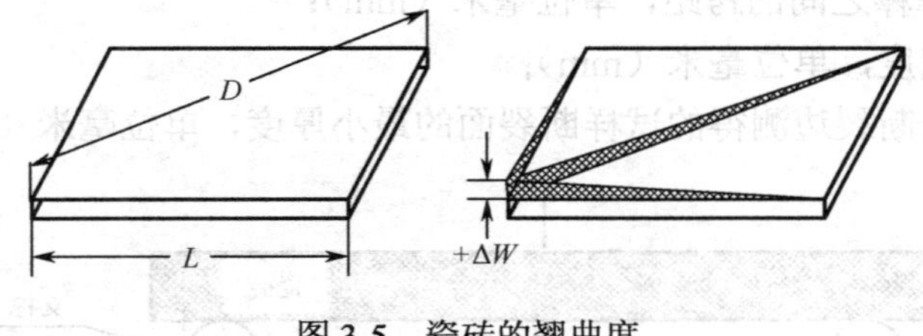

图 3-5　瓷砖的翘曲度

（8）背纹：陶瓷砖背面具有一定形状的凹凸槽。

（9）表面质量，主要包括以下内容。裂纹：在砖的表面、背面或两面可见的裂纹。釉裂：釉面上有不规则如头发丝的细微裂纹。缺釉：施釉、砖釉面局部无釉。不平整：在砖或釉面上非人为的凹陷。针孔：施釉砖表面的如针状的小孔。桔釉：釉面有明显可见的非人为结晶，光泽较差。斑点：砖的表面有明显可见的非人为异色点。釉下缺陷：被釉面覆盖的明显缺点。装饰缺陷：在装饰方面的明显缺点。磕碰：砖的边、角或表面崩裂掉细小的碎屑。釉泡：表面的气泡或烧结时释放气体后的破口泡。毛皮：砖的边缘有非人为的不平整。釉缕：沿砖边有明显的釉堆集成的隆起。为了判别是允许的人为装饰效果还是缺陷，可参考产品标准的有关条款，但裂纹、掉边和掉角是缺陷。对于边长小于 600mm 的砖，每种类型至少取 30 块整砖进行检验，且面积不小于 $1m^2$。对于边长不小于 600mm 的砖，每种类型至少取 10 块整砖进行检验，且面积不小于 $1m^2$。将砖的正面表面用照度主 300lx 的灯光均匀照射，检查被检表面的中心部分和每个角上的照度。在垂直距离为 1m 处用肉眼观察被检砖组表面的可见缺陷。

（10）吸水率是指瓷砖吸收水的程度。吸水率越小的砖，胚体密度越大，相对抗污性越强，硬度越高，在使用过程中出现接缝发黑、起霉点的概率越小。吸水率用吸水量的多少（湿砖质量减去干砖质量）除以干砖的质量所得的百分数表示。

（11）破坏强度 S 是指陶瓷砖的抗压能力，如图 3-6 所示。若不达标的砖在使用过程中易造成开裂、断裂，则可表示为

$$S = FL / b \tag{3-1}$$

其中：F——破坏荷载，使试样破坏的力，可以从压力表上读取，单位牛顿（N）；

L——两根支撑棒之间的跨距，单位毫米（mm）；

b——试样的宽度，单位毫米（mm）。

（12）断裂模数 R 也反映了瓷砖的抗压能力，如图 3-6 所示。它等于破坏强度除以破坏断裂面的最小厚度的平方，可表示为

$$R = \frac{3FL}{2bh^2} = \frac{3S}{2h^2} \tag{3-2}$$

其中：F——破坏荷载，使试样破坏的力，可以从压力表上读取，单位牛顿（N）；

L——两根支撑棒之间的跨距，单位毫米（mm）；

b——试样的宽度，单位毫米（mm）；

h——试验后沿断裂边测得的试样断裂面的最小厚度，单位毫米（mm）。

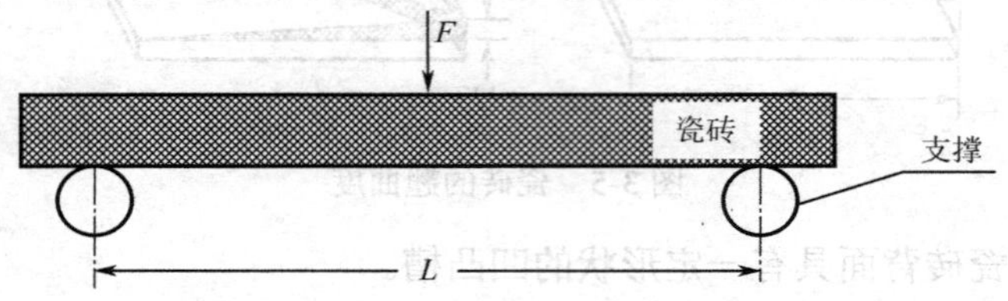

图 3-6　瓷砖的破坏强度

（13）现有的防静电陶瓷砖一般都属于釉面砖，釉面砖的耐磨性是通过在釉面上放置研磨介质并旋转，对已磨损的试样与未磨损的试样观察对比来评价的。耐磨性可分为 5 个等级，级别越高，代表瓷砖质量越好，使用寿命越长。

（14）大多数瓷砖都有微小的线性热膨胀，线性热膨胀系数是指当温度改变 1℃时某个方向的长度变化。若防静电陶瓷砖安装在有高热变性的情况下则应进行该项试验。

（15）抗热震性是指陶瓷材料能够承受一定程度的温度急剧变化而结构不被破坏的性能，又称抗热冲击性或热稳定性。所有陶瓷砖都具有耐高温性，凡是有可能经受热震应力的陶瓷砖都应进行该项试验。

（16）抗釉裂性是指釉面砖不出现呈细发丝状裂纹的能力。

（17）抗冻性指陶瓷砖能够经受多次“冻融循环”而不疲劳、不破坏结构的性质。测定时需要将陶瓷砖浸入饱和液后，在+5℃和−5℃之间循环，砖的各表面需经受至少 100 次冻融循环。

（18）地砖摩擦系数是指物体克服摩擦力作用产生滑动或有滑动趋势时作用的切向力和垂直方向上力的比值，反映了地砖的防滑能力。在 GB/T 4100 中虽然要求经检验后报告陶瓷砖的摩擦系统和所采用的试验方法，但并没有规定明确的指标，因此即使生产厂家提供了摩擦系统的检验数据和试验方法，但消费者在选择陶瓷砖种类时仍然存在困难。

（19）大多数有釉砖和无法釉砖都有微小的自然湿膨胀，当正确铺贴（或安装）时，不会引起铺贴问题，但在不规范安装和一定的湿度条件下，当湿肿胀大于 0.06%时（0.66mm/m）就可能出现问题。

（20）小色差仅适用于在特定环境下的单色有釉砖，而且仅认为单色有釉砖之间的小色差是重要的特定情况时才进行测定的。

（21）抗冲击性：抗冲击性是工艺参数，试验方法标准是 GB/T 3810.5，用恢复系数法测定。其原理是把一个钢球从一个固定高度落到试样上并测定其回跳高度，以此测定恢复系数。落球的直径要求(19±0.05)mm，跌落高度是 1m。测试方法有两种：探测回跳高度或记录两次回跳时间间隔，然后根据相关公式换算出恢复系数。

（22）抛光砖光泽度：光泽度利用光反射原理对试样的光泽度进行测量。即：在规定入射角和规定光束的条件下照射试样，得到镜筒反射角方向的光束。光泽度计由光源、透镜、接收器和显示仪表等组成。

（23）对有釉砖的耐污染性的检测是强制性的。可将试液和材料（污染剂）与砖正面接触，使其作用一定时间，然后按规定的清洗方法清洗砖面，观察砖表面的可见变化来确定耐污染性。

（24）防静电陶瓷砖通常都具有抗普通化学药品的性能。若准备在有可能受腐蚀的环境下使用防静电陶瓷砖，则应进行高浓度酸和碱的耐化学腐蚀性试验，在试验时，将试液直接作用于瓷砖表面，经过一段时间后观察并确定其受化学腐蚀的程度。

（25）仅当瓷砖用于加工食品的工作台或墙面且砖的釉面与食品有可能接触的场所时，才进行铅与镉溶出量的测定。

2．防静电陶瓷砖性能

防静电陶瓷砖除具有通用的瓷砖性能外，在《防静电陶瓷砖》（GB 26539—2011）中还规定了防静电性能、耐用性、防滑性和放射性核素限量。

（1）防静电性能。防静电陶瓷砖的防静电性能见表 3-4。

表 3-4　防静电陶瓷砖的防静电性能

项目	技术指标	备注	检测方法
点对点电阻	$5.0\times10^4\Omega\sim1\times10^9\Omega$	一代、二代产品	利用表面电阻测试仪进行测试 样品需分别在低湿度环境和中湿度环境中放置 72 小时后测试，以现场随机抽样后送第三方检测为准
表面电阻	$5.0\times10^4\Omega\sim1\times10^9\Omega$	一代、二代产品	
体积电阻	$5.0\times10^4\Omega\sim1\times10^9\Omega$	仅二代产品	

GB 26539—2011 规定电阻需在温度为 20℃～25℃，相对湿度不大于 40%的环境中预置 48 小时，ANSI/ESD STM 7.1—2013（STM 7.1）规定电阻需在低湿环境（温度：(23±3)℃，相对湿度：(12±3)%）和中湿环境（温度：(23±3)℃，相对湿度：(50±5)%）中预置 72

小时。从实际测试结果看，STM 7.1 更能够区分出其是否为真正的二代防静电陶瓷砖，在冬季供暖的季节里，仍能够保持瓷砖的防静电性能。

（2）耐用性。耐用性表示防静电陶瓷砖在经历了耐磨试验后，仍具有防静电性能。测试时按照 GB/T 3810.7 中有釉砖耐磨性能测试方法使试样经受 1500 转数的耐磨试验，将表面处理、烘干后，放置在低湿环境中预处理 72 小时后，防静电性能仍能满足要求。

（3）防滑性。防滑性表示防止滑倒的能力。测试时的极限倾斜角的平均值不低于 12°，一定重量的人员穿着特定的鞋在铺设好的被测瓷砖上移动，无法移动的极限角度即为倾斜角度。

（4）放射性核素限量。防静电陶瓷砖的放射性核素限量是强检项目，主要依据《建筑材料放射性核素限量》（GB 6566—2010）的方法测试材料中天然放射性核素镭-226、钍-232、钾-40 的放射性活度。

2. 防静电陶瓷砖的实测值

国家建筑卫生陶瓷质量监督检验中心对 600mm×600mm×10.8mm 的防静电陶瓷砖依据《陶瓷砖》（GB/T 4100—2015）和《防静电陶瓷砖》（GB 26539—2011）进行检测，检测结果均符合标准要求，具体指标如表 3-5 所示。

表 3-5 防静电陶瓷的实测值

序号	项目名称		标准指标	检验结果	判定
1	边长	相对于工作尺寸的允许偏差	±0.6%，±2.0mm	0.00%～+0.02% -0.02mm～+0.09mm	合格
2	厚度值		≤10.0mm	—	—
3	厚度偏差		±5%，±0.5mm	−0.28%～+1.68% 0.56% -0.02mm～+0.09mm	合格
4	边直度		±0.5%，±1.5mm	0.00%～+0.03% 0.00mm～+0.16mm	合格
5	直角度		±0.5%，±2.0mm	−0.13%～+0.07% −0.78mm～+0.41mm	合格
6	中心弯曲度		±0.5%，±2.0mm	+0.02%～+0.08% +0.19mm～+0.70mm	合格
7	边弯曲度		±0.5%，±2.0mm	−0.14%～+0.05% −0.82mm～+0.30mm	合格
8	翘曲度		±0.5%，±2.0mm	−0.08%～−0.03% −0.72mm～−0.24mm	合格
9	表面质量		至少砖的 95%的主要区域无明显缺陷	无明显缺陷	合格
10	吸水率（%）		平均值：E≤0.5 单块值：E≤0.6	平均值：0.4 单块值：0.5	合格

续表

序号	项目名称		标准指标	检验结果	判定
11	破坏强度/N		厚度≥7.5mm，≥1300 厚度<7.5mm，≥700	平均值：2535	合格
12	断裂模数/MPa		平均值：≥35 单块值：≥32	平均值：42 单块值：42	合格
13	有釉砖耐磨性		经试验报告级别和转数	4 级（2100 转）	
14	抗热震性		经试验无炸裂或裂纹	无炸裂或裂纹	合格
15	抗釉裂性		经试验无釉裂	无釉裂	合格
16	抗冻性		经试验无裂纹或剥落	无裂纹或剥落	合格
17	静摩擦系统		单块值≥0.50	干法最小值：0.59	合格
18	湿膨胀/（mm/m）		经试验报告湿膨胀 的平均值≤0.66	0.05	合格
19	抗冲击性		经试验报告平均恢复系统	0.86	
20	耐污染性		最低 3 级	5 级	合格
21	耐化学腐蚀性（级）	耐低浓度酸和碱	GLA、GLB、GLC	GLA	合格
		耐高浓度酸和碱	GHA、GHB、GHC	GHA	
		耐家庭化学试剂和游泳池盐类	不低于 GB	GA	
22	陶瓷砖通用要求		符合 GB/T 4100 的规定	—	—
23	点对点电阻/Ω		5.0×10^4～1.0×10^9	1.40×10^7～6.08×10^7	合格
24	表面电阻/Ω		5.0×10^4～1.0×10^9	1.05×10^7～4.10×10^8	合格
25	体积电阻/Ω		5.0×10^4～1.0×10^9	7.40×10^6～4.86×10^8	合格
26	耐用性/Ω		经耐用试验后： 表面电阻：5.0×10^4～1.0×10^9 体积电阻：5.0×10^4～1.0×10^9	表面电阻：1.08×10^8～4.26×10^8 体积电阻：2.17×10^8～5.06×10^8	合格
27	地砖防滑性/°		极限倾斜角平均值≥12	12	合格
28	放射性核素限量		$I_{Ra}\leq1.0$ $I_\gamma\leq1.3$	$I_{Ra}=0.2$ $I_\gamma=0.6$	合格

3.1.3　施工与验收

防静电陶瓷砖根据设计要求可以做成直铺式和架空式两种。直铺式防静电陶瓷地板地面施工应包括基层、结合层、防静电层、找平层、面层和防静电接地系统的施工。工程施工的环境温度不宜低于 5℃。架空式防静电陶瓷砖的施工参见 3.6.3 节，防静电活动地板的施工方法。

1．材料要求

防静电陶瓷地板的通用技术指标应符合现行国家标准《陶瓷砖》（GB/T 4100—2015）和《防静电陶瓷砖》（GB 26549—2011）的有关规定，防静电性能应符合现行行业标准《航天电子产品静电防护要求》（GB/T 32304—2013）、《防静电工作区技术要求》（GJB 3007A—2009）和《电子产品制造与应用系统防静电检测通用规范》（SJ/T 10694—2006）等标准的有关规定。但在采用 SJ/T 10694—2006 时一定要注意，它所规定的防静电地面、地垫的点对点电阻的上限为 $1.0\times10^{10}\Omega$，这不仅与自身规定的系统电阻为 $1.0\times10^{9}\Omega$ 相矛盾，而且与现行通用标准不符。

结合层用的水泥宜采用强度等级不小于 32.5 的碳酸盐水泥；结合层用的砂子/砂粒目数应不小于 0.7，含泥量应不大于 3%，且不得含有其他杂质；结合层材料中添加防静电粉的体积电阻应不大于 $1.0\times10^{5}\Omega$。

防静电陶瓷地板地面工程防静电地网可采用直径为 4mm～6mm 的钢筋制作，也可采用 0.05mm×25mm 的不锈钢带、铜箔或铝带制作。防静电陶瓷地板地面工程面层的清洁去污剂宜采用草酸或中性洗涤剂。

2．施工准备

基层强度和标高应符合设计要求，表面应平整，并应做毛化处理。预埋管道和预埋件应按设计要求预埋完毕，且穿过基层的立管与楼板间的缝隙应做密封处理。有防水隔离层的基层应做透水检验。

施工前应根据设计要求进行标高及控制线弹线，分别在墙面弹出水平标高线、在基层地面上弹出十字方格基线，设备预留口应当做出明显标识。当边块小于半块时应按图 3-7（a）处理，尽量保持每个边块均大于 1/2 块。在图 3-7（a）中，右侧边块大小为 y，小于整块砖 a 的一半。重新需要调整，整体向右移动，使左右侧边砖的大小为 $(a+y)/2$，如图 3-7（b）所示。在图 3-7（c）中，右侧边块大小为 y，小于整块砖 a 的一半，上侧边块大小为 x，小于整块砖 a 的一半。重新需要调整，整体向右上方移动，使左右侧边砖的大小为 $(a+y)/2$，使上下侧边砖的大小为 $(a+x)/2$，如图 3-7（d）所示。在实际铺设时，若采用了镶边处理，则还应考虑镶边的尺寸、位置等因素对整体布局的影响。

3．施工

基层施工应按现行国家标准《建筑地面工程施工质量验收规范》（GB 50209）的有关规定进行，对有防静电要求的整体地面的基层应消除残留物，露出基层的金属物需用绝缘漆涂敷两遍并晾干。

结合层施工应符合：① 水泥和沙体积比为 1∶3，水泥砂浆厚度为 25mm～30mm；② 结合层应刷一层掺有建筑胶的水泥砂浆，涂覆应均匀且应完全覆盖基层面。

在铺贴前，应对砖的规格尺寸、外观质量、色泽等进行预选；在需要时，浸水湿润晾干待用。

防静电地网铺设、接地端子安装应符合：① 当电地网材料为钢筋时，钢筋直径应采用ϕ4mm～ϕ6mm 的冷拔钢筋，布置为 2m×2m 的方格，钢筋搭接长度应为 50mm～60mm，焊接长度应不小于 30mm，防静电地网钢筋十字交叉处应可靠焊接，使用前应调直；防静电地网与接地端子应焊接牢固，焊接长度应不小于 30mm。当楼或地面有建筑变形缝时，若要求两侧防静电地网必须连成整体，则应设补偿装置；若可不连接时，则两侧防静电地网应各自接地。② 当电地网材料为铜箔、铝带时，应用螺栓将铜箔、铝带固定在不锈钢带上。镀锌铁、铝带纵向间距应为 0.6m，横向间距应为 3.0m～5.0m，防静电地网应全部形成电气通路。接地引出线应采用ϕ10mm～ϕ12mm 的镀锌钢筋或 25mm×4mm 的镀锌扁钢或软铜线连接，连接方式宜采用压接，每个独立空间与接地系统的连接应不小于两点。在防静电地网铺设完成后，应检测防静电地网的导通性能，并应做隐蔽工程验收记录。

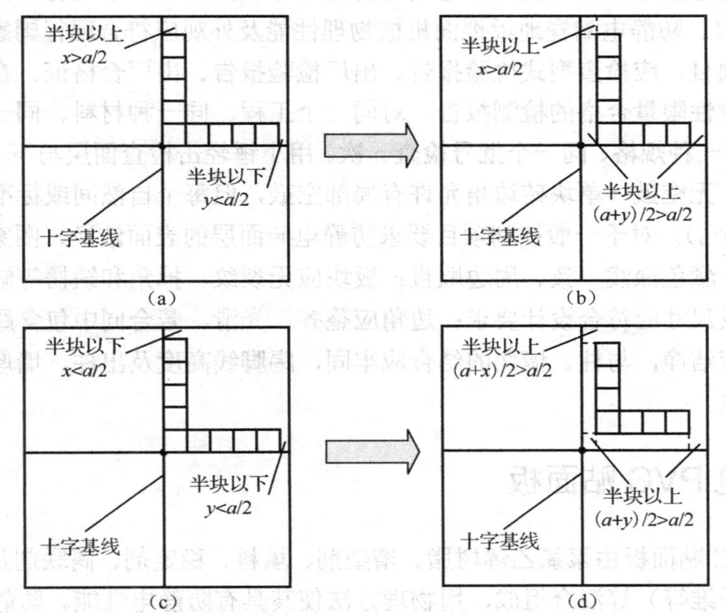

图 3-7　边块小于 1/2 时的处理方法

防静电层材料应采用化学物理性能稳定、电阻值长期稳定的防静电材料，加入水泥砂浆后的防静电层体积电阻应小于 $1.0\times10^5\Omega$。

勾缝材料应采用与结合层同规格、同强度等级、同颜色的水泥或其他高品质的勾缝材料，但在洁净厂房中应采用不发尘的勾缝材料。

防静电陶瓷地板地面的清洗应在结合层水泥砂浆抗压强度达到设计要求后进行。清洗宜使用清水、草酸或中性洗涤剂溶液。

4．工程质量要求

防静电陶瓷地面铺贴尺寸的允许偏差和检验方法见表 3-6。

表 3-6 防静电陶瓷地面铺贴尺寸的允许偏差和检验方法

序号	项目	允许偏差/mm	检验方法
1	表面平整度	2.0	用 2m 靠尺和楔形塞尺检查
2	缝格平直	3.0	拉 5m 线和用钢尺检查
3	接地缝高低	0.5	用钢尺和楔形塞尺检查
4	踢脚线上口平直	3.0	拉 5m 线和用钢尺检查
5	板块间隙宽度	2.0	用钢尺检查

防静电陶瓷地板地面工程的防静电性能的检测方法参照 3.7 节进行，防静电性能应符合表 3-1 的要求。防静电陶瓷地板地面机械物理性能及外观应符合现行国家标准的有关规定，对于主控项目，应检查型式检验报告、出厂检验报告、出厂合格证。在进入施工现场时，应具有放射性限量合格的检测报告。对同一个工程、同一种材料、同一个生产厂家、同一个型号、同一种规格、同一个批号检查一次。用小锤轻击检查面层与下一层的黏合（黏结）是否牢固，无空鼓（单块砖边角允许有局部空鼓，但每个自然间或标准间的空鼓砖应不超过总数的 5%）。对于一般控制项目要求防静电砖面层的表面洁净、图案清晰、色泽一致、接缝平整、颜色深浅一致、周边顺直；板块应无裂纹、掉角和缺楞等缺陷；面层邻接处的镶边用料及尺寸应符合设计要求；边角应整齐、光滑。若合同中包含踢脚线的施工，则踢脚线表面应洁净，与柱、墙面的结合应牢固，踢脚线高度及出柱、墙厚度应符合设计要求且均匀一致。

3.2 防静电 PVC 贴面板

防静电 PVC 贴面板由聚氯乙烯树脂、增塑剂、填料、稳定剂、偶联剂及导电材料（金属、炭、导电纤维等）等混合组成，用物理方法使其具有防静电性能。防静电性能延续时期与贴面板使用时期相同，在延续时期内防静电性能不改变的称为长久性防静电贴面板。防静电性能延续时期小于贴面板使用时期，在延续时期内防静电性能会改变的贴面板称为普通防静电贴面板。有的防静电 PVC 贴面板的导电材料不是采用金属、炭、导电纤维等混合物，而是采用易挥发的导电溶液，在使用过程中，尤其是在有阳光直射的地方，导电溶液会逐渐挥发，PVC 贴面板的防静电性能逐渐下降，一旦导电溶液全部挥发完毕，PVC 贴面板就不再具备防静电性能。有的防静电 PVC 贴面板在普通 PVC 贴面板的表面用涂敷、浸渍等方法形成一层导电层，这种方法简单易行，几乎不受类型和制品特性的限制。然而抗静电剂涂层在使用中容易经摩擦或水洗等操作而脱落，缺乏耐久性。

PVC 贴面板有两种：一种是硬质的 PVC 贴面板，即在 PVC 材料中增加碳粉颗粒，压缩成型，多铺设在地面上，约占市场总额的 2/3；另一种是软质 PVC 贴面板，即在 PVC 中增加了橡胶和导电剂，压缩成型，具有柔软性、抗断裂和耐寒性等特点，多铺设在防静电工作台、防静电货架上等，约占市场总额的 1/3。PVC 贴面板的生产需要经过配料、搅拌、烘干、加温挤出、三辊压延、定型、成品检测、包装入库、出库等工艺流程。PVC 贴面板的宽度与压延设备的宽度密切相关，一般 PVC 卷材的宽度为 1.8m～2m，PVC 卷材的长度可根据需要进行剪裁，一般为 20m 左右，PVC 块材一般为 600mm×600mm。PVC 贴面板的厚度一般为 2mm，也可以根据客户要求进行定做。

3.2.1　技术要求

1．尺寸规格及偏差

PVC 贴面板幅面、厚度尺寸及偏差应符合表 3-7 的规定。

表 3-7　PVC 贴面板幅面、厚度尺寸及偏差

厚度/mm		长度/mm		宽度/mm		直角度/°
基本尺寸	极限偏差	基本尺寸	极限偏差	基本尺寸	极限偏差	角尺一边最大间隙在 0.30 以下
1.0、1.5	±0.1	600	±0.3	600	±0.3	
2.0、2.5、3.0	±0.2	20000	\	1800～2000	\	

用精度为 0.01mm 的量具测量 PVC 贴面板的厚度，用精度为 0.05mm 的量具测量其长度和宽度。常用的 PVC 贴面板厚度为 2.0mm。

2．外观质量

PVC 贴面板的外观质量要求应符合表 3-8 的规定。

表 3-8　PVC 贴面板的外观质量要求

缺陷种类	规定指标
缺口、龟裂、分层	不允许
凹凸不平、纹痕、光泽不均、色调不均、污染、伤痕、异物	不明显

外观检验方法需要在散射日光或日光灯下，照度为(100±20)lx，距离试件 60mm 斜向目测检查。

3．物理性能

PVC 贴面板的物理性能要求应符合表 3-9 的规定。

表 3-9　PVC 贴面板的物理性能要求

序号	项目	指标
1	体积及表面电阻/Ω	10^6～10^9
2	加热质量损失率/%	≤0.50
3	加热尺寸变化率/%	≤0.20
4	凹陷度/mm	
	23/℃	≤0.30
	45/℃	≤0.60
5	残余凹陷度/mm	≤0.15
6	燃烧性能	FV-0
7	耐磨试验 1000 转/（g/cm²）	≤0.020

表中：

（1）《防静电贴面板通用规范》（SJ/T 11236—2001）规定：静电耗散型的体积及表面电阻为 10^6Ω～10^9Ω，所使用的试验电极应符合《地板覆盖层和装配地板静电性能的试验方法》（SJ/T 11159—1998）中附录 A（标准的附录）的规定。由于材料的静电性能通常依赖于环境条件（主要是相对湿度），因此测量应在由表 3-10 的三个等级所规定的受控条件下进行。对于试验等级的选择，按照被试验的地板覆盖层的类型和预知的用途来进行选择，它以产品预期工作的最严格的使用条件（最低湿度）为基础。若用户无特殊要求，则一般选用环境等级 3。地板覆盖层的清洁处理在条件处理之前进行。

表 3-10　测量时的环境等级

环境等级		1	2	2a	3
预处理	持续时间/小时	96～106	\	24～48	\
	温度/℃	37～43		20±2	
	相对湿度/%	<15		65±3	
条件处理	持续时间/小时	96～106	96～106	168～178	48～54
	温度/℃	23±2	23±2	23±2	23±2
	相对湿度/%	12±3	25±3	25±3	50±5
测量	温度/℃	23±2	23±2	23±2	23±2
	相对湿度/%	12±3	25±3	25±3	50±5

为保证产品质量，作为使用方应该要求在环境等级 1 的条件下进行测试，这与 ANSI/ESD S20.20、IEC 61340—5—1 等标准对环境湿度的要求是一致的。在现场测试尤其是施工验收时，均应采用符合 ANSI/ESD S20.20、IEC 61340—5—1 要求的标准电极。事实上，市场上通用的表面电阻测试仪的电极尺寸、重量基本都符合 ANSI/ESD S20.20、IEC

61340—5—1 的要求。SJ/T 10694—2006 中要求按实际使用状况测试，对使用方面而言，测试时应该在不涂敷防静电蜡、最干燥的使用状况下进行测试。

（2）加热质量损失率：在《半硬质聚氯乙烯块状地板》（GB/T 4085—2015）标准中已经取消了加热质量损失率。

（3）加热尺寸变化率：加热尺寸变化率表示地板受到一定温度变化尤其是温度上升后的恢复能力。标准一般要求将地板加热到 80℃保持 6 小时后，在标准条件下再放置 24 小时，测试并计算纵向对标线和横向对标线间变化率的算术平均值。

（4）凹陷度：在《半硬质聚氯乙烯块状地板》（GB/T 4085—2015）标准中已经取消了凹陷度，统一采用残余凹陷度。

（5）残余凹陷度：残余凹陷度数值主要是 PVC 贴面板和橡胶地板的参数，该项数值体现了地板在受重压后恢复能力的强弱，对于有承重要求的区域具有特别重要的意义。一般来说，同质产品残余凹陷度数据优于复合结构。同质产品是整个地板厚度由一层或多层相同成分、颜色和图案组成的地板，复合地板是由耐磨层和其他不同成分的材质层组成的地板。残余凹陷度用施加压力前的地板厚度减去施加 150 分钟的 500N 压力且地板恢复 150 分钟后的厚度来表示。

（6）燃烧性能：燃烧性能可分为 FV-0、FV-1 两个等级，见表 3-11。

表 3-11　燃烧性能的两个等级

试样燃烧行为	级别	
	FV-0	FV-1
每个试样每次施加火焰，离火后有焰燃烧的时间	<10 秒	<30 秒
每组 5 个试样施加 10 次火焰，离火后有燃烧时间的总和	<50 秒	<250 秒
每个试样第二次施加火焰，离火后无焰燃烧的时间	<30 秒	<60 秒
每个试验有焰燃烧或无焰燃烧蔓延到夹具的现象	无	无
每个试样滴落物引燃医用脱脂棉现象	无	无

（7）耐磨试验：耐磨性表示地板表面经受一定磨损而没有损伤的能力，利用标准研磨砂轮与旋转着的试件在一定作用力下进行摩擦，以一定磨耗时的转数或者一定转数下的磨耗量规定试件的耐磨性。PVC 贴面板板的耐磨性用一定磨耗转数（一般是 1000 转）下试件体积磨耗量来表示。

3.2.2　施工与验收

防静电聚氯乙烯（PVC）地面施工内容包括基层处理、接地系统安装、胶水配制、防静电聚氯乙烯（PVC）贴面板的铺贴与清洗等施工、测试及质量检验。

验收的条件：施工现场温度应为 10℃～35℃，相对湿度不得大于 80%，通风良好，并且室内其他各项工程施工已基本结束。

1．材料、设备与工具

施工使用材料应符合：① 贴面板：物理性能及外观尺寸应符合标准或用户特殊定义的要求，并具有永久防静电性能。防静电耗散材料的点对点电阻、表面电阻、体积电阻值均为 $1.0\times10^6\Omega\sim1.0\times10^9\Omega$，铺设完成后的点对点电阻、点对地电阻均为 $1.0\times10^6\Omega\sim1.0\times10^9\Omega$；② 导电胶：应是环保型的，电阻值应小于贴面板的电阻值，黏结强度应大于 $3\times10^6N/m^2$；③ 塑料焊条：应采用色泽均匀、外径一致、柔性好的材料，焊条成分与性能应与被焊板的成分与性能相同，并具备防静电性能，其质量应符合有关技术标准的规定，并应有出厂合格证；④ 导电地网用铜箔：厚度应不小于 0.05mm，宽度应为 20mm。

PVC 应储存在通风干燥的仓库中，远离酸、碱及其他腐蚀性物质。搬运时应轻装轻卸，严禁猛力撞击，严禁置于室外日晒雨淋。常用施工设备（含工具）应包括开槽机、塑料焊枪、橡胶榔头、割刀、直尺、刷子、打蜡机等，其规格、性能和技术指标应符合施工工艺要求。最好提供独立带锁的房间以供临时存放施工材料。

2．施工准备

（1）熟悉设计施工图并勘察施工现场。

（2）制定施工方案，绘制防静电地面接地系统图、接地端子图和地网布置图（如果需要的话）。

（3）根据施工工艺要求备齐各种施工材料、设备、工具，并摆放整齐。

（4）当地面面积大于 $140m^2$（含 $140m^2$）时，在正式施工前应做示范性铺设。

（5）施工场地应符合（当基层地面为水泥地面或水磨石地面时）：① 地面应清洁，应将地面上的油漆、黏合剂等残余物清理干净；② 地面应平整，用 2m 直尺检查，间隙应小于 2mm，若有凹凸不平或有裂痕的地方则必须补平；③ 地面应干燥，若为底层地面则应先做防水处理；④ 面层应坚硬不起砂，砂浆强度应不低于 75 号，含水率不大于 8%。当基层地面为地板（木地板、瓷砖、塑料等）时，应拆除原地板，并应彻底消除地面上的残留黏合物，保证地面平整、坚硬、干燥、密实、洁净、无油脂及其他杂质，不应有麻面、起砂、裂缝等缺陷。

（6）施工现场应配备人工照明装置。

（7）确定接地端子位置：面积在 $100m^2$ 以内，接地端子应不少于 1 个，面积每增加 $100m^2$ 应增设 1～2 个接地端子。

（8）施工前应彻底清扫基层地面，地面上不得留有浮渣、尘土等脏物。

3．施工

（1）在施工前，我们应把现场原有设备、物品、垃圾等清理干净，以便施工能够正常进行，同时应提前对所需铺设防静电地板的原地板表面进行最终清洁处理，去除地面的污物、油渍、蜡渍、有机溶剂残留物等，以保证防静电地板与地面能够可靠黏结，防止地板起层、起翘。在施工中，一切与地面施工无关的闲杂人员不得进入施工现场。

（2）划定基准线，应视房间几何形状合理确定。

（3）按地网布置图铺设导电铜箔网格。铜箔的纵横交叉点应处于贴面板的中心位置。铜箔条的铺设应平直，不得卷曲也不得间断。与接地端子连接的铜箔条应留有足够长度。

（4）配置导电胶：将炭黑和胶水按 1:100 的重量比配置，并搅拌均匀。

（5）刷胶：分别在地面、已铺贴的导电铜箔上面、贴面板的反面同时涂一层导电胶。涂覆应均匀、全面，涂覆后自然晾干。

（6）铺贴 PVC 贴面板：待涂有导电胶的贴面板晾干至不粘手时，应立即开始铺贴。在铺贴时应将贴面板的两直角边对准基准线，铺贴应迅速。板与板之间应留有 1mm～2mm 缝隙，缝隙宽度应保持基本一致。用橡胶锤均匀敲打板面，边铺贴边检查，确保粘贴牢固。地面边缘处应用合适的贴面板铺贴补齐。防静电 PVC 贴面板的铺贴结构如图 3-8 所示。

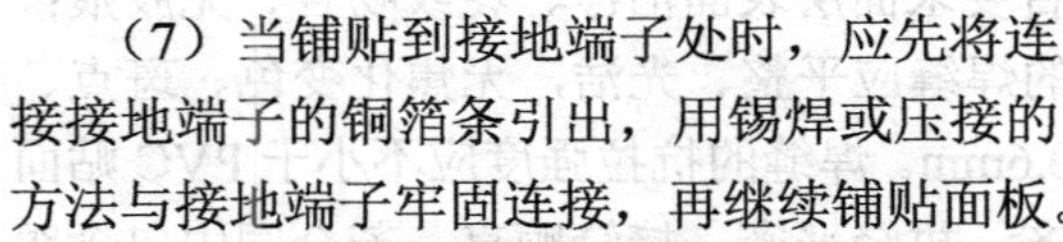

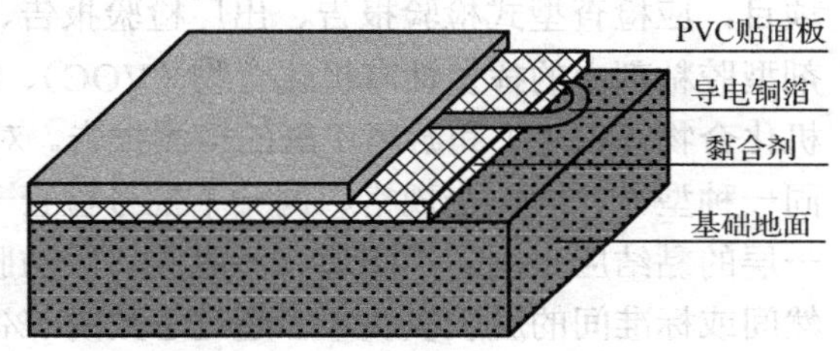

图 3-8　防静电 PVC 贴面板的铺贴结构

（7）当铺贴到接地端子处时，应先将连接接地端子的铜箔条引出，用锡焊或压接的方法与接地端子牢固连接，再继续铺贴面板。

（8）在整个房间铺贴完毕后，应沿贴面板接缝处用开槽机开焊接槽。槽线应平直、均匀，槽宽为(4±0.2)mm。

（9）应用塑料焊枪在焊接槽处进行热塑焊接，使板与板连成一体。当焊接多余物时，应用利刀割平，但不得划伤贴面板表面。

（10）在铺贴作业完成后，将地面清洁干净，并应涂覆防静电蜡进行保护。

（11）通风要求：由于防静电卷材地板表面经导电 UV 处理后，生产过程中不可能完全固化，使用初期（地板彻底固化期）会有一些挥发性物质并产生异味。由于 PVC 在高温焊接时，PVC 及导电 UV 材料在高温临界状态下会出现大分子析出的情况，也会有一些异味，因此在地板铺设完工后需要进行充分通风换气（一般需 2～3 天），否则在环境内的人员会感到不适。

4．测试与质量检验

测试与质量检验所用工具是一致的。测试环境：温度应为 15℃～30℃；相对湿度应小于 70%。对用户而言，最好选择使用环境中最干燥的条件下进行测试。

表面电阻测试：应将整个防静电地面分割成若干 $2m^2$～$4m^2$ 的测量区域，随机抽取 30%～50%的测量区域，将两电极分别置于贴面板表面，极间距约为 900mm，电极与贴面板的接触应良好。在抽取的 $2m^2$～$4m^2$ 的区域内应取 4～8 个数值，并做记录。系统电阻的测量：应在距各接地端子最近区域，随机抽取若干点，应将一电极与贴面板表面良好接触，另一电极应与接地端子相连接，测出系统电阻值，并做记录。

外观性能应符合以下要求：① 不得有空鼓、分层、龟裂现象；② 无明显凹凸不平；③ 无明显划痕；④ 无明显色差。

承接 PVC 地面检测的单位，应由得到国家授权的具有相应测试报告资质的权威机构担任。

5. 工程验收

防静电 PVC 贴面工程防静电性能的检测方法参照 3.7 节进行，防静电性能应符合表 3-1 的要求。防静电 PVC 地面机械物理性能及外观应符合现行国家标准的有关规定，对于主控项目，应检查型式检验报告、出厂检验报告、出厂合格证。在进入施工现场时，应具有溶剂型胶粘剂中的挥发性有机化合物（VOC）、苯、甲苯、二甲苯及水性胶粘剂中的挥发性有机化合物（VOC）和游离甲醛的检测报告。对同一个工程、同一种材料、同一个生产厂家、同一种型号、同一个规格、同一个批号检查一次。用观察、敲击及用钢尺检查，面层与下一层的黏结应牢固，不翘边、不脱胶、无溢胶（单块板块边角允许有局部脱胶，但每个自然间或标准间的脱胶板块不应超过总数的 5%；卷材局部脱胶处面积不应大于 20cm^2，且相隔间距应大于或等于 50cm）。对于一般控制项目要求面层表面洁净、花纹吻合、无胶痕；与柱、墙边交接严密，阴阳角收边方正。板块的焊缝应平整、光洁，无焦化变色、斑点、焊瘤和起鳞等缺陷，其凹凸允许偏差应不大于 0.6mm。焊缝的抗拉强度应不小于 PVC 贴面板强度的 75%。镶边用料应尺寸准确、边角整齐、拼缝严密、接缝顺直。若合同中包含踢脚线的施工，则踢脚线宜与地面面层对缝一致，踢脚线与基层应黏合密实。

6. 使用与保养

为了延长防静电 PVC 的使用寿命，平时需对其进行维护和保养。正确的保养方法不仅可以提高防静电地板的性能，而且还可以延长防静电地板的使用寿命。防静电 PVC 的使用环境：房间温度控制在 15℃～35℃范围内，相对湿度控制在 15%～75%范围内。

使用时应该注意以下 8 点。

（1）禁止使用锋利的器具直接在防静电地板表面上施工操作，防止破坏表面的防静电性能和美观程度。

（2）禁止人员从高处直接跳落到地板上，禁止搬运地板时进行野蛮操作，损坏地板。

（3）在地板上移动设备时，禁止直接在地板上推动设备。

（4）在地板刚铺设完毕后，要经常保持室内空气的流通。

（5）使用中严禁用水浸泡地板，若发生意外，则应及时用干拖布拖干地板。

（6）保持地板干燥清洁，若地板表面有污物，则一般用不滴水的潮拖把擦干即可。

（7）用地板专用清洁剂清除斑点和污渍，不可以用有损伤性的物品清洁，如金属工具、尼龙摩擦垫和漂渍粉。

（8）定期对防静电地面进行清洁维护，使其保持日常清洁，从而随时都能达到国家标准的要求。

3.3　防静电环氧自流地坪

3.3.1　概述

地坪涂料是指“水泥基等非本质地面用涂料”。更准确地说，地坪涂料指涂装在水泥砂浆、混凝土、石材或钢板等地面的表面，对地面起保护、装饰或某种特殊功能的涂料。地坪涂料涂装的对象主要是工业厂房的大型混凝土地坪，施工面积通常在几千到几万平方米之间；也有用于少量钢结构表面及其他类型材料的表面。随着地坪涂料和涂装技术的发展，地坪涂料的使用范围已经不仅仅用于工业地坪，还逐渐向商业地坪和家用地坪应用拓展。

混凝土由碳酸盐水泥混合各种大小的集料，加水搅拌后经水化凝结而成。混凝土固有的多孔性导致其表面耐磨性比较差，除影响生产车间的整洁、美观外，还影响正常工作。特别是电子、仪器、医药等行业，对生产车间的空气洁净度要求很高，混凝土产生的大量灰尘大大降低了产品的成品率。为了达到《洁净厂房设计规范》（GB 50073—2001）的要求，必须对混凝土地坪表面进行处理。涂装地坪涂料是比较常用、便捷的方法之一。

防静电环氧地坪是防静电地坪涂料的一种，防静电地坪涂料根据成膜物质是否具有导电性可以分为两大类：非添加型防静电地坪涂料和添加型防静电地坪涂料。非添加型防静电地坪涂料又称本征型防静电地坪涂料，其基料自向能导电，不需要添加其他导电材料。本征型导电聚合物主要有聚苯胺、聚乙炔、聚噻吩、聚吡咯等。但是上述导电高聚物制造和加工的难度大、成本昂贵，因此其应用受到很大限制。添加型防静电地坪涂料是指在绝缘高分子材料中添加导电材料，如炭黑、石墨、金属或导电的金属氧化物粉末、抗静电剂等。添加型防静电地坪涂料制造工艺简单、选材广泛、成本较低，目前广泛应用的防静电地坪涂料均属于这一类。其防静电性能来自两个方面：一是，导电粒子在涂层中相互接触形成链状的导电通路，使复合涂层得以导电；二是，在电场作用下，电子越过很小的势垒，穿过较薄的聚合物包覆层而使涂层导电，即隧道效应。一般来讲，添加型防静电涂层导电通道的形成是导电粒子直接接触和隧道效应综合作用的结果，如图 3-9 所示。

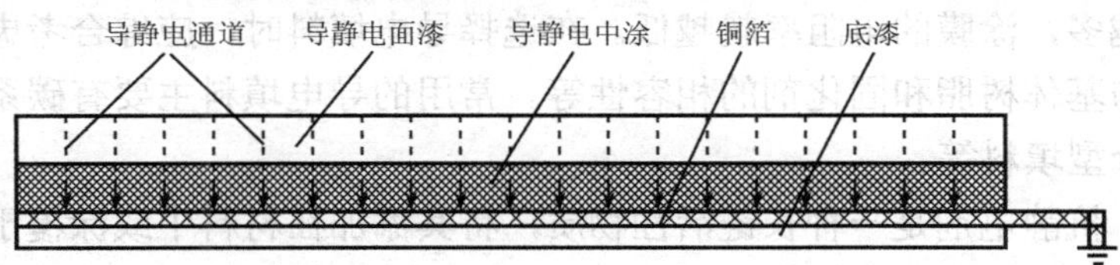

图 3-9　添加型防静电地坪涂料的导电原理

添加型防静电地坪的主要组成有基料树脂、溶剂、导电材料和其他助剂。导电材料可以是无机导电填料或有机抗静电助剂，添加不同的导电材料，其导电机理是不同的。对于前者，在导电涂料形成涂膜后，导电填料之间彼此接触产生“导电通道”，形成连续导电网络，或者彼此靠近，由于“隧道效应”，因此电子越过垫垒形成电子流通网络。而抗静电剂则由于亲水性基团在涂层表面的空气中定向排列，吸附空气中的水分子在涂层表面形成一层均匀分布的水膜或自身离子化，来传导表面静电荷，进而达到消除静电的目的。

基料树脂：基料树脂是形成防静电涂层的骨架，是导电材料的载体。基体树脂不仅决定了抗静电涂层的理化性能，而且对涂层的抗静电性也有很大的影响。目前，适合地坪涂料的基料树脂有环氧树脂、聚氨酯树脂、不饱和聚酯树脂、丙烯酸树脂等。其中，环氧树脂对各种基材均有良好的附着力，且化学性能、物理性能等综合性能较好，同时电阻值相对较小，因此它是防静电地坪涂料的理想基料。由于防静电涂料的涂膜充分固化是非常重要的，因此应该选用合适的固化剂。当环氧树脂采用改性胺或酸酐作固化剂时，要综合考虑固化剂的毒性、用量、固化条件等对涂膜防静电性能的影响。

溶剂：溶剂是导电涂料的辅助成分，对涂料的导电性能也有影响。若选择能使基料充分溶解的溶剂，则形成的涂膜导电性高；若选择不良溶剂，则形成的涂膜导电性偏低。溶剂用量过多或过少都将会导致涂膜导电性下降，使用低挥发性溶剂会比高挥发性溶剂获得更佳的导电性。酮类、酯类、醚醇类和氯代烃类可用于环氧树脂的溶剂，也可以混合作为环氧树脂的稀释剂。在固含量高的环氧防静电地坪涂料中，常选用稀释剂降低黏度，但要注意稀释剂的用量不宜过多，否则会降低涂膜性能。

导电材料：导电材料是防静电地坪涂料的关键组分，决定了涂膜的导电性能，常用的导电材料一类是各种导电填料；另一类是抗静电剂。导电填料一般加入量较大，但是价格相对低廉，导电性比抗静电剂要持久、稳定，因此它是防静电地坪涂料最常用的导电材料。

导电填料：导电填料的种类、含量、形状和粒度分布对涂层的防静电性能影响很大。不同种类导电填料的导电性能有很大差异，直接影响涂膜的导电性。在固化成干膜的过程中，作为导电填料必须彼此互相接触或靠近，才能形成无限网链结构和连续的电子传递通道，涂层才会起到防静电作用，但是导电填料过多，也会影响涂料成膜后的其他理化性能。因此，为了得到具有抗静电性能的理想涂膜，确定导电填料的用量是非常重要的。对于同种导电填料，其形状、尺寸也对涂膜导电性有很大影响，一般来说，纤维状、片状、针状、枝状比球状填料更容易形成导电通道。导电填料的粒度越小，每单位体积中填料粒子间相互接触的机会越多，涂膜的电阻率就越低。在选择导电填料时，应综合考虑上述因素及材料成本，以及与基体树脂和固化剂的相容性等。常用的导电填料主要有碳系填料、金属类填料、无机复合型填料等。

抗静电剂：抗静电剂是一种长链活性物质，将其添加在材料中或涂覆于材料表面，能构成泄漏电荷的通道，避免或减少静电荷积累。把添加到材料中的抗静电剂称为内加型抗静电剂，涂覆于材料表面的抗静电剂称为外涂型抗静电剂。防静电地坪涂料用的抗静电剂属于内加型。在涂覆过程中，抗静电剂通过以下 4 种方式起静电泄漏作用：第一，离子型抗静电剂可增加涂膜表面的离子浓度，提升涂膜的导电性能；第二，介电常数大的抗静电剂可增大涂膜的介电性，有利于电荷泄漏；第三，抗静电剂可增大涂膜表面的平滑性，降低摩擦系数，不利于电荷产生和积累；第四，抗静电剂的亲水基可增加涂膜表面的吸湿性，形成单分子导电层，构成泄漏电荷通道。根据抗静电剂的作用时间不同，可将抗静电剂分为短效抗静电剂和长久抗静电剂两大类。短效抗静电剂是一类具有表面活性剂特征结构的有机物质，分子中非极性部分的亲油基和极性部分的亲水基之间应具有适当的平衡，与高分子材料要有一定的相容性。此类抗静电剂又分为阳离子型、阴离子型、非离子型和两性离子型 4 种。阳离子型抗静电剂主要包括季胺盐、磷、硫化合物及盐类，其中季铵盐最为重要，抗静电效果好，对高分子材料有较强的附着力，是最常用的抗静电剂，但是其耐热性较差且对皮肤有害，因此一般用作外部涂覆型。阴离子型抗静电剂分子活性部分主要是阴离子，包括烷基磺酸盐、硫酸盐、磷酸衍生物、高级脂肪酸盐、羧酸盐及聚合型阴离子抗静电剂，该类产品耐热性和抗静电性都比较好，但是与树脂的相容性较差；非离子型抗静电剂分子本身不带电荷，而且极性很小，与树脂有良好的相容性，同时毒性低，具有良好的加工性和热稳定性，用量相对较大。两性离子型抗静电剂的最大特点是既能与阳离子型抗静电剂配合使用又能与阴离子型抗静电剂配合使用，与树脂有良好的相容性，抗静电效果类似于阳离子型，是一类综合性能优异的内部用抗静电剂。短效抗静电剂受环境条件（如温度、湿度、摩擦等因素）的影响很大。多用在塑料、皮革和纺织工业中，涂覆在塑料等表面或与塑料等混炼以获得抗静电效果，并且它的防静电性能时效很短，一般为 3～6 个月，仅用于临时性防静电场所。长久性抗静电剂是一类分子量较大的亲水性嵌段共聚物，以共混合金的方式与疏水性绝缘树脂混合。这种抗静电聚合物合金不仅较好地保持了母体聚合物的基本性能，而且在机械摩擦和比较宽的湿度范围内表现出良好且稳定的抗静电能力。因此，这类亲水性聚合物称为长久性抗静电剂。目前，这些高聚物的分子都掺入导电性单元，尤以 EPO（聚氧化乙烯）链为多。已实用化的永久抗静电剂有 PEGMA（甲基丙烯酸聚乙二醇酯）、PEO-ECH（环氧丙烷共聚合物）、PEEA（聚醚酯酰胺）和 PEAI（聚醚酯酰亚胺）等。它们在基体树脂中的分散程度和分散状态对基体树脂抗静电性能有显著影响。研究表明，亲水性聚合物在特殊溶剂存在下，经较小的剪切力拉伸作用后，在基体高分子表面呈微细的筋状，即层状分散结构，而中心部分呈球状分布，这种“芯壳”结构中的亲水性聚合物的层状分散状态能有效地降低共混物表面电阻，并且具有长久性抗静电性能。在塑料工业中，为了使长久性抗静电剂在树脂中均匀分散，通常将其与树脂共同混制成母粒，使用时将母粒添加至热塑性中。长久性抗静电剂的抗静电能力与自身结构有关，一般来讲，阳离子型>阴离子型>非离子型。

导电聚合物是指具有共轭π键长链结构的高分子经过化学或电化学掺杂（氧化或还原）

后形成的材料。即从共轭π键链上迁出或迁入电子，从而形成自由基离子或双离子。为了保持电中性，在共轭π键高分子主链周转需要一个带有相反电荷的离子与其配对，即对离子。在外加电场的作用下，载流子（自由电子或空穴）沿着共轭π键移动，从而实现了电子的传递，显示出导电性能。目前，导电聚合物在应用领域中研究得较多的有聚乙炔、聚噻吩、聚吡咯、聚苯胺及它们的衍生物，在电致发光、有机太阳能电池、锂离子二次电池、超频电容器、抗静电等领域得到了广泛应用，尤其在抗静电领域。

近年来，本征型导电聚合物作为抗静电剂与绝缘树脂共混成为导电材料是研究热点之一，也是结构型导电高聚物走向实用化的有效途径。其中聚苯胺及其衍生物作为抗静电剂的研究最为广泛，已成为导电高分子材料中最具发展潜力的品种。如采用聚苯胺粉末作为抗静电剂的聚氨酯/聚苯胺复合抗静电剂材料，该复合材料在室温环境下使用表现出良好的抗静电稳定性。也有将聚苯胺引入环氧树脂中的情况，使环氧树脂基体具有导电性能。但是聚苯胺的一个缺点是降解时容易产生联二苯胺结构，该结构具有致癌作用，在环境保护意识日益增长的今天，这个问题比较突出。

导电颜料：颜料在防静电地坪涂料中除附有着色和遮盖作用外，有时也起防锈的作用，因此防静电底漆中可以选择一些具有一定防锈能力的颜料，如氧化铁红、磷酸锌、四碱式锌黄等；防静电面漆则可以选择钛白粉、炭黑、汉沙黄、酞菁系列颜料等，这些颜料都具有优异的耐化学介质性能。

填料（体质颜料）除可以降低成本外，主要还用于改善涂层的力学性能。考虑体质颜料的防腐蚀性能，可选用滑石粉、沉淀硫酸钡、重晶石粉、石英粉、云母粉作为涂料的填料。其中，云母粉和石英粉具有一定的鳞片结构，可提高涂层的抗渗能力，所以重点选用该类填料。但是云母粉的吸油量较高，不适合高比例添加，需要与其他低吸量的填料搭配使用，才能保证涂料的自流平性能。

导电填料：常用的导电填料（如导电云母粉）的粒度小且比表面积大，造成涂料增稠，降低了对底材的润湿性，极易出现分色、缩孔、流平性差等缺陷。因此应根据不同的基料和导电填料慎重选择润湿分散剂、流平剂和消泡剂。助剂的种类和添加量应根据试验确定，助剂过少会影响涂膜的表面效果和涂料的施工性能；助剂过多则会对涂层导电性产生不良影响。

3.3.2 技术要求

环氧树脂自流平地面涂料是以环氧树脂和固化剂为主要成膜物，添加特殊助剂、活性稀释剂、颜填料，经加工而成的。环氧树脂自流平砂将地面材料在生产过程或施工现场中加入适当比例的级配砂石、粉等填充料，配制均匀后，直接采用手工或机械涂装，同时在固化后涂膜平整、光滑且耐冲击性良好的地面材料。防静电环氧自流平涂层由混凝土层、导电底涂层、防静电面层、导电中涂层和防静电接地系统网组成，如图 3-10 所示。

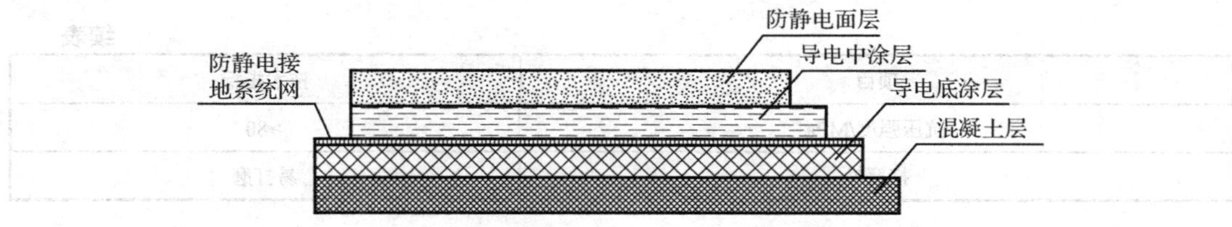

图 3-10　防静电环氧自流平涂层的组成

1．底层涂料

底层涂料一般采用渗透力强、附着力好的环氧类或聚氨酯类防静电地坪涂料作为封闭底漆，具有补强基础、稳固基面残留尘粒、封闭基面潮气的作用，具体要求见表 3-12。

表 3-12　防静电环氧树脂自流平地面底层涂料与涂层的质量

项目	技术指标
容器中的状态	透明液体、无机械杂质
混合后固体含量/%	≥50
干燥时间/h	表干≤3 实干≤24
涂层表面	均匀、平整、光滑，无起泡、无发白、无软化
附着力/MPa	≥1.5

2．中层涂料

中层涂料（中涂层）由导电底漆和石英砂或腻子组成，其作用是与底漆一起把防静电接地系统网很好地固定在基面上，并为防静电面漆和接地系统网之间提供良好的静电泄漏的通道。中涂层的成膜物质一般为聚氨酯树脂类、环氧树脂类或丙烯酸树脂类，添加的导电材料一般为导电炭黑或导电石墨粉，具体要求见表 3-13。

表 3-13　防静电环氧树脂自流平地面中层涂料与涂层的质量

项目	技术指标
容器中的状态	搅拌后色泽均匀、无结块
混合后固体含量/%	≥70
干燥时间/h	表干≤8 实干≤48
涂层表面	密实、平整、均匀、无开裂、无起壳、无渗出物
附着力/MPa	≥2.5
抗冲击（1kg 钢球自由落体）1m	胶泥构造：无裂纹、剥落、起壳
抗冲击（1kg 钢球自由落体）2m	砂浆构造：无裂纹、剥落、起壳

续表

项目	技术指标
抗压强度/MPa	≥80
打磨性	易打磨

3. 面层涂料

面层涂料一般采用聚氨酯类、环氧类或丙烯酸类防静电地坪涂料进行涂装，导电材料一般为浅色系的导电无机填料或导电纤维类材料，能赋给面层合格的表面电阻值，提供涂层整体的耐划伤、耐磨损、防尘、耐化学腐蚀等性能。面层可以是 0.2mm～0.3mm 的薄型面层，也可是 1mm 以上的厚型面层，具体要求见表 3-14。

表 3-14　防静电环氧树脂自流平地面面层涂料与涂层的质量

项目		技术指标
容器中的状态		各色黏稠液体，搅拌后均匀、无结块
干燥时间/h		表干≤8 实干≤48
涂层表面		平整光滑、色泽均匀、无针孔、气泡
附着力/MPa		≥2.5
相对硬度（任选）	D 型邵氏硬度	≥75
	铅笔硬度	≥3H
抗冲击（1kg 钢球自由落体）1m		无裂纹、剥落、起壳
抗压强度/MPa		≥80
磨耗量（750r/500g）		≤60mg
容器中涂料的贮存期		密闭容器，阴凉干燥通风处，5℃～25℃，6 个月

4. 化学性能

在室温条件下，防静电环氧树脂自流平地面涂层的耐化学性能应符合表 3-15 的要求。当环氧树脂自流平地面涂层需要在特种化学介质中使用或使用条件超出规定范围时，应经试验确定。

表 3-15　防静电环氧树脂自流平地面涂层的耐化学性能

化学品名	性能	化学品名	性能	化学品名	性能
大豆油	耐	5%苯酚	不耐	酒精	尚耐
润滑油	耐	20%硫酸	耐（略变色）	汽油	耐
5%醋酸	尚耐	15%氨水	耐	洗涤剂	耐

续表

化学品名	性能	化学品名	性能	化学品名	性能
1%盐酸	耐	15%氢氧化钠	耐	丙酮	尚耐
15%盐酸	耐（略变色）	10%氢氧化钠	耐	饱和食盐水	尚耐
草酸	耐	氢氧化钙	耐	甲醇	尚耐
1%甲酸	不耐	10%磷酸	耐	混合二甲苯	耐
10%乙酸	尚耐	30%磷酸	耐	甲苯	不耐
10%乳酸	尚耐	机油	耐	柴油	耐
10%柠檬酸	耐	5%硝酸	耐	导热油	耐

注：① 评定方法采用目测；② 当涂层出现浸润膨胀、粉化、凹陷、裂缝、颜色完全变化时，可判为不耐；③ 当仅出现表面发花、颜色轻微变化且涂层表面平整光洁时，可判为耐；④ 当涂层出现浸润、表面发花变毛、颜色轻微变化等现象时，可判为尚耐。

5. 检测方法

（1）容器中的状态：打开容器，用调刀搅拌，允许底部有部分沉淀，经搅拌后易于混合均匀，定义为“搅拌后无硬块”。

（2）涂膜着色与外观：用目测法进行测试。

（3）干燥时间：表面干燥法有吹棉球法和指触法。吹棉球法即在漆膜表面上轻轻放上一个脱脂棉球，用嘴在距棉球 10cm～15cm 的地方沿水平方向轻吹棉球，若能吹走，且膜面不留有棉丝，则认为表面干燥；指触法是以手指轻触漆膜表面，如感到有些发黏，但无漆粘在手指上，则认为表面干燥。实际干燥法有压滤纸法、压棉球法、刀片法和厚层干燥法。

（4）硬度：由于压痕硬度与相应的压入深度成反比，且依赖于材料的弹性模量和黏弹性，因此在规定的测试条件下，邵氏硬度将规定形状的压针压入试验材料，通过测量垂直压入的深度即可转换为硬度值。铅笔硬度是将受试产品均匀地涂在表面结构一致的平板上，待漆膜干燥、固化后，用具有规定尺寸、形状和硬度的铅笔划过漆膜表面时，判别漆膜表面的耐划痕性及是否产生其他缺陷性能。这些缺陷性能包括：① 塑性变形：漆膜表面永久的压痕，但没有内聚破坏；② 内聚破坏：漆膜表面存在可见的擦伤或刮破；③ 以上情况的组合。

（5）耐化学性：将漆膜浸入规定的介质中，观察其有无剥落、起皱、起泡、斑点、生锈、变色和失光等现象。

（6）打磨性：用 300# 砂纸打磨 20 次，通过表面漆膜出现的现象（如表面是否光滑，有无未研细的颜料或其他杂质）来判断，也可以依据打磨前后涂膜的失重或砂纸上粘附磨出物的程度来评定打磨的难易程度。

（7）抗压强度：利用压力试验机以均匀的速率给标准试样加压直至试件破坏，计算出每平方毫米的压强即为抗压强度。

（8）抗冲击性：以固定质量的重锤或钢球落于试样上而不引起漆膜破坏的最大高度表示漆膜耐冲击性。

（9）附着力：非弹性防静电地坪涂料利用划格法，即直角网格切割涂层穿透至底材是评定涂层从底材上脱离的抗性的一种试验方法，用这种经验方法测得的性能，除取决于该涂料对上道涂层或底材的附着力外，还取决于其他各种因素。对于弹性防静电地坪涂料采用拉开法进行附着力试验，即利用拉力试验测试出拉开涂层与底材间附着所需的拉力，用破坏界面间（附着破坏）的拉力或自身破坏（内聚破坏）的拉力来表示试验结果。

3.3.3 施工

1. 一般规定

防静电自流平地面的施工内容应包括面层、找平层、导静电封底层、导电地网、接地端子等的施工、测试及质量检验。

施工现场温度应在 10℃～30℃，相对湿度不大于 70%且通风良好。

2. 材料和设备

本节以防静电聚氨酯自流平地面说明防静电环氧自流平施工过程所需要的材料和设备。防静电聚氨酯自流平地面面层材料的技术性能指标应符合表 3-16 的要求。

表 3-16 防静电聚氨酯自流平地面面层材料的技术性能指标

名称	固体含量/%	磨耗值/g	体积电阻/Ω	表面干燥时间/h	实体干燥时间/h
指标	≥48	≤0.005	1.0×10^5～1.0×10^9	≤2	≤24

注：表中“磨耗值”的检测条件：500g/1000r。

防静电聚氨酯自流平地面找平层材料的技术性能指标应符合表 3-17 的规定。

表 3-17 防静电聚氨酯自流平地面找平层材料的技术性能指标

名称	拉伸强度/MPa		硬度（邵氏 A 度）		伸长率/%		阻燃性/级	体积电阻/Ω
	Ⅰ	Ⅱ	Ⅰ	Ⅱ	Ⅰ	Ⅱ		
指标	≥0.8	≥1.0	50～70	80～95	≥90	≥20	1	1.0×10^5～1.0×10^9

防静电聚氨酯自流平地面封底层材料的技术性能指标应符合表 3-18 的要求。

表 3-18　防静电聚氨酯自流平地面封底层材料的技术性能指标

名称	固体含量/%	体积电阻/Ω	表面干燥时间/h	实体干燥时间/h
指标	≥40	1.0×10^4～1.0×10^6	≤2	≤24

防静电聚氨酯自流平地面施工使用导电胶，可采用固体含量 100%的双组分聚氨酯或环氧树脂导电胶，其体积电阻率应小于 $1.0\times10^4\Omega/cm^2$。

施工材料和溶剂在贮存和使用过程中，不得与酸、碱、水接触；严禁周围有明火或置于室外暴晒。

常用施工设备（含工具）应包括低速带式搅拌机、刮板、消泡踏板、消泡毛刷（塑料刷）、射钉枪、吸尘器、运料车及度量衡器具等，其规格、性能和技术指标应符合施工工艺要求。

3．施工准备

施工前应做好以下准备工作：① 熟悉设计施工图，勘测施工现场；② 制定施工方案，绘制防静电地面接地系统图、接地端子图和地网布置图；③ 对进场材料的品种、规格和数量进行核查，分类存放；④ 备齐施工设备、机具和配备消防器材等；⑤ 确认现场环境是否符合施工方案和工艺的要求；⑥ 随机提取适量封底层、找平层材料，按确定的施工方案在现场实铺样块，样块面积为 $1m^2$。施工场地应符合以下要求：① 室内装修工程已基本完工；② 当基层面层是水泥类面层时，面层的表面应坚硬、干燥，不得有酥松、粉化、脱皮等现象，并且地面应平整。若有裂缝、空鼓、凹凸不平等现象，则应在施工前 1～2 天采用耐水建筑胶配制的腻子修补、处理，直到符合要求。当基层面层为水磨石、瓷砖、木地板等板块类面层时，可在原面层上施工，但必须对原有板块进行修补，板块间的缝隙应用腻子刮平。当相邻板块的高度差大于 1.5mm 时，应用腻子填充并刮平，板块不得有松动、空鼓等现象。当基层为油漆、树脂等涂层类地面时，涂层不得有翘曲、脱皮等现象，若有上述情况，则应先将脱离部位的涂层消除掉，然后用砂纸打平，凹陷处用腻子补平。最后将面层上的尘土、油污、胶、蜡等残留物消除干净。

施工区内应做好以下准备：① 彻底清洁施工区内地面；② 在施工区内的门口、通道、分隔处应用 3mm 厚棉条设置围挡，阻止胶液外溢；③ 对施工区内的踢脚板、门底边、设备底脚等处应用胶带或钙基质黄油涂覆保护；④ 施工通道等部位的墙裙应加以保护，可用聚乙烯（PE）膜围挡。

4．施工

安装接地端子包括：① 根据施工图确定场地接地端子装置；② 用镀锌膨胀螺栓固定接地端子。

铺设导电地网应使用导电铜箔或导电金属丝制作导电地网。根据使用场合、具体要求确定合适材质的导电地网。对导电铜箔的要求包括：① 采用宽 15mm～20mm、厚 0.05mm～0.08mm 的导电铜箔，按 6m×6m 网格铺设于基层地面。对小于 6m×6m 开间的地面，将铜箔条铺设成“十”字状，十字交叉点位于房间中心位置。铜箔交叉处用锡焊焊接，铜箔与接地端子连续处用锡焊焊接或用螺栓压接牢固。② 用导电胶将铜箔粘贴在基层地面上，铜箔粘贴应平整、牢固，可使用橡胶轧辊从铜箔条中心部位向两端碾展。③ 用乙酸乙酯溶液将铜箔上的浮胶清洗干净。铺设导电金属丝地网应采用的施工工艺：① 在基层地面上，根据地网布置图、用切割机沿 6m×6m 网格线切成深 5mm、宽 3mm 的沟槽。对于小于 6m×6m 开间的地面，切成“十”字状沟槽，十字交叉点应位于房间中心位置。② 用 1.2mm～2.0mm 的导电金属丝（铜丝或镀锌铁丝）镶嵌于沟槽内。导电金属丝交叉、搭接处应采用锡焊焊接，与接地端子的连接应采用锡焊焊接或用螺栓压接牢固。③ 用导电胶填平沟槽。铺设后的导电地网示意图如图 3-11 所示。

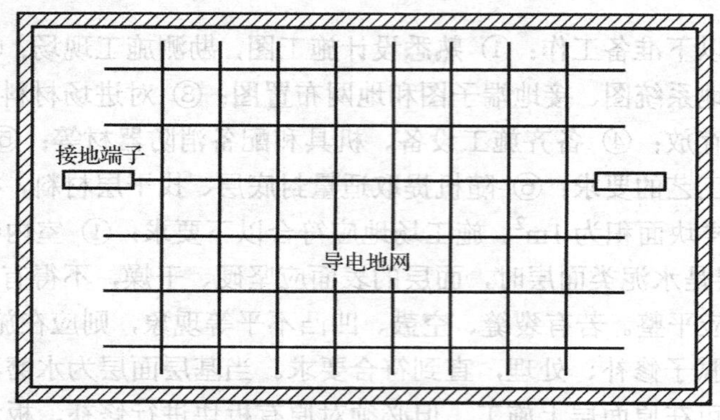

图 3-11 铺设后的导电地网示意图

铺设封底层应采用的施工工艺：① 按要求进行配料，一次配料不宜过多，将料置入搅拌机搅拌均匀，然后用 60 目～80 目丝网过滤。② 用毛辊滚涂地面，涂覆应均匀，不得漏涂，料液应现配现用，一次配料在 20 分钟内用完，距墙 100mm 处可不涂覆。③ 待晾干后检测封底层系统电阻，其阻值应为 $1.0\times10^{4}\Omega\sim1.0\times10^{6}\Omega$。合格后方可进行下道工序的施工。

铺设找平层应采用的施工工艺：① 按要求进行配料，一次配料量不宜过多。② 开启搅拌机将料搅拌均匀，应正向搅拌 1 分钟，反向搅拌 1.5 分钟。③ 将搅拌好的料放入料桶内，用运料车迅速运至施工现场，运料时间不得超过 5 分钟。④ 找平层的厚度应根据设计来具体确定，施工时用调整刮板支点高度实现找平层的厚度。刮涂作业应按先里后外，先复杂区域后开阔区域的顺序进行，逐步到达房间的出口处。最后施工人员退出房间，将剩余部分施工完毕。在刮涂过程中，刮板走向应一致，刮涂速度应均匀，两批料液衔接时间应小于 15 分钟。当施工面积大于 $10m^2$ 时，可先将配好的料液按刮涂走向分点定量倒在基面上，数人同时刮涂，运料桶内的料液应在 10 分钟内用完。

在刮涂 5 分钟后应进行消泡操作。消泡宜用毛长 80mm～100mm、宽 200mm～300mm、手柄长 500mm～600mm 的聚丙烯（PP）塑料刷或鬃毛刷。在操作时，施工人员应站在踏板上，来回地刷扫地面，用力应均匀，走向应有规律，不可漏消。应在 30 分钟内完成 1～2 遍消泡作业。

配料、搅拌、运料、刮涂、消泡等作业应协调一致，配合有序，并在规定的时间间隔内完成各项操作。

在找平层施工完成后，地面必须经养护后才能进行下一道作业，养护时间为夏季 48 小时，冬季 72 小时。在养护期间，应保持周围环境的清洁，严防脏物污染地面，严禁在地面上放置物品，严禁人员行走。在进行下一道作业时，施工人员应穿软底鞋并套干净鞋套。

铺设面层应采用的施工工艺：① 配料：按要求进行配料并搅拌均匀，然后用 100 目～120 目铜网筛过滤，静置 10～30 分钟后使用，不同批次料液色泽应一致。② 当要求面层为无色透明时，应采用滚涂作业，滚涂先用毛刷刷涂边缘区域。滚涂作业宜选用毛长 5mm～10mm、宽 200mm～250mm 的中高档马海毛毛辊，毛辊必须经防脱毛处理，应有顺序地朝一个方向滚涂（一般面向光线照射方向）。根据要求可完成一遍滚涂，也可完成二遍滚涂，在滚涂第一遍后，应间隔 6～12 小时再进行第二遍滚涂。滚涂后经 48 小时的固化定型，方可进行下一道工序作业。③ 当要求面层为彩色面层时，应采用刮涂作业，刮涂宜选用橡胶刃口刮板，其橡胶刃宽 200mm～250mm、厚 4mm～5mm，刃口为圆弧状。应先将料液均匀地铺设在找平层上，根据刮涂走向，按每人 1.0m～1.5m 的宽度刮涂，多人同时操作，交接处不得留有痕迹。每升料液涂覆 $2m^2$～$5m^2$，刮涂一遍即可。刮涂作业完成后应养护 7 天。

面层施工完成后应彻底清理现场：① 清理时工人应穿袜子或软底鞋操作，严禁无关人员践踏地面。② 将踢脚板等部位的保护胶条、钙基脂黄油和围挡消除干净，必要时可用稀料擦除黏附物。③ 将混料、搅拌、运料通道等场所清理干净。

5. 测试与质量检验

性能测试应在地面完全固化（约 7 天）后进行。

测试环境温度应在 15℃～30℃，相对湿度应小于 70%。

防静电聚氨酯自流平地面的外观质量要求：表面应无裂纹、分层现象；与基层黏合不得有明显凹凸和鼓包；搭接缝应平直；无明显色差及气泡（距地面 1.5m）。

地面的平整度需要用 2m 的直尺检查，间隙不得大于 2mm。

经检测不合要求的部分必须按施工工艺顺序分层进行修补。修补后的涂层与原涂层应附着良好、外观一致、无明显色差。

承接防静电环氧自流平地面的检测单位，应具有相应的资质。

3.4　防静电三聚氰胺贴面板

由纸浸渍添加防静电材料的三聚氰胺树脂和酚醛树脂，经高温、高压而成，按添加材料的不同可分为普通防静电和长久防静电贴面板两种。

3.4.1　技术要求

1．尺寸规格及偏差

防静电三聚氰胺贴面板幅面、厚度尺寸及偏差应符合表 3-19 的规定。

表 3-19　防静电三聚氰胺贴面板幅面、厚度尺寸及偏差

厚度 /mm		长度 /mm		宽度 /mm		方正度 /mm	最大翘曲度 /mm
基本尺寸	极限偏差	基本尺寸	极限偏差	基本尺寸	极限偏差	两对角线长度之差不超过 6	120
0.8、1.0、1.2	±0.12	2135	+10	915	+10		
1.5、1.8、2.0	±0.15	2440	0	1220	0		
注：仅供双方可协商生产其他厚度、幅面尺时等							

用精度为 0.01mm 的量具测定防静电三聚氰胺贴面板的厚度，用精度为 0.05mm 的量具测定其长度和宽度。

2．外观质量

防静电三聚氰胺贴面板的外观质量应符合表 3-20 的规定。

表 3-20　防静电三聚氰胺贴面板的外观质量

缺陷名称	允许极限	
干、湿花	明显的不许有；不明显的不超过板面的 5%	
污斑	明显	直径在 0.5mm～2mm，每平方米允许有 2 个 长度不大于 5mm，宽度不大于 0.5mm，每平方米允许有 2 条
	不明显	允许平均直径小于 3mm
压、划痕	压痕	直径不大于 15mm，每平方米允许有 2 个
	条状压痕	长度不超过 200mm，宽度不超过 2mm，每平方米允许有 1 条
	线状压、划痕	长度 20mm～50mm，宽度不大于 0.3；每平方米允许有 3 条；长度 50mm～200mm，宽度不大于 0.3mm，不得密集，不允许损坏装饰层
色泽不均	明显的不允许有	
边缘缺陷	崩边宽度不大于 2mm 毛边宽度不大于 3mm	

外观检验方法需要在散射日光或日光灯下，照度为(100±20)lx，距离试件 60mm 斜向目测检查。

3．物理性能

防静电三聚氰胺贴面板的物理性能要求应符合表 3-21 的规定。

表 3-21 防静电三聚氰胺贴面板的物理性能

序号	项目	性能	单位/最大或最小	指标
1	防静电性能	体积电阻	Ω	10^6～10^9
		表面电阻	Ω	10^6～10^9
2	耐沸水煮性能	质量增加	%最大	见 GB/T 17911—1999 中图 2
		厚度增加	%最大	见 GB/T 17911—1999 中图 3
		外观	等于 不低于	2 级（见 GB/T 17657—1999 中 4.4.3）
3	耐干热性能	外观光泽	等于 不低于	3 级（见 GB/T 17657—1999 中 4.4.3）
		其他		2 级（见 GB/T 17657—1999 中 4.4.3）
4	抗冲击性能	落球高度	cm 最小	100
		凹痕直径	mm 最大	10
5	燃烧性能	-	不低于	FV-1
6	耐磨性能	耐磨	转数不低于	400
		高耐磨	转数不低于	1000
		超耐磨	转数不低于	3000
		磨耗值（1000 转）	不大于 g/cm²	0.08
7	抗拉强度	-	≥MPa	60
8	耐老化	表面情况	-	无开裂
9	尺寸稳定性	尺寸变化	% 最大（L） % 最大（T）	见 GB/T 7911—1999 中图 4

表中：（1）防静电性能：体积及表面电阻参照 3.7 节进行测试，需要在低湿和中湿环境中分别进行测试。测量的原理依据为材料的静电性能通常依赖于环境条件，主要是相对湿度，因此测量应在由表 3-22 中的三个环境等级所规定的受控条件下进行。对于试验环境等级的选择，按照被试验的地板覆盖层的类型和预知用途来进行，它以产品预期工作的最严格的条件（最低湿度）为基础。如用户无特殊要求，一般选用环境等级 3。地板覆盖层的清洁处理在条件处理之前进行。

表 3-22　环境等级

环境等级		1	2	2a	3
预处理	持续时间/h	96～106	\	24～48	\
	温度/℃	37～43		20±2	
	相对湿度/%	<15		65±3	
条件处理	持续时间/h	96～106	96～106	168～178	48～54
	温度/℃	23±2	23±2	23±2	23±2
	相对湿度/%	12±3	25±3	25±3	50±5
测量	温度/℃	23±2	23±2	23±2	23±2
	相对湿度/%	12±3	25±3	25±3	50±5

（2）耐沸水煮性能：试件先干燥后再在沸水中煮 2 个小时，将每个试件质量和厚度的增加量作为评判指标，也用肉眼观察有无鼓泡和分层等现象。耐沸水煮性能的质量增加百分率的计算按照如图 3-12 所示进行。耐沸水煮性能的厚度增加百分率的计算按照如图 3-13 所示进行。

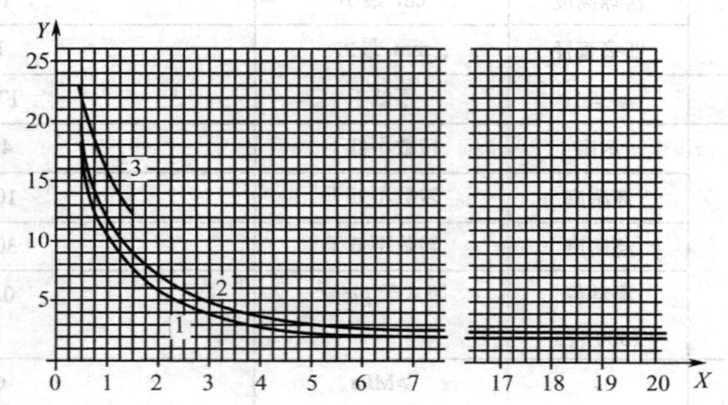

X—厚度，单位为毫米（mm）；Y—质量增加百分率，%；1—S 型；2—F 型；3—P 型。

图 3-12　耐沸水煮性能的质量增加百分率的计算

（3）耐干热性能：用于确定试件表面装饰层对热物体（如电烙铁干烫）的抵抗能力。试验后用肉眼观察试件表面应无鼓泡、开裂、色变或明显的光退等变化。

（4）抗冲击性能：用规定质量的钢球在规定高度和规定次数下冲击试件表面，确定试样表面是否出现裂纹和大于规定直径的压痕。

（5）燃烧性能：参见 3.2.1 节。

（6）耐磨性能：参见 3.1.2 节。

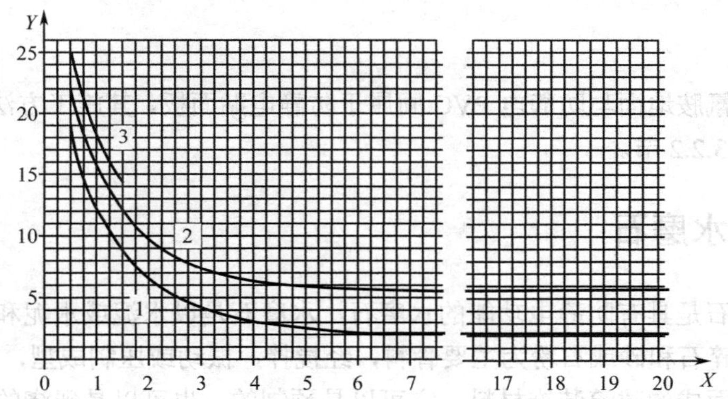

X—厚度，单位为毫米/mm；Y—质量增加百分率，%；1—S 型；2—F 型；3—P 型。

图 3-13　耐沸水煮性能的厚度增加百分率的计算

（7）抗拉强度：抗拉强度表明试件最大拉伸载荷与试件横截面积的比例，即用拉力试验机的拉力强度除以试件横截面积（宽度与厚度之积）。

（8）耐老化：将试件放入老化试验仪，确定试件在碳弧灯下经规定时间照射后，试件表面质量是否有无开裂、表面光泽值是否有变化等。

（9）尺寸稳定性：尺寸稳定性以确认试件在温度为 20℃时，由于相对湿度的变化而引起的尺寸变化或者试件在不同温度和湿度环境中的尺寸变化。尺寸稳定性项目检测的计算按如图 3-14 所示进行。

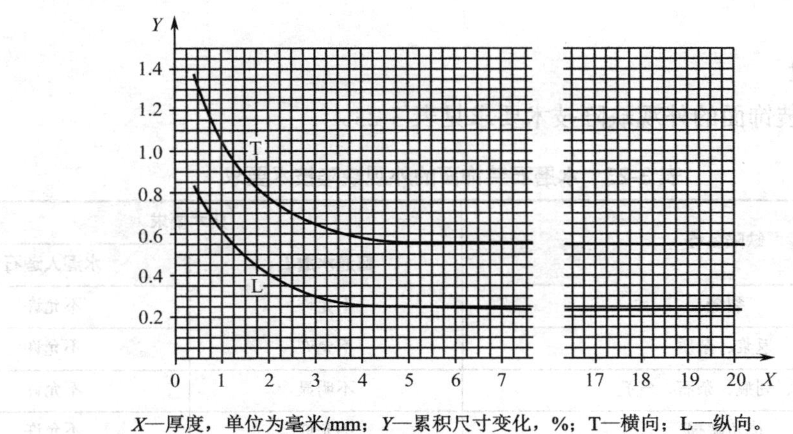

X—厚度，单位为毫米/mm；Y—累积尺寸变化，%；T—横向；L—纵向。

图 3-14　尺寸稳定性项目检测的计算

3.4.2　施工

防静电三聚氰胺地面与防静电 PVC 同属于防静电贴面板，其施工方法基本一致，其施工与验收请参阅 3.2.2 节。

3.5　防静电水磨石

防静电水磨石是具有防静电功能的水磨石，水磨石是以水泥或水泥和树脂的混合物为胶粘剂、以天然碎石和砂或石粉为主要骨料，经搅拌、振动或压制成型，表面经研磨和/或抛光等工序制作而成的建筑装饰材料，它可以是预制的，也可以是现浇的。水磨石按抗折强度和吸水率分为普通水磨石（抗折强度平均值不小于 5.0MPa 且吸水率不超过 8%的水磨石，其结构形式多为双层）和水泥人造石（抗折强度平均值不小于 10.0MPa 且吸水率不超过 4%的水磨石，其结构形式多为单层）；按生产方式分为预制水磨石和现浇水磨石；按使用功能分为常规水磨石、防静电水磨石、不发火水磨石（在一定的摩擦、冲击或冲擦等机械试验时，不会产生火花或火星）和洁净水磨石（使用中发尘量小的水磨石，其洁净度由洁净室的洁净度来体现）；按使用部位可分为墙面和柱面水磨石、地面用水磨石、踢脚板、立板和三角板类水磨石、隔断板、窗台板和台面板类水磨石；按表面加工程度分为磨面水磨石、抛光水磨石；按黏结剂分为水泥基水磨石、树脂—水泥基水磨石等。

3.5.1　技术要求

1．外观质量

（1）水磨石装饰面的外观缺陷技术要求见表 3-23。

表 3-23　水磨石装饰面的外观缺陷技术要求

缺陷名称	技术要求	
	普通水磨石	水泥人造石
裂缝	不允许	不允许
返浆、杂质	不允许	不允许
色差、划痕、杂石、气孔	不明显	不允许
边角缺损	不允许	不允许

在自然光下目测水磨石面层的外观缺陷，距水磨石 1.5m 处明显可见的缺陷视为有缺陷；否则视为无缺陷。

（2）当水磨石磨光面有图案时，其越线和图案偏差的技术要求应符合表 3-24 的规定。

表 3-24　有图案水磨石光面越线和图案偏差的技术要求

缺陷名称	技术要求	
	普通水磨石	水泥人造石
图案偏差	≤3mm	≤2mm
越线	越线距离≤2mm；长度≤10mm；允许 2 处	不允许

用钢直尺测量图案偏差值和越线距离与长度，读数精确到 0.5mm。

（3）同一批水磨石磨光面上的花色品种应基本一致。在自然光下，人在距水磨石 1.5m 处，目测水磨石花色是否有一致。

2. 尺寸偏差

预制水磨石的规格尺寸、允许偏差、平面度、角度允许极限公差应符合表 3-25 的规定。正面与侧面夹角不大于 90°。

表 3-25　预制水磨石的尺寸偏差技术要求

类别	长度、宽度/mm		厚度/mm		平面度/mm		角度/mm	
	普通水磨石	水泥人造石	普通水磨石	水泥人造石	普通水磨石	水泥人造石	普通水磨石	水泥人造石
Q	0 −1	0 −1	+1 −2	±1	0.8	0.6	0.8	0.6
D	0 −1	0 −1	± 2	+1 −2	0.8	0.6	0.8	0.6
T	±2	±1	±2	+1 −2	1.5	1.0	1.0	0.8
G	±3	±2	±2	+1 −2	2.0	1.5	1.5	1.0

（1）外形尺寸：用钢直尺测量水磨石的长度和宽度，各测三条直线，测量部位如图 3-15 所示，1、2、3 表示宽度测量线；a、b、c 表示长度测量线。用游标卡尺测量水磨石各边中心点的厚度。分别用偏差的最大值和最小值表示长度、宽度、厚度的尺寸偏差。用同一块水磨石的厚度偏差的最大值和最小值的差值表示同一块水磨石上的厚度极差。计数精确到 0.5mm。

（2）平面度：将钢平尺帖放在被检平面的两条对角线上，用塞尺测量钢平尺尺面与水磨石被检平面之间的空隙。当被检面对角线长度大于 1000mm 时，用长度为 1000mm 的钢平尺沿对角线分段检验，如图 3-16 所示。以最大空隙的塞尺片读数表示水磨石的平面度极限公差。读数精确到 0.1mm。

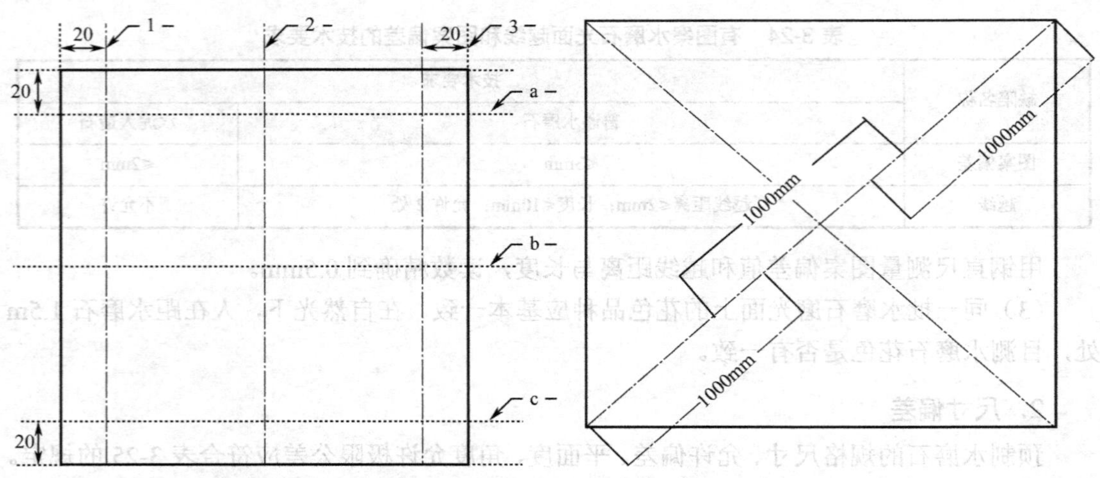

图 3-15　长度和宽度的测量示意图　　　　图 3-16　平面度测量方法示意图

（3）角度。当长边长度小于等于 600mm 时，将 90° 钢直制尺长边紧贴板材的长边，短边紧贴板材短边，用塞尺测量板材与角尺短边之间的间隙。当被检角大于 90° 时，测量点在角根部；当被检角小于 90° 时，测量在长边边缘端或距根部 400mm 处，测量示意如图 3-17 所示。当角尺的长边大于板面的长边时，用图 3-17 中的（a）和（b）方法测量板面的两对角；当角尺的长边小于板面的长边时，用图 3-17 中的（c）和（d）方法测量板面的四个角，以最大间隙的塞尺片读数表示水磨石的角度极限公差，读数精确到 0.01mm。当长边长度大于 600mm 时，水磨石的角度用其对角线长度差来表示。

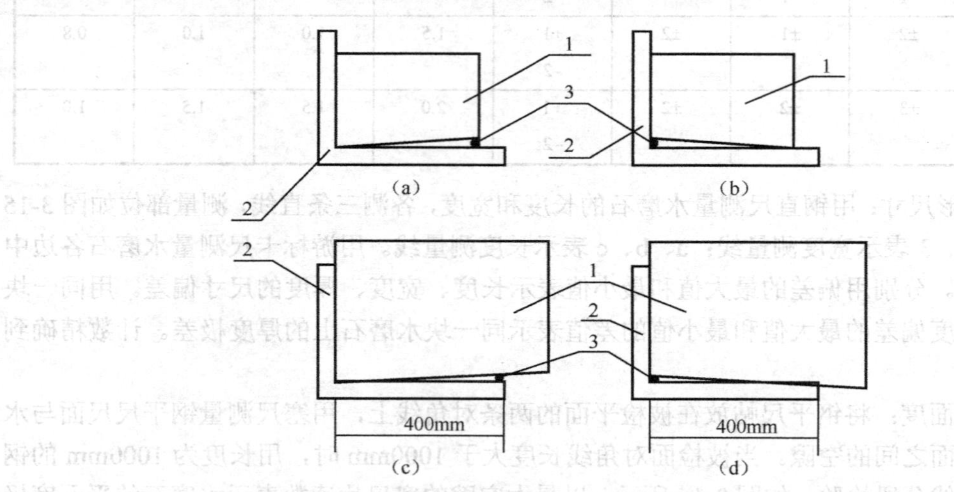

图 3-17　角度测量方法示意图

3．物理力学性能

水磨石的抗折强度和吸水率值应符合表 3-26 的要求。普遍水磨石的光滑度要求不低于 25 光泽单位，用 P25 表示。

表 3-26 水磨石的抗折强度和吸水率值

项目		指标	
		普通水磨石	水泥人造石
抗折强度	平均值≥	5.0	10.0
	最小值≥	4.0	8.0
吸水率/%	≤	8.0	4.0

抗折强度利用 150mm×100mm 的试件进行试验，试件受力方向不得含有钢筋，按一定的操作方法加载试验力后，计算出抗折强度。吸水率利用 150mm×100mm 的试件来计算，先将试件烘干，再在水箱内放置 24 小时后取出，擦干净表面水迹后，计算出吸水率。

4．功能性能

地面用水磨石的耐磨度≥1.5；有防滑要求的水磨石的防滑等级应符合：① 通常情况下，防滑等级应不低于 1 级；② 对于室内有老人、儿童、残疾人等活动较多的场所，防滑等级应达到 2 级；③ 对于室内易浸水的地面，防滑等级应达到 3 级；④ 对于室内有设计坡度的干燥地面，防滑等级应达到 2 级，有设计坡度的易浸水的地面，防滑等级应达到 4 级；⑤ 对于室外有设计坡度的地面，防滑等级应达到 4 级，其他室外地面的防滑等级应达到 3 级；⑥ 石材地面工程的防滑等级指标要求见表 3-27。不发火水磨石的不发火性能应符合 GB 50209—2010 的附录 A 的要求。耐污染性能应符合设计要求。洁净水磨石的空气洁净度等级应符合设计要求。

表 3-27 石材地面工程的防滑等级指标要求

防滑等级	0 级	1 级	2 级	3 级	4 级
抗滑值 F_B	F_B<25	25≤F_B<35	35≤F_B<45	45≤F_B<55	F_B≥55
摩擦系数	≥0.5				

耐磨性试验方法按 GB/T 16925—1997 的规定进行。抗滑值用摆式仪按照要求进行检测。摩擦系数用水平拉力计测定。耐污染性能符合 GB/T 3801.14—2006 的规定。不发火性能符合 GB 50109—2010 附录 A 中的规定。洁净水磨石的洁净度试验方法按 GB 50037—2001 的规定进行。

3.5.2　施工

1．一般规定

防静电现浇水磨石地面施工内容应包括基层、接地系统、找平层、面层的施工、测试及质量检验。

施工现场的楼、地面结构垫层高度和抗压强度应符合设计要求，表面清洁、平整（要求在 2m 内高度差小于 10mm）、湿润且无积水。按设计要求，需要预装的水、暖、电管道及线缆和各种预埋件均应预先安装完毕。无用孔、洞、缝隙等均已修补填平。地面结构钢筋不应裸露。施工现场的环境温度应不低于 5℃。

2．材料、设备与工具要求

防静电现浇水磨石地面所用材料应符合设计要求。当设计无特殊规定时，应符合以下要求。

（1）水泥：强度等级不小于 42.5 的硅酸盐水泥或矿渣水泥。彩色地面面层的水泥颜色采用白色或彩色。对同一单项工程地面施工，应使用同一出厂批号的水泥。

（2）砂子：洁净、无杂质，细度模数不小于 0.7，含泥量不大于 3%。

（3）石子：无风化坚硬石子（白云石、大理石等），大小均匀，色泽基本一致，其粒径规格为 4mm～12mm。可将大、中、小粒径的石子按一定比例混合使用。同一单项工程应采用同批次、同产地、同配比的石子。颜色、规格不同的石子应分类保管。

（4）分格条：可采用玻璃条、铜条或塑料条。分格条的尺寸规格宽为 3mm～5mm，高为 10mm～15mm（视石子粒径而定），长度根据分割块的尺寸来确定。

① 玻璃条：用普通平板玻璃裁制而成。

② 铜条：采用工字型铜条。使用前必须调直，铜条表面应做绝缘处理，绝缘材料的电阻值应不小 $1.0\times10^{12}\Omega$。

③ 塑料条：用聚氯乙烯板材裁制而成。

（5）颜料：采用耐光、耐碱性好的颜料，其掺入量为水泥量的 3%～6%，最高不超过 12%。

（6）导电粉：采用无机材料构成的多组复合导电粉。

（7）导电地网：采用 ϕ4mm～ϕ6mm 的钢筋，使用前必须张拉调直。

（8）草酸：采用浓度为 5%～10%的草酸溶液，用于面层处理及去污。

（9）防静电地板蜡：采用体积电阻为 $5.0\times10^{4}\Omega$～$1.0\times10^{9}\Omega$的专用防静电地板蜡。

（10）绝缘漆：B 级，绝缘电阻值不小于 $1.0\times10^{12}\Omega$。

常用施工设备（含工具）应包括搅拌机、电焊机、磨石机、压辊、无齿锯、清洗抛光机、水平尺、手推车和木抹子等，其规格、性能和技术指标应符合施工的工艺要求。

3．施工准备

（1）施工前必须熟悉设计施工图并勘察施工现场。

（2）根据设计施工图的要求，标出防静电现浇水磨石地面作业层的标高。

（3）必须绘制出防静电地面的接地系统图、接地端子图和地网布置图。

（4）根据施工的工艺要求备齐各种施工材料、设备、工具，并摆放整齐，对有害和有污染的材料应设专人专室保管。

（5）施工现场应配备消防器材，并制定相应的消防措施，应有专人负责现场的消防工作。

（6）指定有经验人员负责导电粉的配比，必须严格按照配方比例配料。

（7）根据设计要求，按《地面与楼面工程施工及验收规范》（GB 50209）的规定进行施工。

4．施工

清理基层：必须清除地面残留砂浆、结块，然后将面层打毛；基层地面如有空鼓、凹凸等情况应进行修补处理，然后清洁地面。

涂覆绝缘漆：应将露出基层表面的金属（如钢筋、管道）涂两遍绝缘漆后晾干。

铺设导电地网：应首先将调直的钢筋彻底除锈，清洁表面，并按图纸尺寸下料。根据地网布置图将钢筋、接地端子（指安装在地面上的端子）铺设于已清洁干净的基层上。钢筋的交叉连接处应焊接牢固，地网与接地端子用焊接或压接法连接牢固。根据接地系统图，在地网上焊接接地引下线。

在导电地网施工完成后，应对其进行电性能检测。要求自身导电性能良好，且与建筑物等其他导体不得有短路现象。

当对接地引下线、地下接地体进行施工时，接地引下线的长度应尽量短，短接地体的埋设应符合《电装置安装工程接地装置施工及验收规范》（GB 50169）规定。接地引下线与导电地网和地下接地体的连接应牢固、可靠。

防静电现浇水磨石地面应单独接地，其系统接地电阻值应小于 100Ω。若与其他系统共用接地装置时，则必须按有关标准和规范执行，系统接地电阻值应满足其中最小阻值的要求；与防雷接地系统共用时必须加设接地保护装置。

施工找平层：应在已铺设好导电地网的基层上刷混凝土界面剂或用水湿润基层表面。宜使用 1∶3 干性水泥砂浆（按水泥重量的配比掺入复合导电粉并搅拌均匀），覆盖在导电地网上。找平层厚度应为 25mm～30mm。

镶嵌分格条：当采用铜分格条时，应首先检查铜条表面的绝缘层是否良好。在铺设时铜分格条不得交叉和连接，且应有 3mm 间距。分格条与导电地网及基层地面中的预埋管线的间距应不小于 10mm；当特殊情况小于 10mm 时，应进一步做绝缘处理（采用塑料或玻璃分割条不受此限制）。当采用玻璃分格条时，施工中应防止其断裂、破碎。

抹石子浆：应将复合导电粉与颜料按水泥重量配比混合均匀后加入石子浆中，然后搅拌均匀。石子的颜色、品种、粒径及水泥的颜色应符合设计要求。抹浆厚度应为 15mm～20mm，抹后应用轧辊压实。

磨光地面：应在石子浆已凝固、表面干燥后研磨地面。研磨不得少于三遍，两次研磨之间应补浆一遍，使地面光滑、平整，不应有愣坎、孔、洞、缝隙。磨光后应进行地面保护。

地面保护：在地面表面上加一层覆盖物，并派专人看管。如有损坏应按以上施工的工艺要求及时修复。

细磨出光作业：在整体施工基本完成后进行细磨出光作业。首先将 5%～10%浓度的草酸溶液撒在地面上（或在地面上均匀地撒上适量的水及草酸粉），然后用磨石机（金刚砂细度为 280 目～320 目）研磨地面，直至地面面层光亮、平整。细磨后在地面上应再撒一遍草酸溶液。

打蜡抛光：细磨出光后的地面，经清洁干净后，应在其表面均匀地涂一层防静电地板蜡，并做抛光处理。

检测：施工过程中，每道工序结束后，应进行质量检测，并应认真填写工序施工记录。未达到质量标准的不得进行下一道作业。

5. 测试与质量检验

常用检测器具有表面电阻测试仪、接地电阻表。防静电性能指标的检验应在地面施工结束 2～3 月后进行，对用户而言，最好在最干燥的环境时测试防静电性能。机械性能及外观检验应按《建筑地面工程施工质量验收规范》（GB 50209）要求执行，承接防静电现浇水磨石地面的检测单位，应具有相应的检测资质。

3.6 防静电活动地板

3.6.1 概述

防静电架空地板一般由面层、基层、横梁、支架等部分组成，如图 3-18 所示。无论何种防静电架空地板采用的横梁和支架都基本相同，因此架空地板的分类一般都是根据面层和基层进行的。根据面层不同可分为三聚氰胺面、PVC 面和陶瓷面等；根据基层不同可分为木基、全钢和硫酸钙等。将两者结合起来就形成了市场上常见的三聚氰胺贴面木基防静电架空地板、三聚氰胺贴面全钢防静电架空地板、三聚氰胺贴面硫酸钙防静电架空地板、PVC 贴面木基防静电架空地板、PVC 贴面全钢防静电架空地板、PVC 贴面硫酸钙防静电架空地板、陶瓷贴面木基防静电架空地板、陶瓷贴面全钢防静电架空地板、陶瓷贴面硫酸钙防静电架空地板等，如图 3-19 所示。

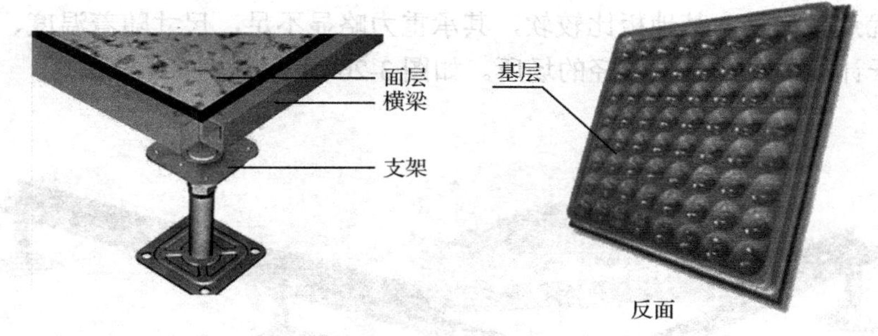

图 3-18　防静电架空地板的结构与组成

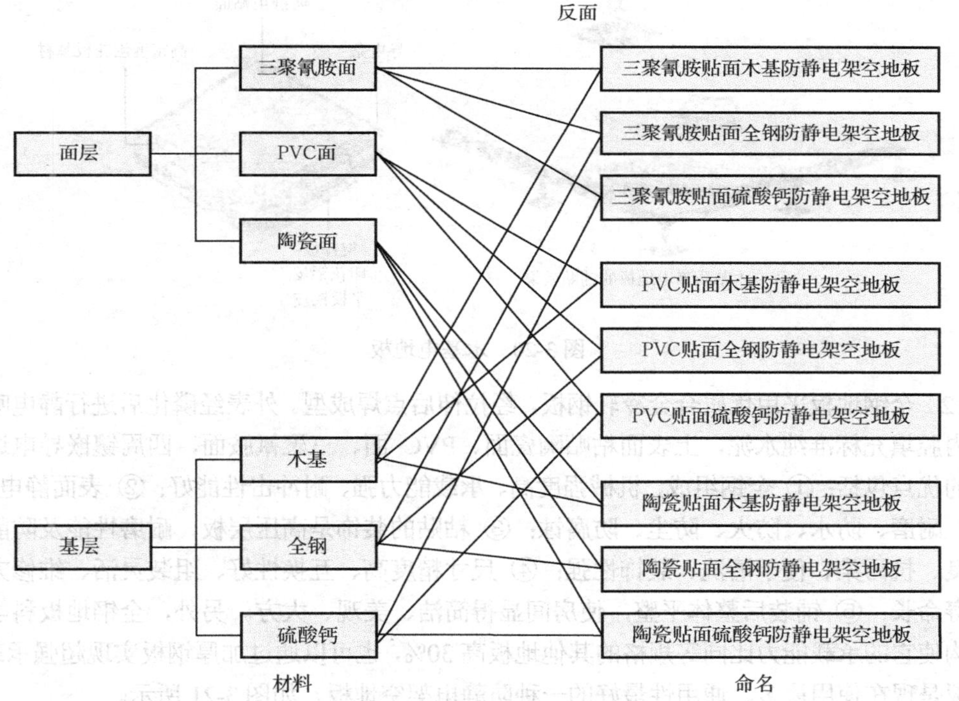

图 3-19　防静电架空地板的材料与命名

防静电架空地板常用的面层有陶瓷面、PVC 面、三聚氰胺面，其技术要求与直接铺帖时的要求是一样的。常用的基层有木基、全钢和硫酸钙等。

（1）木基地板（又名复合地板）是最早发展起来的防静电地板，最大的特点是承载能力较强，尺寸精确，铺装效果好。此类板基可以搭配各种贴面，且结合紧密，使用寿命长。经过精细表面处理和边框处理的复合地板，在国内外的高档地板市场上占据着大部分市场份额，其优异的性能得到客户的一致认可。木基地板采用 B1 级防火等级的高密度阻燃木材，板芯内不含甲醛及有害化学黏合剂，具有脚感舒适，全密封式封边技术，零铺装缝隙，美观大方等优点。但是木基地板比较软，其承重力略显不足，尺寸随着温度、湿度的变化较大。适用于计算机房等承重较轻的场所。如图 3-20 所示。

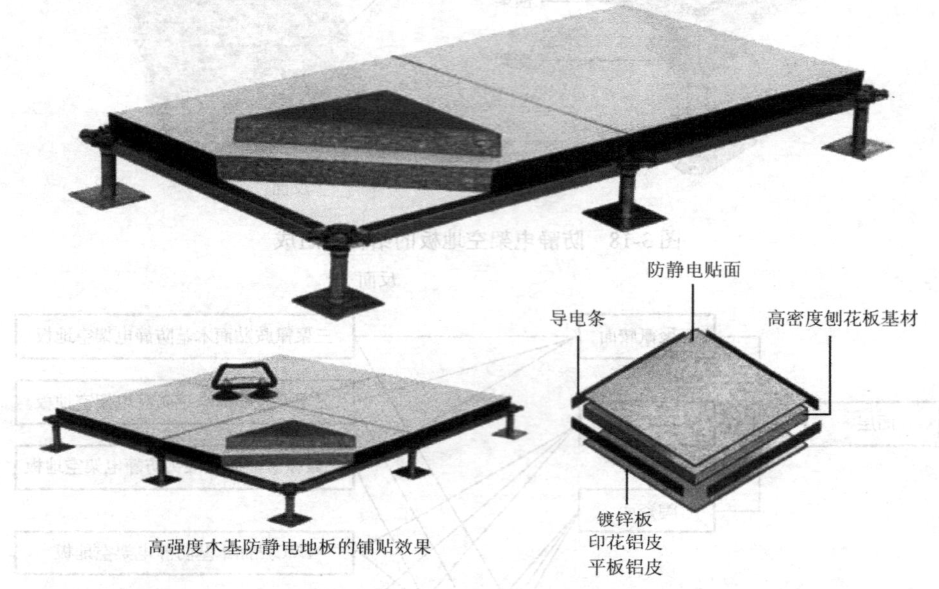

图 3-20　木基电地板

（2）全钢地板采用优质合金冷轧钢板，经拉伸后点焊成型。外表经磷化后进行静电喷塑处理，内腔填充标准纯水泥，上表面粘贴陶瓷面、PVC 面、三聚氰胺面，四周镶嵌导电边条。具有的优点包括：① 全钢组成，机械强度高、承载能力强、耐冲击性能好；② 表面静电喷塑，柔光、耐磨、防水、防火、防尘、防腐蚀；③ 粘贴的装饰是高压层板，耐磨性能及防静电性能优良、抗污染、便于清洗、装饰性强；④ 尺寸精度高、互换性好、组装灵活、维修方便、使用寿命长；⑤ 铺装后整体平整，使房间显得简洁、美观、大方。另外，全钢地板科学的力学结构使它的承载能力比同等规格的其他地板高 30%，也可以通过加厚钢板实现超强承载。全钢地板是现在使用最多、通用性最好的一种防静电架空地板。如图 3-21 所示。

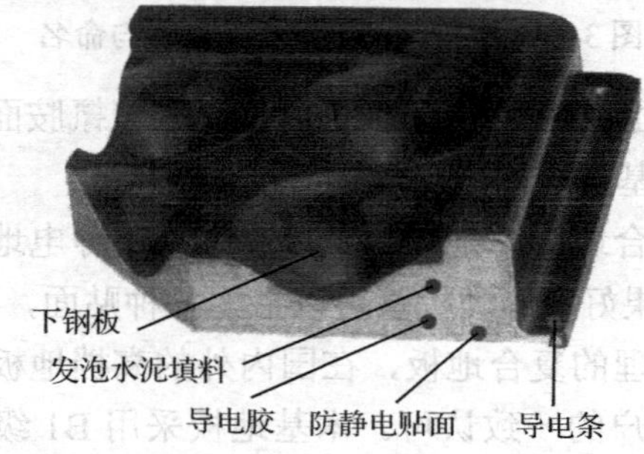

图 3-21　全钢地板

（3）硫酸钙地板内含导电颗粒及天然矿物纤维，由矿物纤维加工凝固成硫酸钙晶体，并采用无毒未经漂白的植物纤维作为加固材料，经过一次脉冲压制工序制作而成，增加了其过载力和承载力，属 A 级建筑防火材料。地板四周采用塑胶收条边，地板底部采用镀锌钢板。具有的优点包括：① 易于加工处理，尺寸精确度高，互换性好；② 板基优质环保，无辐射，承载能力卓越；③ 防火等级为 A 级、防水、防静电；④ 地板铺装无缝隙，美观度好；⑤ 有效的隔音、吸音性能，减少行走或交通流动的噪音。同样面层的硫酸钙基防静电架空地板的价格一般比较高，其最大的优点是承重力比较大，通过加厚全钢基的厚度也可达到相应的承重力。如图 3-22 所示。

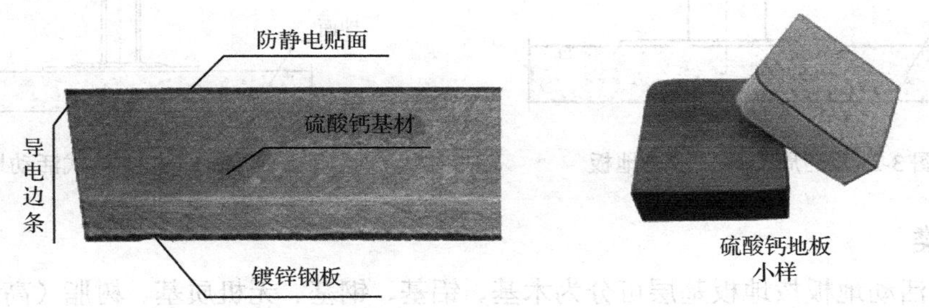

图 3-22　硫酸钙地板

通过以上的比较分析可以看出，全钢基地板具有一定的承重力，受温度、湿度的影响比较小，价格也相对适中，它是比较理想的选择。

3.6.2　技术要求

防静电活动地板的技术要求主要参照《防静电活动地板通用规范》（GB/T 26340—2018），适用于数据中心、洁净厂房、控制中心和办公区等场所使用的防静电活动地板。

1．组成与结构

活动地板按支撑方式分为四周支撑式（地板支撑含有横梁，地板铺在横梁上的安装方式）和四角支撑式（地板的四角直接铺在支撑上的安装方式）。

四周支撑式活动地板由板块、可调支撑、横梁、缓冲垫（导电胶垫）等组成，如图 3-23 所示。

四角支撑式活动地板由板块、可调支撑、缓冲垫（导电胶垫）等组成，如图 3-24 所示。

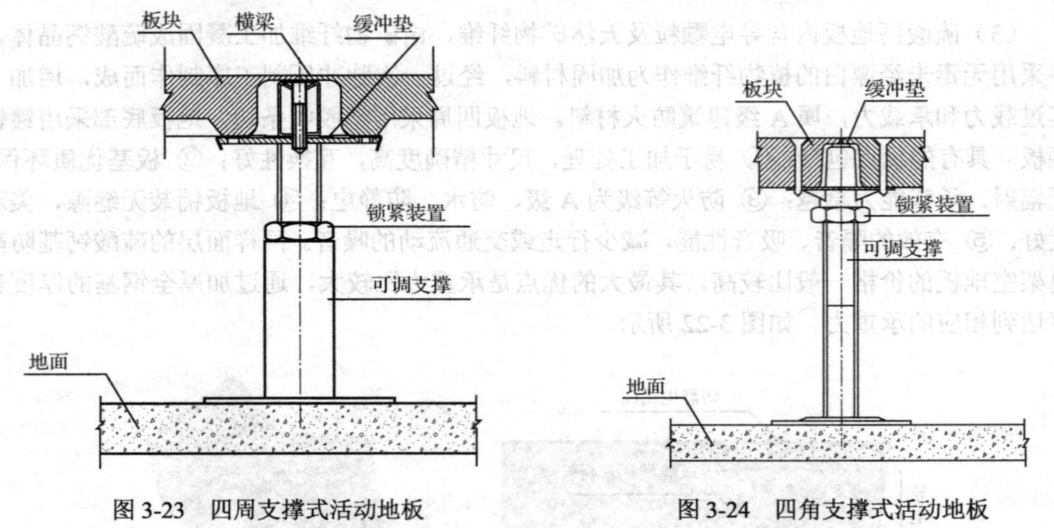

图 3-23　四周支撑式活动地板　　图 3-24　四角支撑式活动地板

2. 分类

防静电活动地板按地板基层可分为木基、铝基、钢基、无机质基、树脂（高分子材料）和其他基层；按地板结构可分为普遍结构地板和特殊结构地板，特殊结构地板又分为通风地板、带出线口地板、带线槽地板和定制类特殊地板（包括特殊形状、特殊尺寸、特殊使用功能或特殊材质等）；按承重能力可分为超轻型、轻型、普通型、标准型、重型和超重型，见表 3-28。

表 3-28　承重能力

代号	承重类型	中心集中荷载/N	每平方米地板重量/kg
CQ	超轻型	1960	≤30
Q	轻型	2950	≤40
P	普通型	3560	≤40
B	标准型	4450	≤43
Z	重型	5560	≤48
CZ	超重型	6675	≤55
注：其他承重类型可按用户要求进行定制			

3. 尺寸公差

地板板幅公差、板厚公差及形状/位置公差应符合表 3-29 的规定。

表 3-29　地板板幅公差、板厚公差及形状/位置公差

板幅公差	板厚公差	形状公差	位置公差
		表面平面度	邻近垂直度
0 −0.4mm	±0.3mm	≤0.6mm	≤0.3mm
注：同一批地板板厚极限偏差不大于 0.3mm			

（1）板幅公差是指地板四边幅面尺寸与地板板幅标准称值的差值中的最大值。测试时直接测试地板四边幅面尺寸 l_1、l_2、l_3 和 l_4，如图 3-25 所示，计算与地板板幅标称值的差值，取其最大值即为板幅公差。

（2）板厚公差是指地板的四角厚度与地板板厚的标准称的差值中的最大值。测试时直接测试地板四角厚度尺寸 d_1、d_2、d_3 和 d_4，如图 3-25 所示，计算与地板板厚标称值的差值，取其最大值即为板厚公差

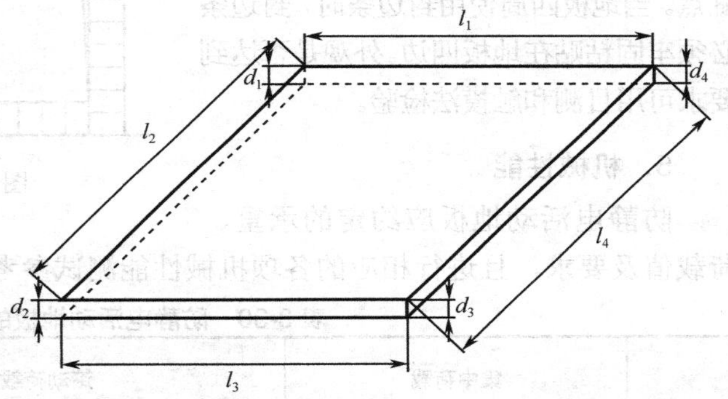

图 3-25　四边幅面尺寸测量示意图

（3）表面平面度表示实际平面与理想平面的差值。测试时刚性测量板尺分别沿地板与边缘相平行的纵向及沿地板对角线方向置于待测地板表面，塞尺在刚性测量板尺与板面之间往复滑动测量并取最大值为表面平面度值，如图 3-26 所示。

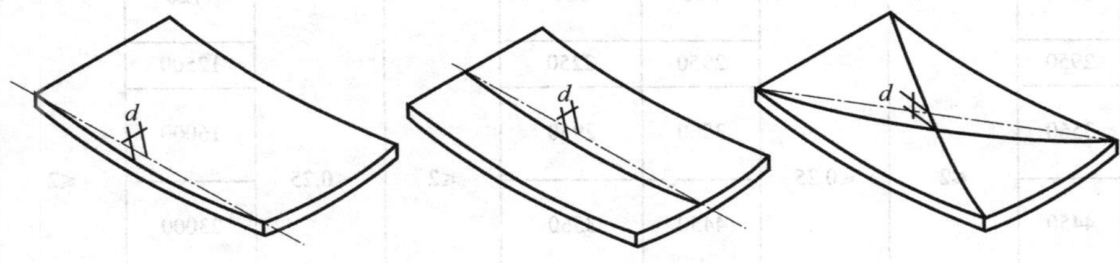

图 3-26　表面平面度测量示意图

（4）邻近垂直度表示地板的四边条是否相互垂直。测试时将宽座角尺竖直放置在水平参考面上并以此作为基准边，将地板的一条边和宽座角尺的宽边对齐，用塞尺在角尺的另一条直角边和地板边幅滑动测量其相邻边垂直度值，以此方法测试其余三条边的相邻边垂直度值，取其最大值，即为邻近垂直度，如图 3-27 所示。

4．外观要求

防静电活动地板应组装精细，接缝整齐/严/密、粘接牢固、不开胶，板面覆盖层应柔光、耐污、不打滑，无明显可见的色差、起泡及疵点、无断裂。金属表面采用防锈处理，若采用镀锌处理塑层则应有金属光泽且无疵点；若采用喷塑处理塑层则应柔光、无明显可见的色差、起泡及疵点。当地板四周使用封边条时，封边条必须牢固粘贴在地板四边。外观是否达到要求可用目测和触摸法检验。

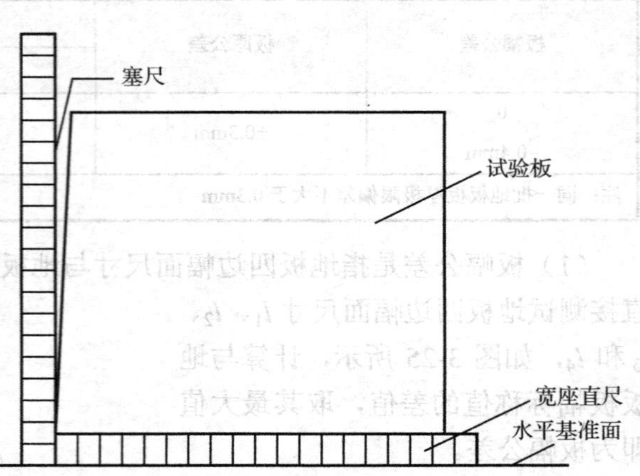

图 3-27　相邻边垂直度测量示意图

5．机械性能

防静电活动地板应约定的承重、荷载值及要求，且进行相应的各项机械性能测试参考表 3-30。

表 3-30　防静电活动地板的荷载性能

承重类型及代号	集中荷载			滚动荷载				均布荷载		极限集中荷载
	荷载值（N）	扰度（mm）	永久变形（mm）	荷载值（N）10 次	荷载值（特殊检测）（N）10000 次	扰度（mm）	永久变形（mm）	荷载值（N/m²）	扰度（mm）	荷载值（N）
CQ 超轻型	1960	≤2	≤0.25	980	980	≤2	≤0.25	9720	≤2	5580
Q 轻型	2950			2950	2250			12500		8850
P 普通型	3560			3560	2950			16000		10680
B 标准型	4450			4450	3560			23000		13350
Z 重型	5560			5560	4450			33000		16680
CZ 超重型	6675			6675	5560			43000		20025

注 1：集中荷载是指作用在地板板块的某一个点上的荷载，包括中心点、边缘中心点及对角线的四分之一点

注 2：滚动荷载按荷载值（10 次）检测，荷载值（特殊检测：10000 次）可按用户要求选择检测

注 3：均布荷载是指持续作用在地板板块单位表面积上，且各点受力均相等的荷载

注 4：极限集中荷载指作用在地板板块的某一点上的荷载，增加荷载值直到破坏地板为止

注 5：其他特殊机械性能可按用户要求进行定制

（1）集中荷载：集中荷载表示作用在地板某一个点上的荷载。测试时将一定的荷载集中施加到地板的某一个点上，判断挠度和永久变形是否小于一定值。测试时施加荷载的点包括中心点、边缘中心点及对角线的四分之一点，如图 3-28 所示。

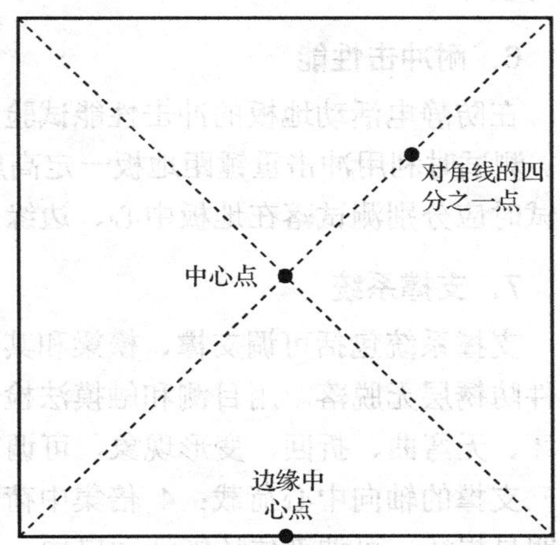

图 3-28　集中荷载加载点示意图

（2）滚动荷载：滚动荷载表示地板抗车轮碾压的能力。测试时将一定的荷载施加到标准滚动轮上，滚动轮按照一定速度、一定行程、一定次数在地板上滚动后，测试出地板挠度和永久变形。

（3）均布荷载：均布荷载表示持续作用在地板上且大小各处相等的荷载。测试时在地板上均匀放置 16 块聚氨酯块，如图 3-29 所示，聚氨酯块上放置均压钢板台，荷载通过均压钢板台、16 块聚氨酯块均匀的施加在地板上。均布荷载等于单位面积上的荷载值。

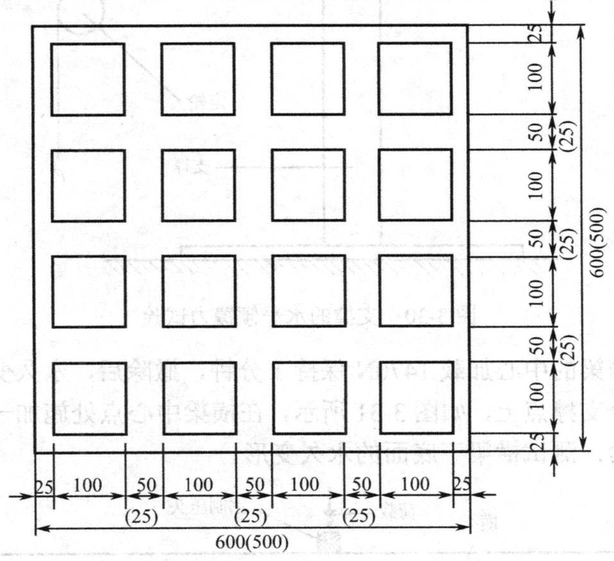

图 3-29　均布荷载的聚氯酯块分布示意图（单位：mm）

（4）极限集中荷载：极限集中荷载是作用在地板某一点上直至地板被破坏的荷载。测试时对地板进行集中荷载加载，直至破坏地板。地板被破坏的瞬间的压力读数即为极限集中荷载。在测试时若地板出现断裂或荷载无法持续增加、受力曲线发生拐折无法恢复则均视为破坏。

6. 耐冲击性能

在防静电活动地板的冲击性能试验后，地板板面永久变形应≤1.5mm，不得有破损、坍塌。测试时利用冲击重锤距地板一定高度，自由落下冲击板面，计算冲击处的冲击塌陷值。测试时应分别测试落在地板中心、边缘及试验方认为的任何弱点上的冲击塌陷值。

7. 支撑系统

支撑系统包括可调支撑、横梁和其他支撑件，系统外观应无明显疵点，连接牢固，金属件防锈层无脱落。用目测和触摸法检验支座和横梁表面防锈层无脱落，无明显疵点且不损坏、无弯曲、折回、变形现象，可调部位活动自如。

支撑的轴向中心荷载：4 倍集中荷载的力加于支撑顶部中心，保持 1 分钟，撤除后，无明显损坏，可调部位还能活动自如。

支撑的水平倾覆力：支撑底板固定，在支撑顶部施加 90N·m 的水平力矩，每 100mm 高度小于 1mm 的位移。测试时将支撑放置于测试台面，支撑底座固定于测试台，调节支撑高度到正常安装高度 h，直至满足测试要求，如图 3-30 所示，根据水平倾覆力矩计算出水平力。

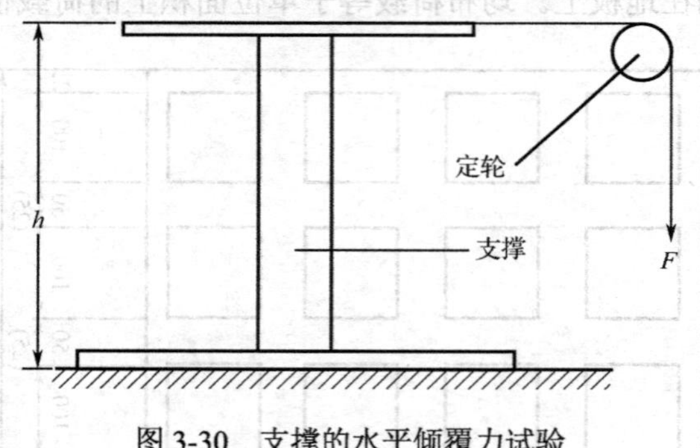

图 3-30　支撑的水平倾覆力试验

横梁承载力：横梁的中心加载 1470N 保持 1 分钟，撤除后，永久变形≤0.25mm。将横梁固定于试验台 2 个支撑点上，如图 3-31 所示，在横梁中心点处施加一定的力并保持 1 分钟后，撤除施加的力，测试横梁下底面的永久变形。

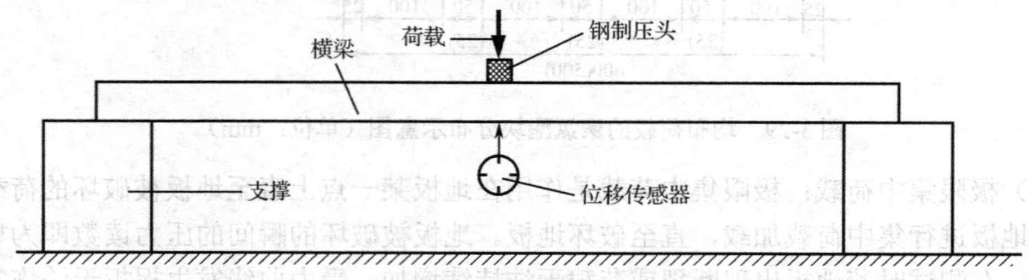

图 3-31　横梁承载力试验

8．耐磨性能

防静电陶瓷面耐磨性能应符合 GB 26539—2011 中第 5.3 条的规定，聚氯乙烯（PVC）面耐磨性能应符合 GB/T 4085—2015 中第 5.3 条的规定，三聚氰胺（HPL）面耐磨性能应符合 GB/T 7911—2013 中第 7.3.2 条的规定。

9．燃烧性能

防静电活动地板的燃烧性能如表 3-31 所示。

表 3-31　防静电活动地板的燃烧性能

<table>
<tr><th colspan="2">检验项目</th><th>检验标准</th><th colspan="2">燃烧性能等级</th><th>要求</th></tr>
<tr><td colspan="2" rowspan="7">基板</td><td rowspan="7">GB 8624—2012</td><td rowspan="2">A</td><td>A1</td><td rowspan="7">5.1.2 条铺地材料表 3 和附录 C C.3 中特别说明</td></tr>
<tr><td>A2</td></tr>
<tr><td rowspan="2">B1</td><td>B</td></tr>
<tr><td>C</td></tr>
<tr><td rowspan="2">B2</td><td>D</td></tr>
<tr><td>E</td></tr>
<tr><td>B3</td><td>F</td></tr>
<tr><td rowspan="3">防静电贴面材料</td><td>防静电陶瓷面</td><td>GB 8624—2012</td><td>A</td><td>A1</td><td>附录 C C.3 中特别说明</td></tr>
<tr><td>聚氯乙烯（PVC）面</td><td rowspan="3">GB/T 2048—2008</td><td colspan="2">V-0 级</td><td rowspan="3">9.4 分级 表 1 垂直燃烧级别</td></tr>
<tr><td>三聚氰胺（HPL）面</td><td colspan="2">V-1 级</td></tr>
<tr><td colspan="2">聚氯乙烯（PVC）边条、隔震条、缓冲垫</td><td colspan="2">V-1 级</td></tr>
</table>

基板的燃烧性能依据 GB 8624—2012 进行试验和判定。三聚氰胺（HPL）面、聚氯乙烯（PVC）面燃烧性能依据 GB/T 2048—2008 进行试验和判定，防静电陶瓷面燃烧性能依据 GB 8624—2012 进行试验和判定，聚氯乙烯（PVC）边条、隔震条、缓冲垫燃烧性能依据 GB/T 2048—2008 进行试验和判定。

10．环保性能

防静电活动地板的挥发物限量应符合 GB 50325—2010 的规定。放射性应符合 GB 6566—2010 中第 3.2.1 条的规定。甲醛释放量应符合 GB 18580 的规定。

11．防锈蚀性能

防静电活动地板系统应具有防锈蚀性能，以达到所期待的设计目标。根据模拟模型或实行测试，来确定防静电活动地板系统的防锈蚀性能。

12. 通风地板

防静电通风地板开孔率指通风地板表面开孔面积占整块地板面积的百分比，一般为10%～50%，可选配调节片，具体按设计方的要求选用。

13. 包装与标识

产品标识：包装箱内的产品应有产品检验合格证，检验合格证上应注明制造商名称、地址，产品名称、型号或商标，检验人员代号。包装标识：包装箱表面应注明制造商名称、制造商地址、产品型号、规格、数量、出厂日期、产品标准编号，并应具有符合《包装储运图示标志》（GB 191）的“易碎物品”“怕雨”等标识。包装箱应符合防潮、防尘、防震的要求。根据用户需要，地板可以2块或4块装入一个包装箱，或将装箱后的地板30～40块码为一摞，摆放到木制托盘上供集装箱运输。托盘也可以由其他材料制造，但应保证强度满足地板运输要求。可调支撑的每箱重量不超过20kg。包装好的产品均应能以任何运输形式运往任意远的地点。在长途运输时，产品不能放在敞篷车厢、船舱中，产品中途转运时不能放在露天仓库中，运输过程中应防止雨、雪直淋和机械损伤。存放产品的仓库相对湿度不大于80%，温度不低于0℃，室内应无酸、碱等腐蚀性气体。

3.6.3 施工

防静电活动地板地面施工内容包括基层处理，安装支架、横梁、接地系统，铺设地板等，还包括测试与质量检验。

施工现场温度应为10℃～35℃，相对湿度应小于80%，通风良好。

1. 施工材料与工具

施工材料应符合设计要求。在无特殊设计要求时，应符合以下规定：① 防静电活动地板板面平整、坚实，板与面的黏结牢固，具有耐磨、防潮、阻燃等性能；② 支架、横梁表面平整、光洁，钢质件需经镀锌或其他防锈处理；③ 防静电性能指标和机械性能、外观质量等符合技术要求；④ 防静电活动地板应储存在通风干燥的仓库中，远离酸、碱及其他腐蚀性物质，严禁置于室外日晒雨淋。

施工设备和工具包括切割机、手提式电锯、吸盘器、钢直尺（1m）、水平尺、清洗打蜡机、测试电极和测试仪表、水平仪等，其规格、性能和技术指标应符合施工的工艺要求。

2. 施工准备

施工前应准备：① 勘察施工现场；② 制定施工方案，绘制防静电地面接地系统图、接地端子图和地网布置图，并做技术交底；③ 备齐各种施工材料，经业主或工程监理单位抽样检测，当符合技术指标规定后，再进行施工，备齐设备、工具，并检验合格；④ 彻底消除施工现场的尘土、沙石等影响工程质量的残留物；⑤ 地面面积大于 $140m^2$（含 $140m^2$）的工程，应做样块铺设。

施工场地应符合：① 基层地面为水泥地面、水磨石地面或其他硬质地面，表面均平整、坚硬、结实；若有裂缝、凹凸不平等则必须修补；② 对于新建工程项目，在土建施工时应预设接地装置，工程面积在 $100m^2$ 以内的设一个接地端子，每增加 $100m^2$ 应增设 1～2 个接地端子。对于老厂房改造项目，应根据实际情况按相同要求确定接地端子的位置与数量。

施工前应确认：① 室内装修工程已基本完工，安装于基层上的设备已固定在预定位置；② 作业部位墙面抹灰完成，门框安装完成；③ 内墙水平标高已弹好，并校核无误；④ 灯具安装完毕，并已通过试灯，地面垫层及预埋在地面内各种管线已做完，穿过楼面的竖管已安装完，管洞已堵塞密实；⑤ 水泥地面用 2m 尺检查表面平整度小于 2mm，在正式架设活动地板前应将地面用水清扫干净，但不得污染墙面；⑥ 施工前认真清除现场的尘土、沙石等残留物；⑦ 地面基层应平整，不得有裂缝；⑧ 地板安装前基层强度达到设计强度，表面平整度验收合格；⑨ 室内作业全部完成，预埋管线验收合格；⑩ 基层表面平整、光洁、不起尘土，只有含水率不大于 8%，才能进行防静电活动地板的安装，不得上下交叉作业。

工程施工人员应分工明确，定岗、定责，若工程施工前，各岗位人员明确有关的技术要求，确认已经进行了相关的技术培训。

3. 基层清理

施工前对基层进行认真清理，清除现场的尘土、沙石等残留物。活动地板面层的骨架应支撑在浇混凝土上、抹水泥砂浆地面上或水磨石地面基层上，基层表面应平整、光洁、不起尘土，含水率不大于 8%。原基层地面应平整，无明显高低不平之处，用铲刀铲除地面上的杂物，并清理干净。

4. 弹线、找平

根据设计要求进行标高及控制线进行弹线，分别在墙面弹出水平标高线，在基层地面上弹出十字方格基线，设备预留口应当做出明显标识。当边块小于半块时应按图 3-32 处理，尽量保持每个边块均大于 1/2 块。在图 3-32（a）中，右侧边块大小为 y，小于整块砖 a 的一半。重新需要调整，整体向右移动，使左右侧边砖的大小为$(a+y)/2$，如图 3-32（b）所示。在图 3-32（c）中，右侧边块大小为 y，小于整块砖 a 的一半，上侧边块大小为 x，小于整块砖 a 的一半。重新需要调整，整体向右上移动，使左右侧边砖的大小为$(a+y)/2$，使上下侧边砖的大小为$(a+x)/2$，如图 3-32（d）所示。

5. 支架安装

按照周边标高线及基层基准线交叉处开始安装支架，为了避免累计误差，安装顺序由中间向四周安装，然后用横梁连接各相邻支柱，组成支柱网架。方通与支架使用螺丝连接，所有支架安装过程中配合水平仪随时找平。横梁与基座采用完成后再用水准仪找平的方式，如图 3-33 所示。

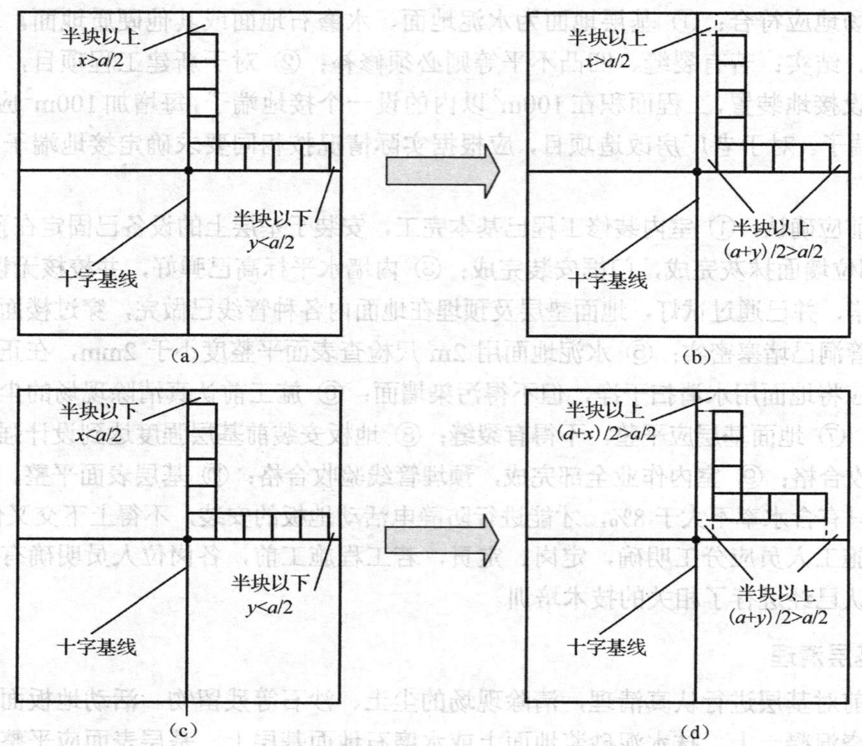

图 3-32　边块小于 1/2 时的处理方法

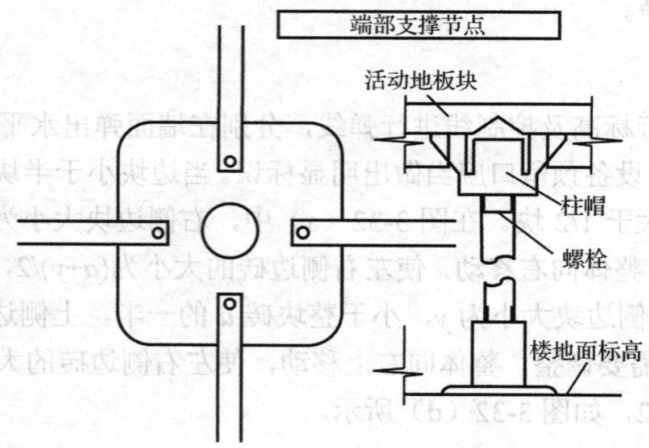

图 3-33　支架、横梁安装示意图

6．端部支撑安装

根据墙面标高线，安装边支撑支架并调平，如图 3-34 所示。必要时，需要对支架做防潮、防腐处理。

（1）端部支撑必须牢固，其刚度必须满足支撑要求。

（2）必要时，需要对基层做防潮、防腐处理。

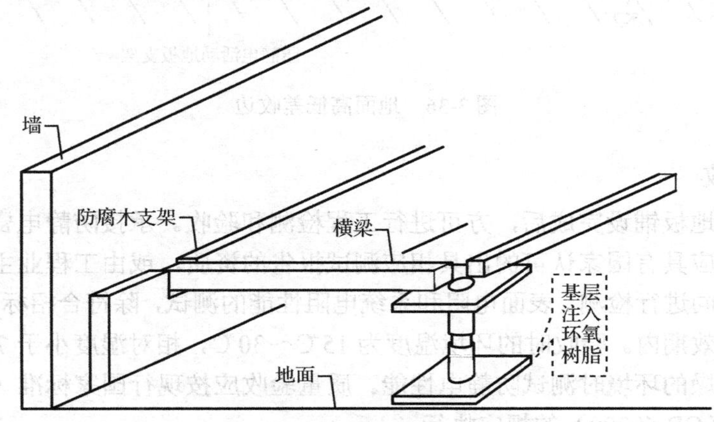

图 3-34　端部支撑安装示意图

7．活动地板安装

在安装活动地板时，应使用吸盘，并做到轻拿轻放。切割边不允许嵌补，局部不得有膨胀现象。安装后再用水准仪复测，最终调平。当有线槽穿过地板时，应使用圆锯开孔器开孔。

检查活动地板面层下铺设的电缆、管线，确保无误后才能铺设活动地面层。铺设活动地板调整水平高度以保证四角接触平整、严密。当铺设活动地板块不符合模数时，不足部分可根据实际尺寸将板面切割后镶补，并配装相应的可调支撑和横梁。

8．收边安装

在铺设完架空地板并找平后，即可进行收边。同标高门边收边条收边与同标高分区收边条收边如图 3-35 所示，地面高低差收边如图 3-36 所示。

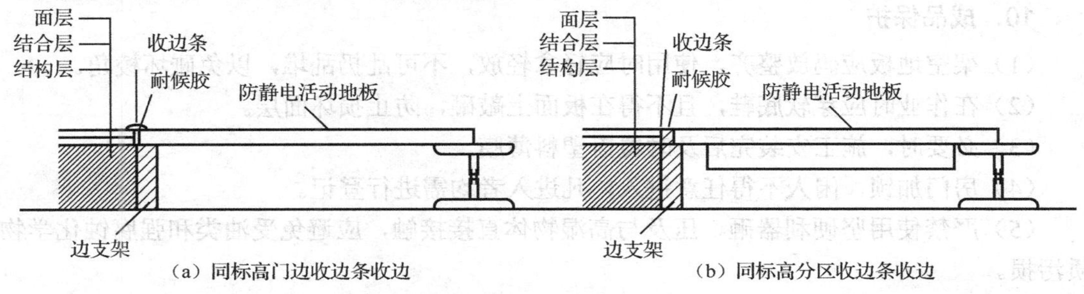

（a）同标高门边收边条收边　（b）同标高分区收边条收边

图 3-35　收边条收边

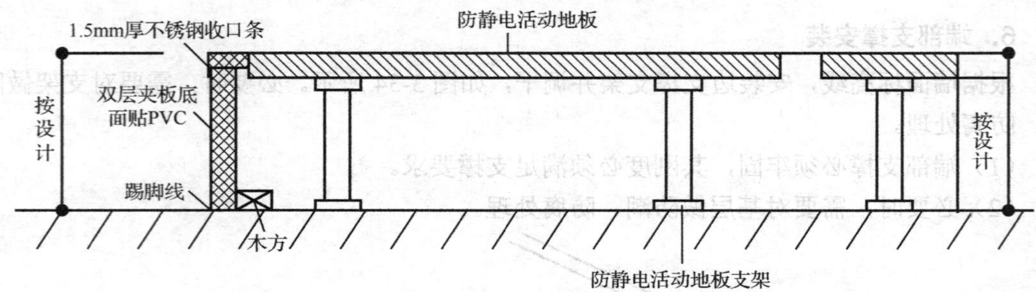

图 3-36　地面高低差收边

9．施工验收

防静电活动地板铺设完成后，方可进行工程检测和验收。承接防静电瓷质地板地面工程的检测单位，应具有国家认可的出具相应测试报告的资质，或由工程业主、设计单位和监理单位三方共同进行检测。表面电阻和系统电阻性能的测试，除符合招标文件的要求外，检测仪器应在有效期内。验收时的环境温度为15℃～30℃，相对湿度小于70%。对用户而言，最好在最干燥的环境时测试防静电性能。质量验收应按现行国家标准《建筑地面工程质量验收规范》（GB 50209）的规定执行。

当出现下列情况时，应对活动地板进行重新调整直至符合要求。

（1）行走时有响声：活动地板的支承支架的标高应调整好。

（2）拼缝不严：先对活动地板的几何尺寸和横梁尺寸检查。

（3）周边与踢脚线上口不平直：在安装之前应进行标高测定，适当调整支承架的高度。

所有指标均应满足招标文件的要求，在验收完成后，提交以下文件资料。

（1）设计图纸和文件、商洽记录。

（2）地板出厂合格证明和送检测试报告。

（3）隐蔽工程验收文件。

（4）施工单位自检记录。

（5）现场检测报告。

10．成品保护

（1）架空地板应码放整齐，使用时应轻拿轻放，不可乱扔乱堆，以免磕坏棱角。

（2）在作业时应穿软底鞋，且不得在板面上敲砸，防止损坏面层。

（3）必要时，施工安装完后及时覆盖塑料薄膜。

（4）房门加锁，闲人不得任意进入，凡进入者均需进行登记。

（5）严禁使用坚硬利器砸、压及与高湿物体直接接触，应避免受油类和强腐蚀化学物质污损。

（6）经常保持面层清洁，可用吸尘器或半湿拖布（不滴水）清洁地面。

（7）每年定期对地面进行静电电阻测试，并检验接地系统是否良好。

3.7　防静电电阻检测

3.7.1　表面电阻与体积电阻

《静电安全术语》（GB/T 15463—2008）中对“表面电阻”的定义为“在给定的通电时间后，施加于材料表面上的两个电极之间的直流电压与这两个电极之间电流的比值，在这两个电极上可能的极化现象忽略不计”。对“体积电阻”的定义为“在给定的通电时间后，施加于一块材料的相对两个面上相接触的两个引入电极之间的直流电压与这两个电极之间电流的比值，在这两个电极上可能的极化现象忽略不计”。

测试材料电阻最基本的方法是伏安法，即在试样上施加一定的电压U，测量流过试样的电流I，利用欧姆定律即可计算出电阻的大小$R=U/I$，如图 3-37 所示。事实上，流过试样的电流I可分为从试样表面流过的电流I_s和从试样内部流过的电流I_v。用两极间的电压 U 除以流过试样表面的电流I_s可得表面电阻$R_s=U/I_s$，用两极间的电压U除以流过试样内部的电流I_v可得体积电阻$R_v=U/I_v$。

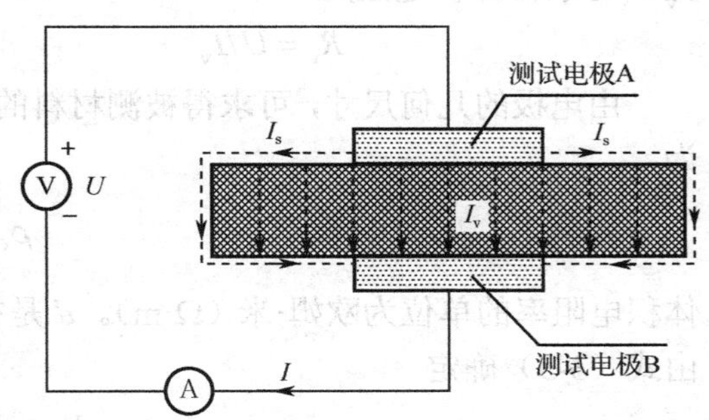

图 3-37　伏安法测材料的电阻

若把图 3-37 中的测试电极 A 分成两个测试电极：圆形电极 A 和环形电极 C，如图 3-38 所示，则在图 3-38（a）中，流过试样内部的电流I_v经下电极 B 直接回到电源的负端，流过试样表面的电流I_s经圆形电极 C 进入电流表。根据电源电压U和电流表的读数I_s，可求得表面电阻为

$$R_s=U/I_s \tag{3-1}$$

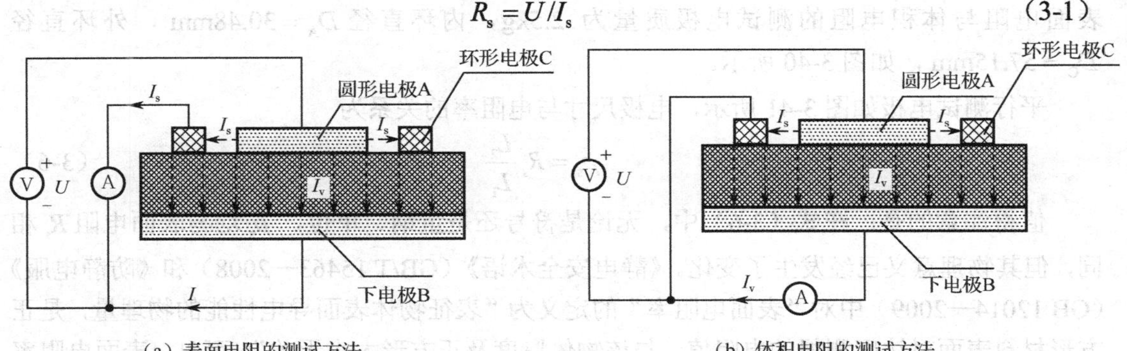

（a）表面电阻的测试方法　　（b）体积电阻的测试方法

图 3-38　三电极测试方法

当圆形电极 A 和环形电极 C 的中心重合时，如图 3-39 所示，表面电阻与电极的几何尺寸的关系为

$$R_s = \int_{D_A/2}^{D_C/2} \rho_s \frac{dr}{2\pi r} = \frac{\rho_s}{2\pi} \ln \frac{D_C}{D_A} \tag{3-2}$$

式中，D_A 是圆形电极 A 的直径，D_C 是环形电极 C 的内径，ρ_s 是被测材料的表面电阻率。

在大多数的标准中，D_A 和 D_C 的值分别为 $D_A = 30.48\text{mm}$，$D_C = 57.15\text{mm}$。此时，可求得 R_s 与 ρ_s 之间的关系为

$$R_s = \frac{\rho_s}{2\pi} \ln \frac{D_C}{D_A} = \frac{\rho_s}{2 \times 3.14} \ln \frac{57.15}{30.48} = 0.1\rho_s$$

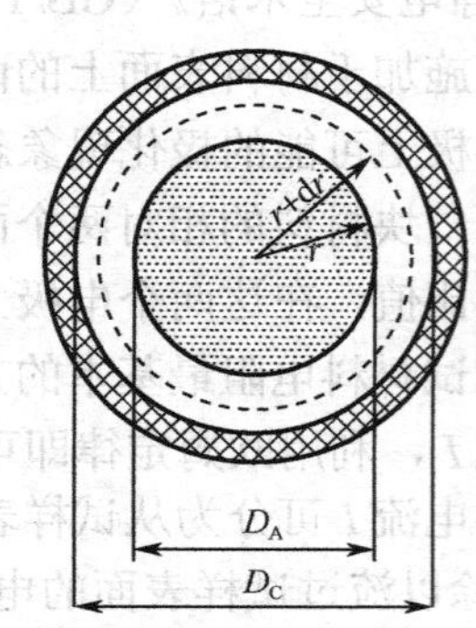

图 3-39　圆形电极 A 和环形电极 C

表面电阻率的单位为欧姆·米（Ω·m）。表面电阻率与表面电阻之间存在着 0.1 倍的关系。

在图 3-38（b）中，流过试样表面的电流 I_s 经环形电极 C 直接回到电源的负极，流经内部的电流 I_v 经由下电极 B 进入电流表。根据电源电压 U 和电流表的读数 I_v，可求得体积电阻为

$$R_v = U/I_v \tag{3-3}$$

由电极的几何尺寸，可求得被测材料的体积电阻率为

$$\rho_s = R_v \frac{S}{d} \tag{3-4}$$

体积电阻率的单位为欧姆·米（Ω·m）。d 是被测材料的厚度，S 是电极的有效测试面积，可由式（3-5）确定

$$S = \pi \frac{\left(D_A + \dfrac{D_C - D_A}{2}\right)^2}{4} = \pi \frac{(D_C + D_A)^2}{16} \tag{3-5}$$

表面电阻与体积电阻的测试电极质量为 2.5kg，内环直径 $D_A = 30.48\text{mm}$，外环直径 $D_C = 57.15\text{mm}$，如图 3-40 所示。

平行测试电极如图 3-41 所示，电极尺寸与电阻率的关系为

$$\rho_s = R_s \frac{L_2}{L_1} \tag{3-6}$$

值得注意的是：在式（3-6）中，无论是符号还是量纲、单位，ρ_s 均与表面电阻 R_s 相同，但其物理意义已经发生了变化。《静电安全术语》（GB/T 15463—2008）和《防静电服》（GB 12014—2009）中对“表面电阻率”的定义为“表征物体表面导电性能的物理量，是正方形材料表面对边间测得的电阻值，与该物体厚度及正方形大小无关”。可见，表面电阻率 ρ_s 是对被测面导电性能和体导电性能的综合评价。有时为了与电阻的单位相区别，表面电

阻率的单位也写成Ω/□，读作“欧姆方”。当平行电极的长度 L_1 与两电极之间的距离 L_2 相等时，即 $L_1 = L_2$，代入式（3-6）中，可得到 $\rho_s = R_s$。目前平行电极板的 L_1 与 L_2 基本上都是相等的，所测试出的值既可以说是表面电阻，又可以说是表面电阻率。

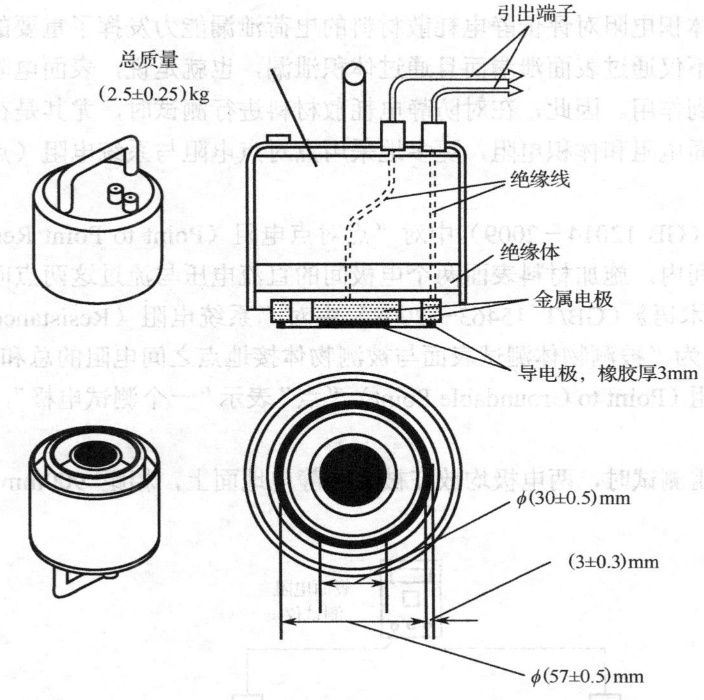

图 3-40　表面电阻与体积电阻的电极测试法

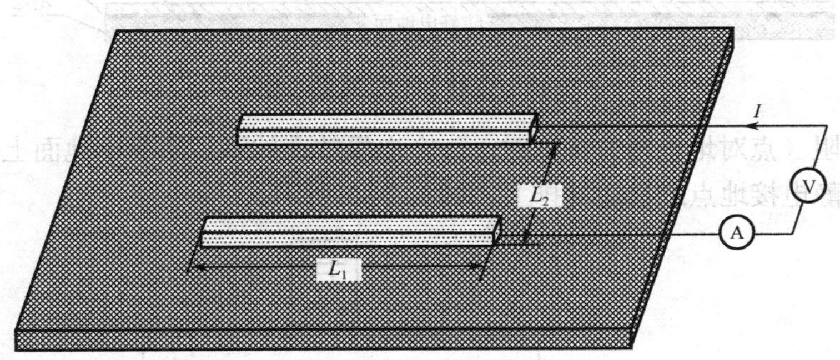

图 3-41　平行测试电极

材料学理论及实验室条件对材料电阻采用的经典指标是电阻率。随着防静电工程理论的发展和工程实践经验的积累，目前防静电工程业界比较趋同的认识是：在防静电工程领域中，采用材料的表面电阻值或体积电阻值作为材料分类参数比表面电阻率或体积电阻率作为材料分类参数更符合实际应用。

3.7.2 点对点电阻与点对地电阻

表面电阻和体积电阻对评价静电耗散材料的电荷泄漏能力发挥了重要的作用。但在实际应用中，电荷不仅通过表面泄漏而且通过体积泄漏，也就是说，表面电阻和体积电阻对电荷的泄漏均起到作用。因此，在对防静电耗散材料进行测试时，尤其是在现场进行测试时，很少采用表面电阻和体积电阻，更多地采用点对点电阻与系统电阻（点对地电阻）来表示。

《防静电服》（GB 12014—2009）中对“点对点电阻（Point to Point Resistance）”的定义为“在给定时间内，施加材料表面两个电极间的直流电压与流过这两点间的直流电流之比”。《静电安全术语》（GB/T 15463—2008）中对“系统电阻（Resistance of Grounding System）”的定义为“被测物体测试表面与被测物体接地点之间电阻的总和”，系统电阻有时也称点对地电阻（Point to Groundable Point）。“点”表示“一个测试电极”，“地”表示“接地点或接地排”。

对点对点电阻测试时，两电极均放在被测防静电地面上，相距 900mm～1000mm，如图 3-42 所示。

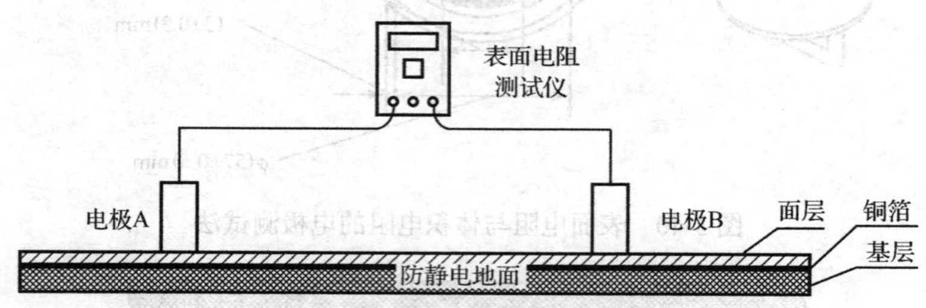

图 3-42 点对点电阻测量示意图

对系统电阻（点对地电阻）测试时，一个电极放在被测试防静电地面上，另一个电极直接连接到防静电接地点或接地铜排上，如图 3-43 所示。

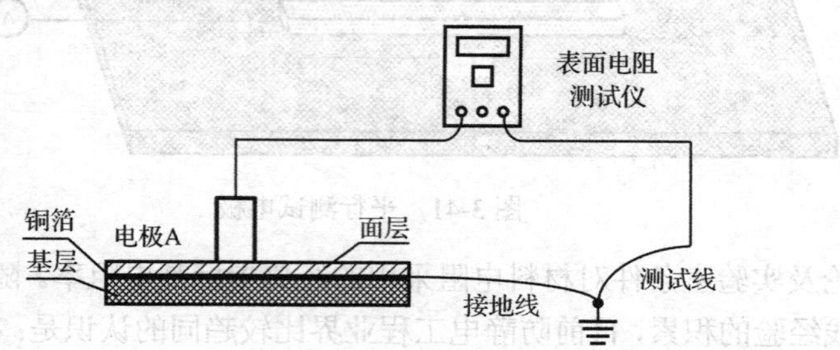

图 3-43 点对地电阻测量示意图

圆形测试电极的质量为(2.27±0.06)kg，直径为(63.5±0.25)mm，如图 3-44 所示。这种电极经常用于测量防静电地板、防静电工作台面、防静电鞋、防静电服、防静电工作椅等设备/设施的电阻值。

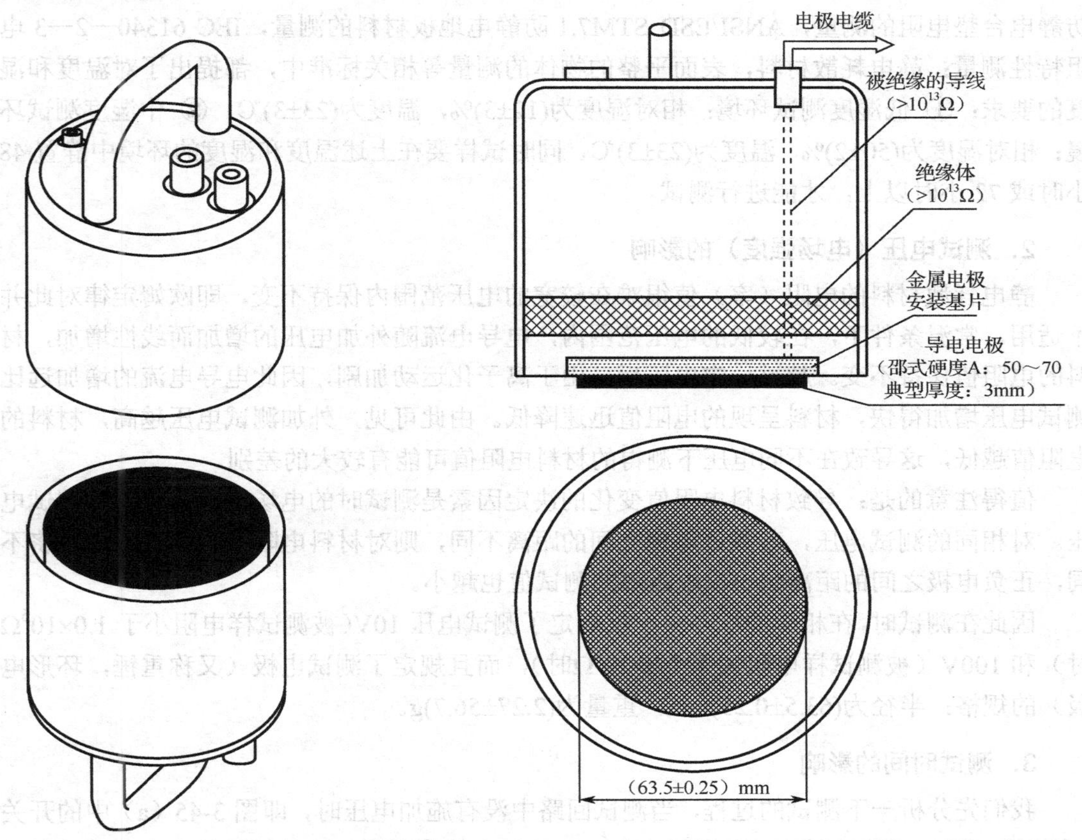

图 3-44　圆形测试电极

3.7.3　影响因素

影响防静电耗散材料电阻的因素有环境的温度和湿度、测试电压、测试时间等。

1．环境温度和湿度的影响

静电耗散材料的电阻值随环境温度和湿度的升高而减小。相对而言，表面电阻（率）对环境湿度比较敏感，而体积电阻（率）则对环境温度比较敏感。材料或多或少地具有吸湿性，湿度增加，表面泄漏量增大，体电导电流也会增大。温度升高，载流子的运动速率加快，静电耗散材料的吸收电流和电导电流会相应增大，根据有关资料，一般介质在 70℃时的电阻仅有 20℃时的电阻的 10%。因此，在测量材料的电阻时，必须指明试样与环境达到平衡时的温度和湿度。

因此，在 ANSI/ESD STM11.11 表面电阻、表面电阻率的测量，ANSI/ESD STM11.12 体积电阻、体积电阻率的测量，ANSI/ESD STM11.13 点对点电阻的测量，ANSI/ESD STM4.1 防静电台垫电阻的测量，ANSI/ESD STM7.1 防静电地板材料的测量，IEC 61340—2—3 电阻特性测量：静电耗散材料，表面平整的物体的测量等相关标准中，都提出了对温度和湿度的要求：① 低湿度测试环境：相对湿度为(12±3)%，温度为(23±3)℃；② 中湿度测试环境：相对湿度为(50±2)%，温度为(23±3)℃。同时试样要在上述温度和湿度的环境中静置 48 小时或 72 小时以上，才能进行测试。

2．测试电压（电场强度）的影响

静电耗散材料的电阻（率）值很难在较宽的电压范围内保持不变，即欧姆定律对此并不适用。常温条件下，在较低的电压范围内，电导电流随外加电压的增加而线性增加，材料的电阻值保持不变。超过一定电压后，由于离子化运动加剧，因此电导电流的增加远比测试电压增加得快，材料呈现的电阻值迅速降低。由此可见，外加测试电压越高，材料的电阻值越低，这导致在不同电压下测得的材料电阻值可能有较大的差别。

值得注意的是：导致材料电阻值变化的决定因素是测试时的电场强度，而不是测试电压。对相同的测试电压，若测试电极之间的距离不同，则对材料电阻率的测试结果也将不同，正负电极之间的距离越小，电阻率的测试值也越小。

因此在测试时，在相应的标准中不仅规定了测试电压 10V（被测试样电阻小于 $1.0\times10^6\Omega$ 时）和 100V（被测试样电阻大于 $1.0\times10^6\Omega$ 时），而且规定了测试电极（又称重锤，环形电极）的规格：半径为(63.5±0.25)mm，重量为(2.27±56.7)g。

3．测试时间的影响

我们先分析一下测试的过程，当测试回路中没有施加电压时，即图 3-45（a）中的开关 S 拨到 B 端时，可以测得电流波形如图 3-45（b）中的①所示，这是材料的自身电荷，用于测量系统和电流表的偏置所形成的电流。将开关拨向 A 端，在试样上施加一定的直流电压，这时的电流波形将按照近似指数的规律衰减，如图 3-45（b）中的②所示，最后达到某个稳定值。指数衰减部分称为吸收电流，稳定部分称为泄漏电流（或称导电电流），吸收电流衰减的快慢因材料而异。然后再将开关拨向 B 端，则可测出与外加电压反方向的电流，如图 3-45（b）中的③所示，这是测量系统及试样上的充电电荷放电形成的。某些情况下，放电所需时间较长，由于残留电荷的存在，再次测量时，电阻值可能会有所差别。

因此，在测试静电耗散材料电阻的相关标准中均规定了加压时间（加压 15 秒或待读数稳定后再读取测试数值）。另外，材料的电阻值还与其带电的性质有关，为准确评价材料的静电性能，在对材料进行电阻（率）测试时，应首先对其进行消电处理，并静置一定的时间，然后再测试。

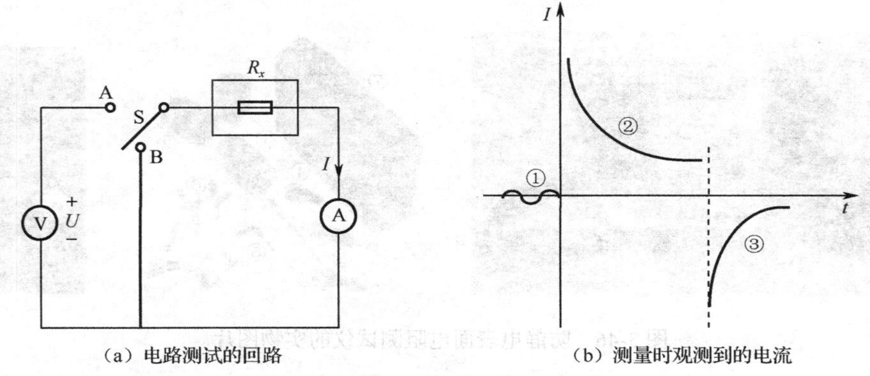

图 3-45　电阻的测试过程

3.7.4　测试仪表

防静电电阻测试仪表由两个标准电极配合高阻表组成，有的仪表是数显式的，其测量精度在 10%左右；有的仪表通过 LED 灯显示读数：10^3、10^4、10^5、3×10^5、10^6、…、3×10^{10}、10^{11}、10^{12}，相邻的 LED 灯的分界电阻值在对数坐标的几何平分点上，即

$$\lg(R_m)=\frac{\lg(R_A)+\lg(R_B)}{2} \tag{3-7}$$

式中：R_m——分界电阻，一般为$\sqrt{3}\times10^n$、$\sqrt{10}\times10^n$、$\sqrt{30}\times10^n$；

R_A——与 B 相邻的 LED 灯表示的电阻值；

R_B——与 A 相邻的 LED 灯表示的电阻值。

10^n 与 3×10^n 对数坐标的几何平分点是1.732×10^n，10^n 与 10^{n+1} 对数坐标的几何平分点是3.162×10^n，3×10^n 与 10^{n+1} 对数坐标的几何平分点是5.477×10^n，10^n 与 $\sqrt{3}\times10^n$ 对数坐标的几何平分点是1.732×10^n，R_A 与 R_B 的测量精度为±1/2 的 10 倍对数量程。表 3-32 给出了常用表面电阻测试仪的型号。一些实物图片如图 3-46 所示。

表 3-32　常用表面电阻测试仪的型号

型　　号	测 试 电 压	测 试 量 程	温　　度
TREK 152	10V/100V	$10^3\Omega$～$10^{12}\Omega$	数显式，带有温湿度显示，配有标准重锤
ACL 800	10V/100V	$10^3\Omega$～$10^{12}\Omega$	数显式，带有温湿度显示，配有标准重锤
EMI-20780	10V/100V	$10^3\Omega$～$10^{12}\Omega$	数显式，带有温湿度显示，配有标准重锤
RT1000	10V/100V	$10^3\Omega$～$10^{12}\Omega$	数显式，带有温湿度显示，配有标准重锤
3M 701	10V/100V	$10^3\Omega$～$10^{12}\Omega$	指针式
ACL 385	10V/100V	$10^3\Omega$～$10^{12}\Omega$	LED 显示
VAST-385	10V/100V	$10^3\Omega$～$10^{12}\Omega$	LED 显示

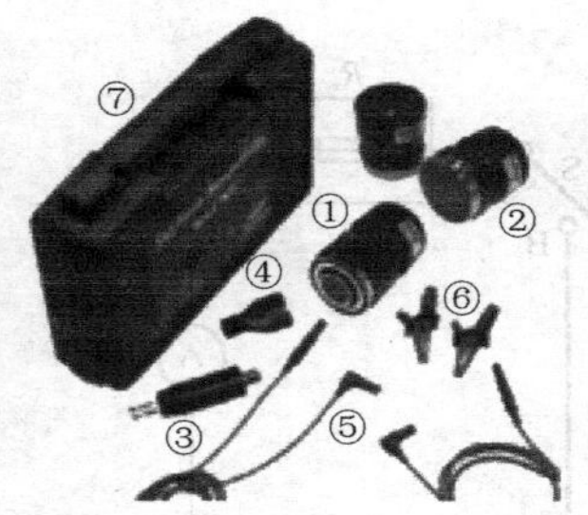

图 3-46　防静电表面电阻测试仪的实物图片

3.8　静电地面工程验收

1．工程验收

防静电地面（防静电现浇水磨石地面、防静电聚氯乙烯地面、防静电聚氨酯自流平地面、防静电活动地板地面）工程的验收，应根据施工文件、施工记录、外观质量及防静电地面的电性能检测报告等进行综合检查与评价。

施工单位应提供下列验收文件：① 主要原材料产品合格证、复验报告等；② 防静电地面电性能指标检测报告；③ 现场标高复测报告；④ 防静电地面隐蔽工程验收报告；⑤ 防静电地面施工记录、自检报告；⑥ 防静电地面竣工图纸。

参加验收的单位：① 建设单位；② 检测机构；③ 防静电地面施工单位；④ 设计单位和工程监理单位。由以上各单位组成工程验收组，对整个工程进行验收，并应出具验收报告。

工程验收时一般不再进行性能检测。若验收组认为有必要对某些指标进行复检，则应对这些指标进行复测、复检。工程验收合格，即可交付使用。

防静电地面工程验收表见表 3-33。

表 3-33　防静电地面工程验收表

<table>
<tr><td colspan="2">工 程 名 称</td><td></td><td>编　号</td><td></td></tr>
<tr><td colspan="2">工程地点</td><td colspan="3"></td></tr>
<tr><td colspan="2">地面类型</td><td colspan="3"></td></tr>
<tr><td colspan="2">建设单位</td><td colspan="3"></td></tr>
<tr><td colspan="2">设计单位</td><td colspan="3"></td></tr>
<tr><td colspan="2">施工单位</td><td colspan="3"></td></tr>
<tr><td colspan="2">验收项目</td><td colspan="2">验收绪论</td><td>备注</td></tr>
<tr><td>1</td><td>竣工图</td><td colspan="2"></td><td></td></tr>
</table>

续表

工程名称				编　号	
2	设备和主要材料合格证、说明书、检验单				
3	隐蔽工程记录				
4	技术指标测试				
5	施工质量				
6	其他				
验收结论					
签字盖章	建设单位	监理单位	施工单位	设计单位	测试单位

2．防静电地面的使用与保养

防静电地面（防静电现浇水磨石地面、防静电聚氯乙烯地面、防静电聚氨酯自流平地地面、防静电活动地板地面）在使用期间应经常保持面层的清洁，可用吸尘器或湿拖布（不滴水）等工具清洁地面，若有污物，则用中性洗涤剂湿润表面，再擦拭干净。

在使用中，严禁坚硬利器轧压、刮划地面；严禁高温物体（电烙铁、电炉子等）和低温物体（干冰、液氮等）直接接触地面；应避免油类及有腐蚀性化学物品污损地面。

带有棱角、坚硬底盘的仪器设备不得在地面上拖移。不得在地面上放置超过防静电地面设计所能承重的物体。

带有橡胶垫、橡胶轮子的设备不应长期直接放置在防静电聚氯乙烯地面上。

拆装防静电活动地板时，必须使用吸板器，严禁使用利器等工具翘、拔、打、砸。重物支承点面积较小时应加支承垫。

养护地面宜采用涂覆防静电地板蜡的方法，严禁使用非防静电地板蜡。

参考文献

[1] 李雾彬. 探讨地铁防静电地板的施工[J].《城市建设理论研究:电子版》，2014(5).

[2] 袁亚飞. 电子工业静电防护技术与管理[M]. 北京：中国宇航出版社，2013.

[3] 陈文广，梁剑锋，等. 地坪涂料与涂装技术[M]. 北京：化学工业出版社，2011.

相关标准

GB 50611—2010，电子工程防静电设计规范

GB 50944—2013，防静电工程施工与质量验收规范

IECS 155—2003，防静电瓷质地板地面工程技术规程

GB 26539—2011，防静电陶瓷砖

GB/T 4100—2015，陶瓷砖

GB/T 3810.1—2016，陶瓷砖试验方法 第 2 部分：抽样和接收条件

GB/T 3810.2—2016，陶瓷砖试验方法 第 2 部分：尺寸和表面质量的检验

GB/T 3810.3—2016，陶瓷砖试验方法 第 3 部分：吸水率、显气孔率、表观相对密度和容重的测定

GB/T 3810.4—2016，陶瓷砖试验方法 第 4 部分：断裂模数和破坏强度的测定

GB/T 3810.5—2016，陶瓷砖试验方法 第 5 部分：用恢复系数确定砖的抗冲击性

GB/T 3810.6—2016，陶瓷砖试验方法 第 6 部分：无釉砖耐磨浓度的测定

GB/T 3810.7—2016，陶瓷砖试验方法 第 7 部分：有釉砖表面耐磨性的测定

GB/T 3810.8—2016，陶瓷砖试验方法 第 8 部分：线性热膨胀的测定

GB/T 3810.9—2016，陶瓷砖试验方法 第 9 部分：抗热震性的测定

GB/T 3810.10—2016，陶瓷砖试验方法 第 10 部分：湿膨胀的测定

GB/T 3810.11—2016，陶瓷砖试验方法 第 11 部分：有釉砖抗釉裂性的测定

GB/T 3810.12—2016，陶瓷砖试验方法 第 12 部分：抗冻性的测定

GB/T 3810.13—2016，陶瓷砖试验方法 第 13 部分：耐化学腐蚀性的测定

GB/T 3810.14—2016，陶瓷砖试验方法 第 14 部分：耐污染性的测定

GB/T 3810.15—2016，陶瓷砖试验方法 第 15 部分：有釉砖铅和镉出量的测定

GB/T 3810.16—2016，陶瓷砖试验方法 第 16 部分：小色差的测定

GB/T 32304—2015，航天电子产品静电防护要求

ANSI/ESD STM7.1—2013，For the Protection of Electrostatic Discharge Susceptible Items——Floor Materials characterization of Materials

GB/T 26542—2011，陶瓷砖防滑性试验方法

GB 6566—2010，建筑材料放射性核素限量

GB 6566—2010，建筑材料放射性核素限量

SJ/T 10694—2006，电子产品制造与应用系统防静电检测通用规范

GB 50209—2010，建筑地面工程施工质量验收规范

SJ/T 11236—2001，防静电贴面板通用规范

GB/T 4085—2005，半硬质聚氯乙烯块状地板

GB/T 11982.1—2015，聚氯乙烯卷材地板 第 1 部分：非同质聚氯乙烯卷材地板

GB/T 11982.2—2015，聚氯乙烯卷材地板 第 1 部分：同质聚氯乙烯卷材

GB 4609—1984，塑料燃烧性能试验方法 垂直燃烧法

GB 2048—1989，塑料燃烧性能试验方法 水平燃烧法

GB/T 2705—2003，涂料产品分类和命名
GB 50073—2001，洁净厂房设计规范
GB/T 50589—2010，环氧树脂自流平地面工程技术规范
SJ/T 11294—2003，防静电地坪涂料通用规范
GB 1728—1979，漆膜、腻子膜干燥时间测定法
GB/T 2411—2008，塑料和硬橡胶使用硬度计测定压痕硬度（邵氏硬度）
GB/T 531.1—2008，硫化橡胶或热塑性橡胶压入硬度试验方法 第1部分：邵氏硬度计法（邵尔硬度）
GB/T 6739—2006，色漆和清漆 铅笔法测定漆膜硬度
GB 1763—1979，漆膜耐化学试剂测定法
GB/T 1770—2008，涂膜、腻子膜打磨性测定法
GB/T 17671—1999，水泥胶砂强度检验方法（ISO法）
GB/T 1732—1993，漆膜耐冲击测定法
GB/T 9286—1998，色漆和清漆 漆膜的划格试验
GB/T 5210—2006，色漆和清漆 拉开法附着力试验
SJ/T 11294—2003，防静电地坪涂料通用规范
SJ/T 31469—2002，防静电地面施工及验收规范
GB/T 17911—2006，耐火材料、陶瓷纤维制品试验方法
GB/T 17657—2013，人造板及饰面人造板理化性能试验方法
GB/T 7911—2013，热固性树脂浸渍纸高压装饰层积板（HPL）
SJ/T 10796—2001，防静电活动地板通用规范
GB/T 1381—2008，建筑饰面材料镜向光泽度测定方法
GB 8624—2012，建筑材料及制品燃烧性能分级
GB/T 50325—2010，民用建筑工程室内环境污染控制规范
GB 6566—2010，建筑材料放射性核素限量
GB 18580—2001，室内装饰装修材料人造板及其制品中甲醛释放限量
GB 191—2008，包装储运图示标志
JC/T 507—2012，建筑装饰用水磨石
GB/T 13891—2008，建筑饰面材料镜向光泽度测定方法
GB/T 16925—1997，混凝土及其制品耐磨性试验方法
GB/T 15463—2008，静电安全术语
GB 12014—2009，防静电服

第4章

防静电工作台面

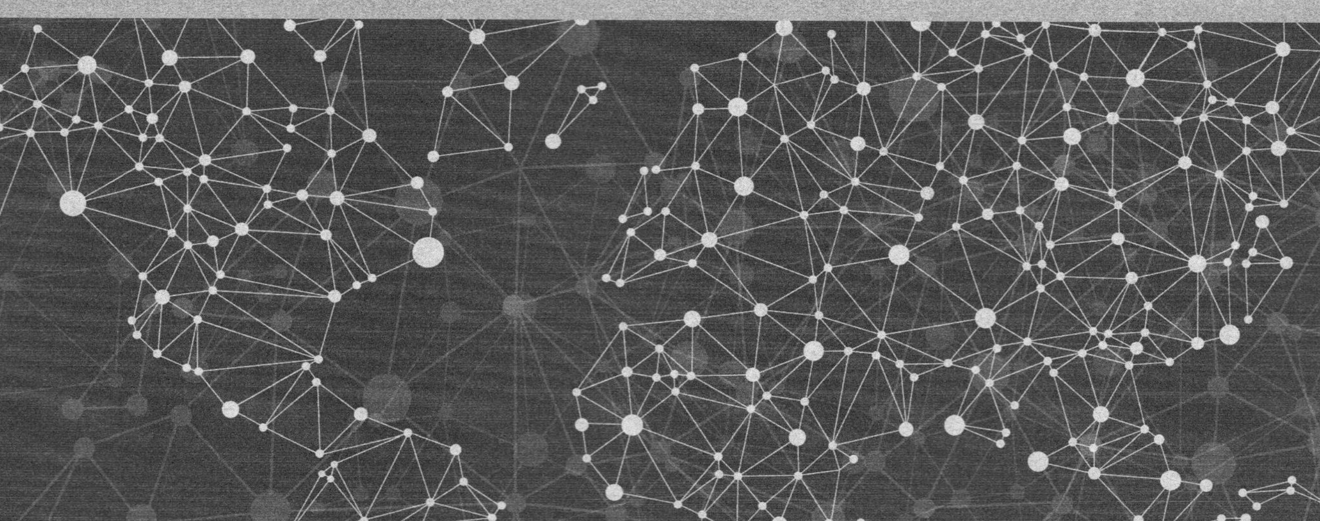

防静电工作台面是指可以在台面上进行敏感产品操作的台面，在 EPA 内主要有防静电工作台、防静电货架、防静电小车、仪器设备的操作面等。本章主要以防静电工作台面为主要介绍对象，其他工作台面可参照执行。

防静电工作台又称防静电安全工作台，是供静电敏感元器件、组件及设备操作的具有静电泄放功能的安全工作台架。防静电工作台是用于制造和应用静电敏感元器件的场所，它是防静电工作区配备的一种专用工作台，具有特殊的防静电功能，在这种工作台上可以安全操作各类静电敏感元器件和电子仪器设备，可以防止因静电放电、静电感应或静电吸附所造成的危害。静电敏感元器件、组件及设备的操作应在防静电工作台上进行。防静电工作台除应符合载荷性能、有害物质含量、表面耐磨性能、耐污染性能要求外，还应具备防静电性能，见表 4-1。

表 4-1　防静电工作台的防静电性能要求

标准	ANSI/ESD S20.20—2014	IEC 61340—5—1—2016	GB/T 32304—2015	GJB 3007A—2009
项目	点对点电阻：<$1.0\times10^9\Omega$ 点对地电阻：<$1.0\times10^9\Omega$ 残余电压：<200V	点对点电阻：<$1.0\times10^9\Omega$ 点对地电阻：<$1.0\times10^9\Omega$	点对点电阻：$1.0\times10^5\Omega$～$1.0\times10^9\Omega$ 点对地电阻：$1.0\times10^5\Omega$～$1.0\times10^9\Omega$	系统电阻：$1.0\times10^5\Omega$～$1.0\times10^9\Omega$ 衰减期：≤2 秒（1000V～100V）

4.1　结构组成

防静电工作台一般由工作台、防静电台面或台垫、腕带连接装置（腕带插孔）、限流电阻和接地引线组成，如图 4-1 所示。

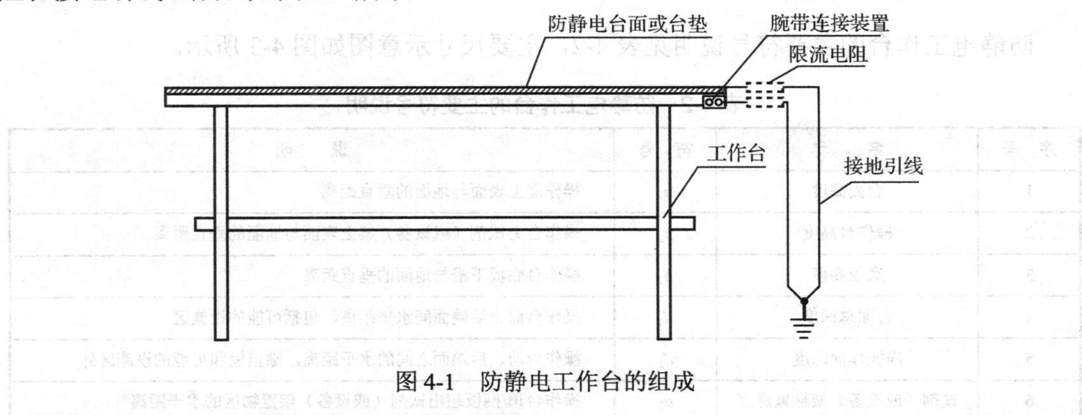

图 4-1　防静电工作台的组成

腕带连接装置、限流电阻和接地引线是防静电工作台特有的组成部分。腕带连接装置是专为防静电台面提供连接防静电腕带使用的，现在多为腕带插孔，如图 4-2 所示。腕带插孔配合防静电腕带使用，为保证腕带插孔与腕带连接良好，其最小拔出力为 1.5N。限流

图 4-2　腕带插孔

电阻是为了保障人体安全而设置的，使通过人体的安全电流不大于5mA，由于现有的腕带一般都内置1MΩ的保护电阻（我国的交流电为220V或380V，取380V的峰值约为500V，考虑到EPA工作区人员的安全，取人体安全电流为0.5mA，可求得安全电阻约为1MΩ），因此工作台腕带连接装置可以不再接保护电阻。每张工作台应至少设置两个腕带连接装置，且腕带连接装置应方便操作者使用。接地引线是腕带或台面与地之间的连接导线，接地电缆间无接头，且具有足够的机械强度，宜采用横截面不小于2mm^{2}的多股绞合铜芯软线或电缆（GB 5061—2010要求接地线的截面积不小1.5mm^2），多台防静电工作台的接地线不得串联。

防静电工作台按台面基材可分为普通型和专用型。普通型防静电工作台的台面基材由木质、金属或其他材料制成（普遍工作台），使用时在台面上粘贴防静电饰面板（如防静电PVC贴面板、防静电三聚氰胺贴面板或防静电塑胶台垫等）。专用型防静电工作台的台面基材采用表面涂覆的难氧化金属或防静电无机材料复合面直接铺贴，台面表面具有防静电性能，使用时也可再在台面上铺设防静电台垫。

4.2　技术要求

防静电工作台除具有防静电性能外，还具备普通工作台的基本属性。本节主要参考《实验室家具通用技术条件》（GB 24820—2009）中提出的防静电工作台的技术要求。

4.2.1　主要尺寸

防静电工作台的主要符号说明见表4-2，主要尺寸示意图如图4-3所示。

表 4-2　防静电工作台的主要符号说明

序　号	名　　称	符　号	说　　明
1	台面高度	h_1	操作面上表面与地面的垂直距离
2	操作台高度	h_2	操作台上试剂（或设备）架上表面与地面的垂直距离
3	底板高度	h_3	操作台底板下沿与地面的垂直距离
4	台面总深度	d_1	操作台前、后端面间水平距离，包括可能的设施区
5	净操作面深度	d_2	操作台前、后端面之间的水平距离，除挡板和可能的设施区外
6	试剂（或设备）架悬置深度	d_3	操作台顶/搁板超出试剂（或设备）架置物区的水平距离
7	设施区深度	d_4	操作台面总深度减去净操作面深度，即单面 $d_1–d_2$，双面 $d_1–2d_2$
8	台面宽度	L	操作台面左、右端面间水平距离

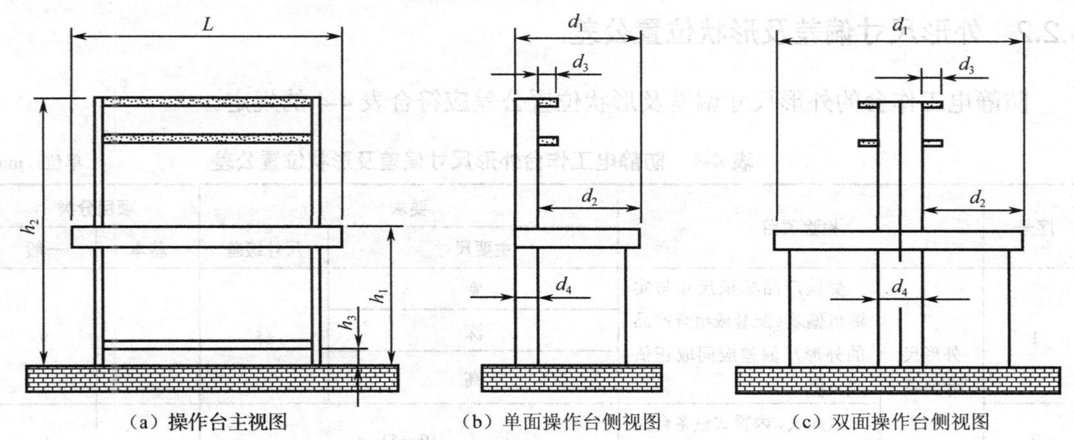

（a）操作台主视图　（b）单面操作台侧视图　（c）双面操作台侧视图

图 4-3　防静电工作台的主要尺寸示意图

防静电工作台的主要尺寸要求见表 4-3。

表 4-3　防静电工作台的主要尺寸要求　单位：mm

序号	检验项目		要求		项目分类	
			主要尺寸	尺寸级差	基本	一般
1	台面宽度（L）		600～1800	300		√
2	净操作面深度（d_2）		600～000	50		√
3	设施区深度（d_4）		50～400	10		√
4	试剂（或设备）架悬置深度（d_3）	试剂架	≤150			√
5		设备架	≥150			√
6	台面高度（h_1）	坐姿	≤760			√
7		立姿	≤900			√
8	操作台高度（h_2）		≤1750			√
9	操作台下净空	净空高	≥580		√	
10		净空宽	≥520		√	
11	操作台底板离地高度（h_3）		≥150		√	
12	储物柜垂直可移动部件离地高度		≥100		√	
注：有特殊要求的防静电工作台，其尺寸要求由供需双方协定，并书面明示。其中“立姿”是指站立，或坐于高椅或高凳的姿势						

测量时将试件放置在平板或平整地面上，采用精度不小于 1mm 的钢直尺或卷尺进行测定。尺寸偏差为产品标识值与实测值之间的差值。

4.2.2 外形尺寸偏差及形状位置公差

防静电工作台的外形尺寸偏差及形状位置公差应符合表 4-4 的规定。

表 4-4 防静电工作台外形尺寸偏差及形状位置公差 单位：mm

<table>
<tr><th rowspan="2">序号</th><th rowspan="2" colspan="3">检验项目</th><th colspan="2">要求</th><th colspan="2">项目分类</th></tr>
<tr><th>主要尺寸</th><th>尺寸级差</th><th>基本</th><th>一般</th></tr>
<tr><td rowspan="3">1</td><td rowspan="4">外形尺寸偏差</td><td rowspan="3" colspan="2">受检产品标识尺寸与实测值偏差（配套或组合产品的外形尺偏差应同取正值或负值）</td><td>宽</td><td rowspan="3">±5</td><td rowspan="3"></td><td rowspan="3">√</td></tr>
<tr><td>深</td></tr>
<tr><td>高</td></tr>
<tr><td>2</td><td colspan="2">嵌入式、内置式设备台面开槽（口）尺寸</td><td colspan="2">[0, +5]</td><td></td><td>√</td></tr>
<tr><td rowspan="3">3</td><td rowspan="4">形状位置公差</td><td rowspan="3" colspan="2">台面、正视面板翘曲度</td><td>对角线长度≥1400</td><td>≤3.0</td><td></td><td>√</td></tr>
<tr><td>700≤对角线长度≤1400</td><td>≤2.0</td><td></td><td>√</td></tr>
<tr><td>对角线长度<700</td><td>≤1.0</td><td></td><td>√</td></tr>
<tr><td>4</td><td colspan="2">台面、正视面板平整度</td><td colspan="2">≤0.2</td><td></td><td>√</td></tr>
<tr><td>5</td><td colspan="3">底脚平稳性</td><td colspan="2">≤1.0</td><td></td><td>√</td></tr>
<tr><td rowspan="4">6</td><td rowspan="9">形状位置公差</td><td rowspan="4">柜体邻边垂直度</td><td rowspan="4">正视面板、框架</td><td>对角线长度≥1000</td><td>长度差≤3</td><td rowspan="4"></td><td rowspan="2">√</td></tr>
<tr><td>对角线长度<1000</td><td>长度差≤2</td></tr>
<tr><td>对边长度≥1000</td><td>对边长度差≤3</td><td rowspan="2">√</td></tr>
<tr><td>对边长度<1000</td><td>对边长度差≤2</td></tr>
<tr><td rowspan="2">7</td><td rowspan="2">位差度</td><td colspan="2">门与框架、门与门相邻表面间的距离偏差（非设计要求）</td><td>≤2.0</td><td></td><td>√</td></tr>
<tr><td colspan="2">抽屉与框架、门、抽屉、拉篮相邻表面间的距离偏差（非设计要求）</td><td>≤1.0</td><td></td><td>√</td></tr>
<tr><td>8</td><td>分缝</td><td colspan="2">所有分缝（非设计要求）</td><td>≤2.0</td><td></td><td>√</td></tr>
<tr><td rowspan="2">9</td><td rowspan="2">抽屉</td><td colspan="2">下垂度</td><td>≤10</td><td></td><td>√</td></tr>
<tr><td colspan="2">摆动度</td><td>≤10</td><td></td><td>√</td></tr>
</table>

翘曲度表示产品或部件表面上的整体平整程度。测量时采用精度不小于 0.1mm 的翘曲度测定器具。选择翘曲度最严重的板件，将器具放置在板件的对角线上进行测量，以其中最大距离为翘曲度的测定值。

平整度表示产品或部件表面在 0mm～150mm 范围内的局部的平整程度。测量时采用精度不小于 0.03mm 的平整度测定器具。选择不平整度最严重的三个板件，测量其表面上 0mm～150mm 长度内与基准直线间的距离，以其中最大距离为平整度的测定值。

位差度表示产品的上门与框架、门与门、门与抽屉、抽屉与框架、抽屉与抽屉相邻两个表面间的距离偏差。测量时采用精度不小于 0.1mm 的位差度测定器具。选择相邻表面间距离最大的部位进行测量，在该相邻表面中任选一个表面为测量基准表面，将器具的基面安放在测量基面上，从器具的测量面对另一个相邻表面进行测量（并沿着该相邻表面再测量一个或以上部位），当测定值同时为正（或负）值时，以最大绝对值为位差度的测定值；当测定值有正值也有负值时，以最大的绝对值之和为位差度的测定值，并以最大测定值为位差度的评定值。

邻边垂直度表示产品（部件）为矩形时的不矩程度，测量时采用精度不小于 1mm 的钢直尺或卷尺，测定矩形板件或框架的两条对角线、对边长度，其差值即为邻边垂直度的测定值。

在对分缝进行测量时，采用塞尺测定，测定前应先将抽屉或门来回开启、关闭三次，使抽屉或门处于关闭位置，然后测量分缝两端内 5mm 处的分缝值，取其最大值作为分缝的评定值。

在对底脚平稳性进行测定时，将试件放置在平板上或平整地面上，采用塞尺测量某个底脚或底面与平板间的距离。

在对下垂度、摆动度进行测量时，采用精度不小于 0.1mm 的钢直尺或卷尺。将钢直尺放置在与试件测量部位相邻的水平面和侧面上，将试件伸出到总长的 2/3 处，测量抽屉水平边的自由下垂和抽屉侧面左右摆动的值。以测得的最大值作为下垂度和摆动度的测定值。

4.2.3　外观质量

（1）防静电工作台的台面不应有裂缝、渗透现象（基本项目）。测试时将水撒在台面上，24 小时后观察是否渗水。

（2）防静电工作台的操作台面不应有污物、杂质（一般项目）。应在自然光下或光照度为 300lx～600lx 范围内的近似自然光（如 40W 日光灯）下，视距为 700mm～1000mm 内进行检查。当存在争议时，由 3 个人共同检验，以多数人赞同的结论为检验结果。

（3）防静电工作台不应有脱色、掉色。测试时在产品外表或内部涂饰部位分别检验 3 个位置，徒手使用湿润的脱脂白纱布适当用力地在每处来回擦拭 3 次，擦拭的往复距离为 200mm～300mm。观察纱布上是否带有涂饰部位上的颜色。

（4）木制件、饰面人造板、玻璃件、木工要求均应符合 GB/T 3324—2008 表 4 中“木制件外观、人造板外观、玻璃件外观、木工要求”的规定。

（5）金属件外观要求应符合 GB/T 3325—2008 表 4 中“金属件外观要求”的规定。

4.2.4　用料要求

防静电工作台的用料要求应符合表 4-5 的规定。

表 4-5　防静电工作台的用料要求

序号	用料	要求	检验方法	项目分类	
				基本	一般
1	木材	不应使用有活虫的木质材料，实木类材料应经杀虫处理	视检	√	
2	木材	木材含水率应为 8%至产品所在地区年平均木材平衡含水率+1%	按 GB/T 3324—2008 中第 6.3.4 条的规定进行	√	
3	饰面人造板	静曲强度、内结合强度、含水率、24 小时吸水厚度肿胀率、握螺钉力应符合 GB/T 15102—2006 中表 3 或表 4 的要求	按 GB/T 17657—1999 中第 4.9、4.8、4.3、4.5、4.10 条的规定进行	√	
4	玻璃部件	任何≥0.06m² 垂直玻璃部件应符合 GB 15763.2 的要求	按 GB 15763.2—2005 的规定进行	√	

4.2.5　有害物质限量

木质防静电工作台的有害物质限量应符合表 4-6 的规定。

表 4-6　木质防静电工作台的有害物质限量

项　目		限 量 值
甲醛释放量 mg/L		≤1.5
重金属含量（限色素）mg/kg	可溶性铅	≤90
	可溶性镉	≤75
	可溶性铬	≤60
	可溶性汞	≤60

木质防静电工作台的有害物质限量的测定按 GB 18584 的规定进行。

4.2.6　安全性要求

防静电工作台的安全性要求应符合表 4-7 的规定。

表4-7 防静电工作台的安全性要求

序号	要求		检验方法	项目分类	
				基本	一般
1	活动部件间距离/mm	≤8或≥25	按GB/T 3324—2008中第6.1条的规定进行	√	
2	与人体接触的零部件不应有毛刺、刃口、尖锐的棱角和端头		视检	√	
3	折叠产品应折叠灵活，应无自行折叠现象			√	
4	需保留液体的操作台面，应在其所有边上配有挡水板，挡水板的台面拼接应牢固、接缝应紧密，挡水板与挡水板对接应无错位		将水注入台面与挡水板形成的槽内，24小时后查看是否渗水	√	
5	所有垂直滑行的前卷门，在高于闭合点50mm的任意位置，不应自行移动		将卷门置于高于闭合位置50mm处以上，检查是否有滑落情况	√	
6	所有可拉伸的部件应装配有效的限位装置，当其包装载物在内质量超过10kg时，在接手处施加200N的力，该部件不应被拉脱；或者在其前端面贴一个警示标签，说明该部件易被拉脱		检查是否安装限位装置；检查是否贴有警示标签。若无标签则在拉手处向拉脱方向施加200N的力，检查该部件是否会被拉脱	√	
7	活动部件的轮子或脚轮应至少有两个锁定装置		视检	√	
8	不靠墙的实验台应在其试剂架顶/隔板的后面和开口端的边缘安装不低于30mm的挡条		按GB/T 3324—2008中第6.1条的规定进行	√	
9	抽屉和柜门前端在面上部的操作台应做斜边或相应的泛水处理，避免台面液体的滴落残留或滴入柜体内		视检	√	
10	操作台面接缝应平整、紧密，不渗水、开缝		将水滴在接缝处，24小时后查看是否渗水	√	

4.2.7 阻燃性

阻燃性是基本检测项目。防静电工作台的台面材料氧指数应不小于35。测试时按照《塑料燃烧性能试验方法——氧指数法》（GB/T 2406—1993，GB/T 2406—1993已经被GB/T 2406—2009替代）的规定进行，其评定结果不能用于评定材料在实际使用条件下着火的危险性。氧指数值能够提供材料在某些受控实验室条件下燃烧特性的灵敏度尺寸，可用于质量控制。所获得的结果依赖于试样的形状、取向、隔热及着火条件。对于特殊材料或特殊用途，需要规定不同的试验条件。不同厚度和不同点火方式获得的结果不可互相比较，也与在其他着火条件下的燃烧行为不相关。

4.2.8　台面理化性能

防静电工作台的台面理化性能应满足表 4-8 的规定。

表 4-8　防静电工作台的台面理化性能

序号	项　目	试验条件		要　求	项目分类	
					基本	一般
1	耐磨	磨损值/（mg/100 转）		≤80		√
		表面情况	图案：磨 100 转	应保留 50%以上花纹		√
			素色：磨 350 转	应无露底现象		√
2	耐划痕	1.5N，划一周		无整圈连续划痕	√	
3	抗老化	调制(23±2)℃，(50±5)%，48 小时 老化(45±5)℃，65%～90%，72 小时		无开裂	√	
4	耐龟裂性	(20±2)℃，(24±1)小时		不低于 1 级	√	
5	耐冷热循环	(80±2)℃，(120±10)分钟 (−20±3)℃，(120±10)分钟，四周期		无裂纹、鼓泡、起皱和无明显变色	√	
6	耐水蒸气	水蒸气，(60±5)分钟		无凸起、龟裂和明显变色	√	
7	耐干热	(180±1)℃，20 分钟		不低于 3 级	√	
8	台面抗冲击	耐冲击试验机，冲击高度 1m		冲击凹坑直径≤10mm	√	

（1）耐磨：耐磨用包着砂布的研磨轮与旋转着的试件进行摩擦，产生一定磨损时的转数来表示。

（2）耐划痕：耐划痕表示试件表面装饰层抵抗一定作用力下的金刚石针刻划的能力。检查时利用金刚石在试件表面刻划一周，在自然光下，距试件表面约 40cm 处，用肉眼从任意角度观察试件表面被刻划部位的情况。

（3）抗老化：抗老化是利用试件在碳弧灯或氙灯下经规定时间照射后，判断试件表面是否有开裂或表面光泽值是否有变化。

（4）耐龟裂性：耐龟裂性是利用试件表面装饰层在 70℃条件下处理 24 小时后是否出现裂纹来表示。龟裂的等级可分为三级：0 级，用 6 倍放大镜观察表面无裂纹；1 级，用 6 倍放大镜观察表面有细微裂纹；2 级，在距板面约 40cm 处用肉眼可观察到裂纹。

（5）耐冷热循环：耐冷热循环是确定试件表面装饰层对温度反复变化的抵抗能力。检验时将试件经过一定时间的冷热交替后，用肉眼在距试件约 40cm 处从任意角度观察试件表面是否有裂纹、鼓泡、变色及起皱等情况。

（6）耐水蒸气：耐水蒸气是确定产品表面装饰层对沸腾水的蒸气侵蚀的抵抗能力。检验时将试件扣在三角烧瓶口上，使沸腾水的蒸气作用于试件表面 60 分钟，待试件冷却后，在自然光下，距板面约 40cm 处，用肉眼从任意角度观察试件表面的是否有突起、龟裂、变色等情况。

（7）耐干热：耐干热是确定试件表面装饰层对热物体（如平底锅）干烫的抵抗能力。检验时利用装有一定甘油或蓖麻油的锅加热到一定温度后，放置在试件上一段时间后，观察试件表面是否有裂纹、鼓泡、色变及明显光退等情况。

（8）台面抗冲击：抗冲击性是用规定质量的钢球冲击试件表面，确定试件表面是否出现裂纹和大于规定直径的压痕。

4.2.9　表面理化性能

防静电工作台表面理化性能应满足表 4-9 的规定。

表 4-9　防静电工作台表面理化性能

序　号	检 验 项 目		试 验 条 件	要　求	项目分类	
					基本	一般
1	金属喷漆（塑）涂层	硬度	≥H		√	
2		冲击强度	3.92J	无剥落、裂纹、皱纹	√	
3		耐腐蚀	24 小时乙酸盐雾试验（ASS）	不低于 7 级	√	
4	金属电镀层	附着力	不低于 2 级		√	
5		耐腐蚀	24 小时乙酸盐雾试验（ASS）	不低于 7 级	√	
6	木制件及人造板饰面	耐液	10%硫酸钠和 30%乙酸，24 小时	无明显的变色、鼓泡、皱纹等	√	
7		附着力	每组割痕包括 11 条长 35mm，间距 2mm 的平行割痕，2 组	不低于 3 级	√	
8		耐湿热	70℃，20 分钟	不低于 3 级	√	
9		耐干热	80℃，20 分钟	不低于 3 级	√	
10		耐冷热温差	温度(40±2)℃，相对湿度 98%～99%和温度(−20±2)℃，3 周期	无鼓泡、裂缝和明显失光	√	
11		抗冲击	木制表面（漆膜）冲击器，200mm	不低于 3 级	√	
12		耐磨	图案：磨 100 转	应无露底现象	√	
			素色：磨 350 转	应无露底现象	√	
13		浸渍剥离性	II 类浸渍剥离	胶层或贴面、封边条与基材间无剥离、分层现象	√	
注：有特殊要求的实验室家具，其理化性能要求由供需双方协定，并书面明示						

（1）硬度：利用铅笔硬度来评价，即用具有规定尺寸、形状和硬度的铅笔芯以一定作用力划过漆膜表面时，漆膜表面耐划痕或产生其他缺陷的性能。这些缺陷包括：塑性变形（涂膜表面永久的压痕，但没有内聚破坏）、内聚破坏（漆膜表面存在可见的擦伤或刮破），以及塑性变形与内聚破坏的组合。

（2）冲击强度：冲击强度用固定质量的重锤落于试件上而不引起漆膜破坏的最大高度来表示。

（3）耐腐蚀：在一定时间内向试件表面按一定规律喷乙酸盐雾，通过判断表面是否有点蚀、裂纹、气泡等变化。

（4）附着力：以直角网格图形切割涂层穿透至底材时来评定涂层从底材上脱离的抗性的一种试验方法。用这种经验性的试验程序测得的性能，除取决于该涂料对上道涂层或底材的附着力外，还取决于其他各种因素。所以不能将这个试验程序视为测定附着力的一种方法。附着力可分为6个等级：0级，表示切割边缘完全平滑，无一格脱落；1级，表示在切口交叉处有少许涂层，但交叉切割面积所受影响不能明显大于5%；2级，表示在切口交叉处和/或沿切口边缘有涂层脱落，受影响的交叉切割面积明显大于5%，但不能明显大于15%；3级，表示在涂层切割边缘部分或全部以大碎片脱落，和/或在格子不同部位上部分或全部剥落，受影响的交叉切割面积明显大于15%，但不能明显大于35%；4级，表示涂层沿切割边缘大碎片剥落，和/或一些方格全部出现脱落。受影响的交叉切割面积明显大于35%，但不能明显大于65%；5级，表示剥落的程度超过4级。

（5）耐液：将浸透试液的滤纸放置到试验表面，并用钢化玻璃罩罩住该表面。经过规定的时间后，移开滤纸，洗净并擦干表面，检查其损伤情况（变色、变泽、鼓泡等）。根据描述的分级标准表评定试验结果。

（6）耐湿热：将一块加热到规定试验温度的标准铝合金块，放在试验样板表面的湿布上。达到规定的试验时间后，移开湿布和铝合金块并擦干试验区域。将试验样板静置至少16小时，然后在规定的光线条件下，检查试样损伤标记（变色、变泽、鼓泡或其他缺陷），根据表4-10中描述的分级标准评定损伤程度等级。

（7）耐干热：将一块加热到规定试验温度的标准铝合金块放置到试验样板上，经过一段试验时间后，移走铝合金块并擦净试验区域。将试验样板静置至少16小时，然后在规定的光线条件下，检查试样损伤标记（变色、变泽、鼓泡或其他缺陷），根据表4-10中描述的分级标准评定损伤程度等级。

表4-10　木质防静电工作台表面的耐湿/干热性能分级表

等　级	说　明
1	无可见变化（无损坏）
2	仅在光源投射到试验表面，反射到观察者眼中时，有轻微可视的变色、变泽或不连续的印痕

续表

等　　级	说　　明
3	轻微印痕，在数个方向上可视，例如近乎完整的圆环或圆痕
4	严重印痕，明显可见，或试验表面出现轻微变色或轻微损坏区域
5	严重印痕，试验表面出现明显变色或明显损坏区域

（8）耐冷热温差：将试件在高温环境（温度(40±2)℃，相对湿度 98%～99%）和低温环境下（温度(−20±2)℃，相对湿度 98%～99%）均放置 1 小时后，置于温度(20±2)℃，相对湿度 60%～70%的条件下 18 小时后，用棉质干布清洁表面，用四倍放大镜观察中间的漆膜表面，若出现裂纹、鼓泡、明显失光和变色中任意一种缺陷，则评定此件试件不合格。

（9）抗冲击：利用一个钢制圆柱形冲击块，从规定高度沿着垂直导管自由落下，冲击到放在试件表面的具有规定直径和硬度的钢球上，根据试件表面受冲击部位漆膜破坏的程度，以数字表示的等级来评定漆膜的抗冲击性能，木质防静电工作台表面的冲击性能分级表见表 4-11。

表 4-11　木质防静电工作台表面的冲击性能分级表

等　　级	说　　明
1	无可见变化（无损坏）
2	漆膜表面无裂纹，但可见冲击印痕
3	漆膜表面有轻度的裂纹，通常有 1～2 圈环裂或弧裂
4	漆膜表面有中度到较重的裂纹，通常有 3～4 圈环裂或弧裂
5	漆膜表面有严重的破坏，通常有 5 圈以上的环裂、弧裂或漆膜脱落

（10）耐磨：通过一定的磨转次数评定试件的磨损程度。

（11）浸渍剥离性：确定试件经浸渍、干燥后，胶层是否发生剥离及剥离的程度。检测时将试件放置在(63±3)℃的热水中浸渍 3 小时，取出后置于(63±3)℃的干燥箱中干燥 3 小时。浸渍试件全部浸没在温水中，仔细观察试件各胶层之间或贴面层与基材之间的胶层有无剥离和分层现象。

4.2.10　力学性能

防静电工作台的力学性能应满足表 4-12 的规定。

表 4-12　防静电工作台的力学性能

序号	项目	试验条件	要求	检验项目 基本	检验项目 一般
1	水平静载荷试验	力 600N，10 次	应符合GB/T 10357.1—2013第8章的规定	√	
2	垂直静载荷试验	主桌面：力 2000N，10 次		√	
		辅助桌面：力 500N，10 次		√	
3	持续垂直静载荷	载荷 $1.25kg/dm^3$，24 小时		√	
4	搁板弯曲试验	载荷 $1.25kg/dm^3$，24 小时	加载时，搁板挠度≤跨距/200；卸载后，搁板挠度≤跨距/1000；并应符合 GB/T 10357.1—2013 第8章的规定	√	
5	独立操作台水平冲击稳定性试验	质量 50kg 跌落高度 40mm	不应倾覆，并符合 GB/T 10357.1—1989 第8章的规定	√	
6	独立操作台垂直冲击稳定性试验	无抽屉：力 1000N		√	
		有抽屉：力 750N			
7	活动操作台跌落	跌落高度：150mm，10 次	应符合GB/T 10357.1—2013第8章的规定	√	
8	水平耐久性试验	力：150N、200N、250N、300N 循环次数：5000 次、10 000 次、15 000 次、20 000 次		√	
9	垂直耐久性试验	力：300N、400N、500N 循环次数：5000 次、10 000 次、15 000 次、20 000 次	应符合GB/T 10357.1—2013第8章的规定	√	
10	垂直冲击试验	跌落高度：150m、200m、300m，10 次		√	
注：序号为 8、9、10 的试验条件由供需双方确定，若无要求则在检验报告中注明所使用的试验条件数值					

（1）水平静载荷试验：当桌面为矩形时，如图 4-4（a）所示，用挡块围住桌腿 1 和桌腿 2，水平载荷施加方向为 a，水平加力 10 次并保持 10 秒，分别测试第一次加载前和最后一次卸载时位移值 e。挡块不动，在部位 b 加力 10 次并保持 10 秒，并测量位移值 e，如图 4-4（b）所示。用挡块围住桌腿 3 和桌腿 4，水平载荷施加力的方向分别为 c 和 d，加力 10 次并保持 10 秒，并测量位移值 e。在试验前后，分别检查桌子的损坏程度。静载荷加载速度应尽量缓慢，确保附加动载荷小到可忽略不计的程度。

（2）垂直静载荷试验：在桌面易于发生破坏的位置施加一个规定的力，垂直向下重复施加 10 次，每次加力至少保持 10 秒。在试验结束后，测量经过加载的桌子整体结构的最大挠度。如图 4-5 所示。

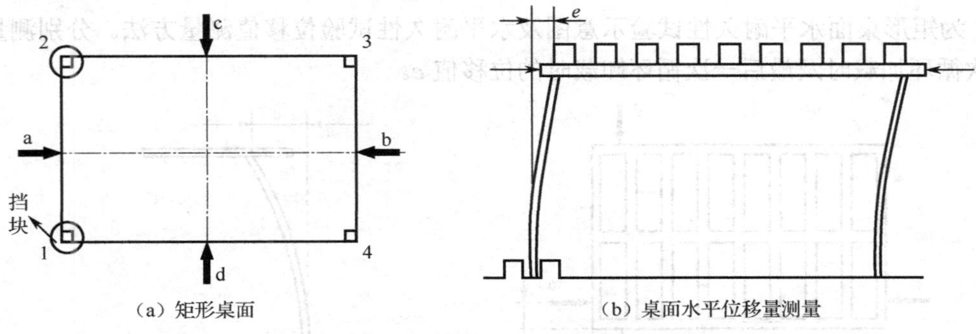

（a）矩形桌面　（b）桌面水平位移量测量

图 4-4　矩形桌水平静载荷试验

（3）持续垂直静载荷：按规定在桌面上施加均布载荷 24 小时，测试加载前和加载 24 小时后尚未卸载时桌面的挠度，并按二支承间跨距的百分比记录挠度值。

（4）搁板弯曲试验：按试验条件加载，在搁板前边缘的中点测量垂直变形量，精确到 0.1mm，用此变形量除以两支承点间的距离（即跨距）表示搁板弯曲程度。

（5）独立操作台水平冲击稳定性试验：把止滑块放在操作台的脚端，使其定位在地板上，进一步定位冲击位置。使用水平冲击器冲击操作台顶部边缘最不稳定的位置，其跌落高度为 40mm。

（6）独立操作台垂直冲击稳定性试验：把操作台放在试验地面上，利用加载垫在可能最不稳定的边上任意一点垂直向下施加 1000N 的力，载荷的重心应在距离实验台面外缘 50mm 处。

（7）活动操作台跌落：将任意一个桌腿端部或长方形桌子窄向的一个桌腿端部提升到一定高度 f 后，自由跌落 10 次，如图 4-6 所示。

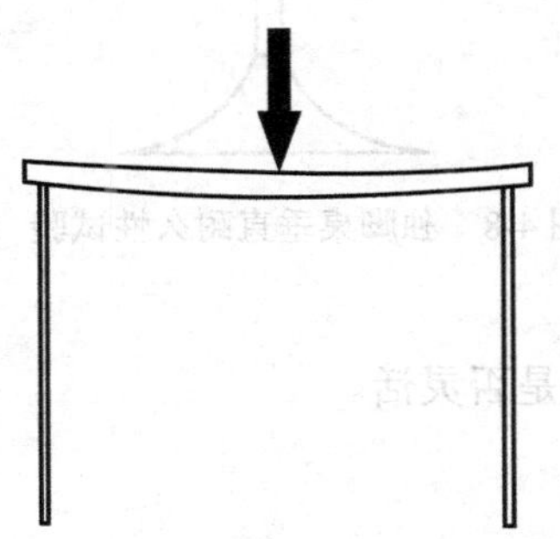

图 4-5　主桌面垂直静载荷试验

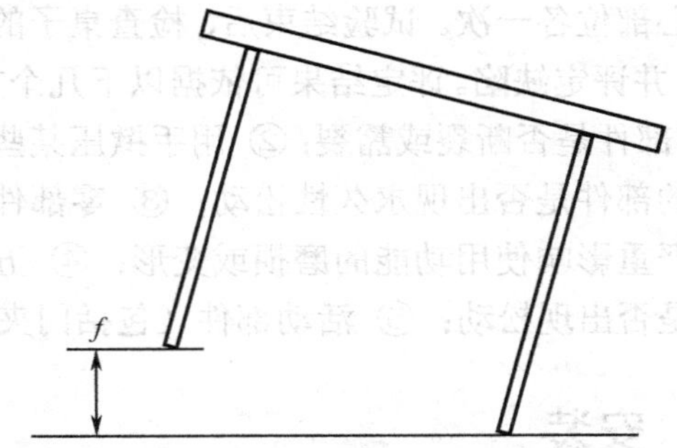

图 4-6　桌腿跌落试验

（8）水平耐久性试验：用挡块围住所有桌腿，在桌面上施加均布载荷，载荷质量应以刚好能防止桌子在试验时倾翻为宜，但最重不能超过 100kg。加载时按规定次数把规定的力通过加载垫，按 a、b、c、d 的顺序依次沿水平方向施加在桌面距一端边缘 50mm 处，

图 4-7 为矩形桌面水平耐久性试验示意图及水平耐久性试验位移值测量方法。分别测量当第一次循环加载时及最后一次循环卸载时的位移值 e。

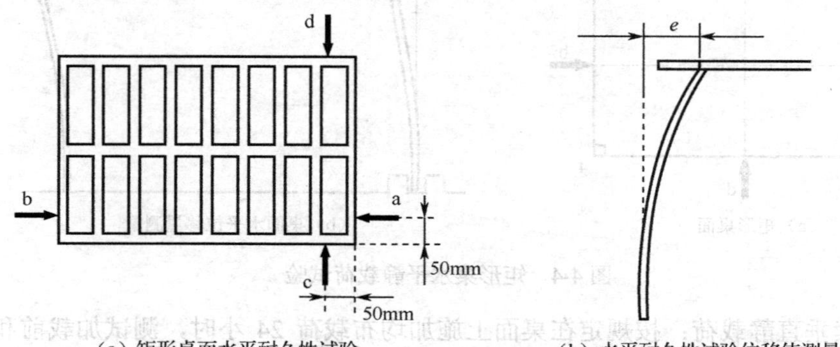

图 4-7　矩形桌面水平耐久性试验及水平耐久性试验位移值测量方法

（9）垂直耐久性试验：在桌面上施加均布载荷，载荷质量应以刚好能防止桌子在试验时倾翻为宜，但最重不能超过 100kg。通过加载垫，把一定的力施加在主桌面最容易变形的部位，加载垫中心位置离桌面任何一边都不能小于 50mm。分别测量第一次加力时及最后一次加力时桌面偏离水平线的挠度 e。如图 4-8 所示。

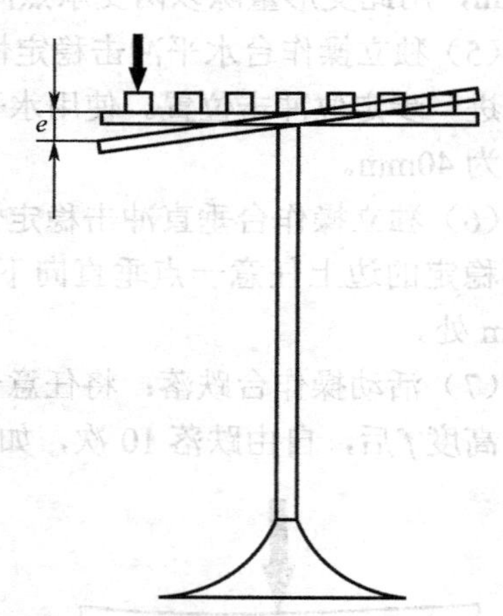

图 4-8　独脚桌垂直耐久性试验

（10）垂直冲击试验：按一定规定的高度，使冲击器自由跌落，分别冲击支承桌面部位和桌面跨距中心部位各一次。试验结束后，检查桌子的整体结构，并评定缺陷。评定结果可依据以下几个方面：① 零部件是否断裂或豁裂；② 用手揿压某些应为牢固的部件是否出现永久性松动；③ 零部件是否出现严重影响使用功能的磨损或变形；④ 五金连接件是否出现松动；⑤ 活动部件（包括门夹装置）的开关是否灵活。

4.3　安装

防静电工作台的安装一般由厂家安装完成，但在安装时应注意防静电工作台的接地连接，不得采用通过桌腿再通过防静电地板连接的方式。

4.3.1　单个工作台的连接

EPA 工作区内单个工作台接地保护的方式如图 4-9 所示，台垫接地点、地板接地点、腕带插孔接地点均应并联连接到公共接地点上，然后再将公共接地点与电源插座的保护地相连。

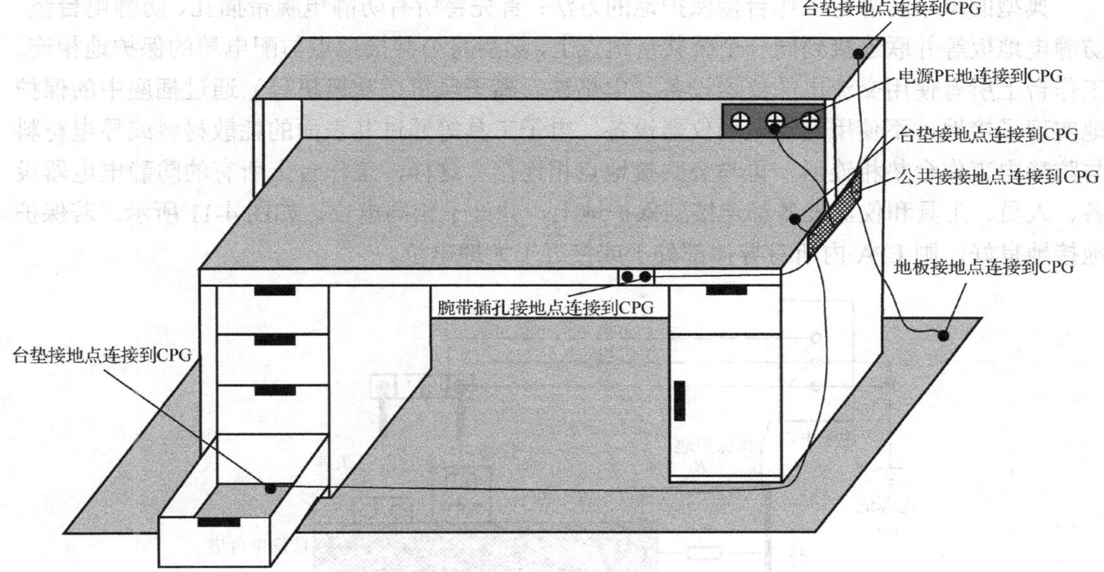

图 4-9　单个工作台接地保护的方式

普通型防静电工作台连接时应确保贴面保持良好接地并不易脱落，可以借助螺钉等将接地扣与贴面板紧密连接，如图 4-10 所示。当防静电工作台为一体化工作台时，厂家应留有接地端子，并确保接地端子与防静电台面（或防静电涂覆层）紧密连接。

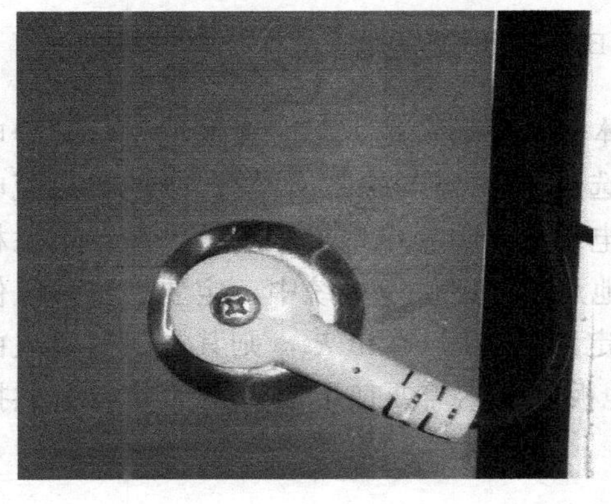

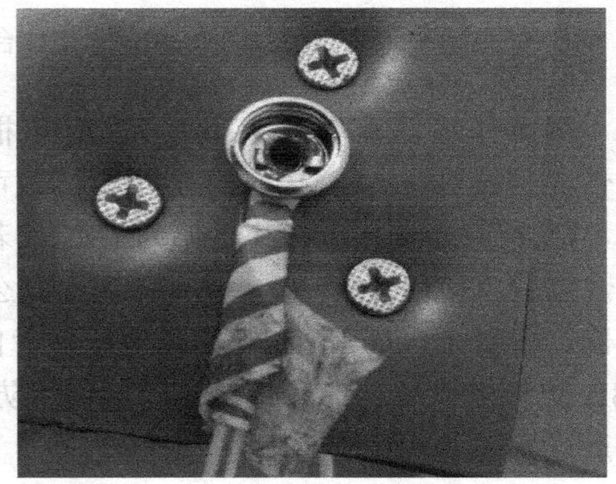

图 4-10　紧密连接螺钉扣与贴面板的示意图

专用型防静电工作台的台面基材采用表面涂覆难氧化金属或防静电无机材料复合面直接铺贴，台面表面具有防静电性能，使用时也可再在台面上铺设防静电台垫。

4.3.2　单个工作台配置的连接

典型的单个防静电工作台接保护地的方法：首先将所有防静电腕带插孔、防静电台垫、防静电地板等并联连接到同一个公共接地点上，然后将公共接地点与配电箱的保护地相连。工作台上所有使用交流电的仪器设备（电烙铁、离子风机、吹风机等）通过插座中的保护地实现了接地，不使用交流电的仪器设备、电子工具等通过其表面的耗散材料或导电材料与防静电工作台垫相连后，再与公共接地点相连接。这样，工作台上所有的防静电电器设备、人员、工具和仪器设备都连接到保护地上，并处于相同电位，如图 4-11 所示。若保护地接地良好，则 EPA 内所有导体都处于或接近于大地电位。

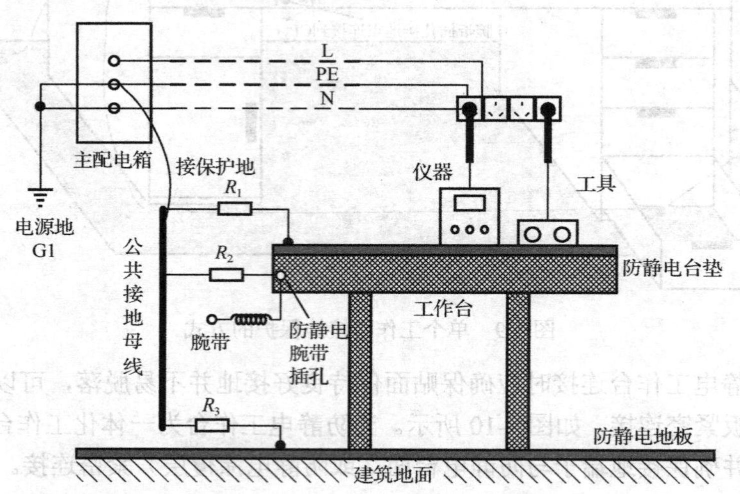

图 4-11　防静电工作台配置与 ESD 接地实施示意图

图 4-11 中限流电阻 R_1、R_2 和 R_3 可根据具体的使用场合选用。一般情况下，防静电腕带内已经包含有 1MΩ的限流电阻，故可以不选用 R_2，但若腕带内没有 1MΩ的限流电阻，则 R_2 应当连接上，其阻值为 1MΩ。若防静电台垫、防静电地板采用的是高导电性材料，应避免使用 R_2 和 R_3，并直接连接到公共接地点上，但供电系统中一定要加装漏电保护器。事实上，R_2 和 R_3 的使用由使用者自行决定，若使用 R_2 和 R_3，则其电阻值建议由 ESD 防静电设备制造商制定。但若使用防静电地板，则不需要使用 R_3，应直接与公共接地点连接。

4.3.3 多个工作台的连接

在 EPA 内可能存在多个工作台，为了布线的方便，推荐如图 4-12 所示的连接方式。即每个工作台内的EPA设施都并联到一个汇流排上，每个汇流排都连接到公共接地母线（支线）上，公共接地母线（支线）再与公共接地母线（干线）相连。最后，公共接地点母线（干线）再与保护地相连接。这种连接方式既适用于储物柜/储物架等不易移动的防静电设施的连接，又适用于工作台、储物柜/储物架等设施的混合连接，即可以将图 4-12 中的任意一个工作台换成其他不易移动的防静电设施。

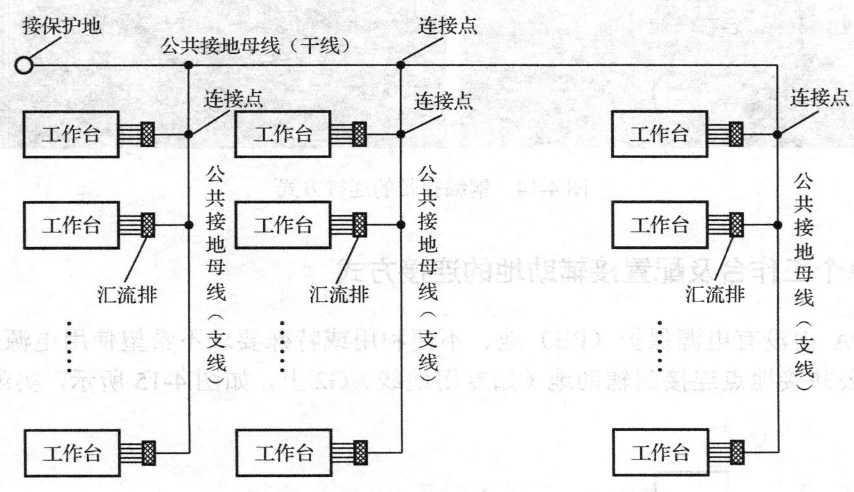

图 4-12　多个工作台与 ESD 接地实施示意图

需要保证公共接地母线（干线）和每根公共接地母线（支线）的完整性，尤其当公共接地母线是电缆线时，不能剪断后再连接，而应采用专用工具剥开一小段线皮后（尽量不要伤到线芯），再与次一级的支线连接，如图 4-13 所示。所有连接点均应采用钎焊、熔焊、压接、卡箍等可靠的连接方式。

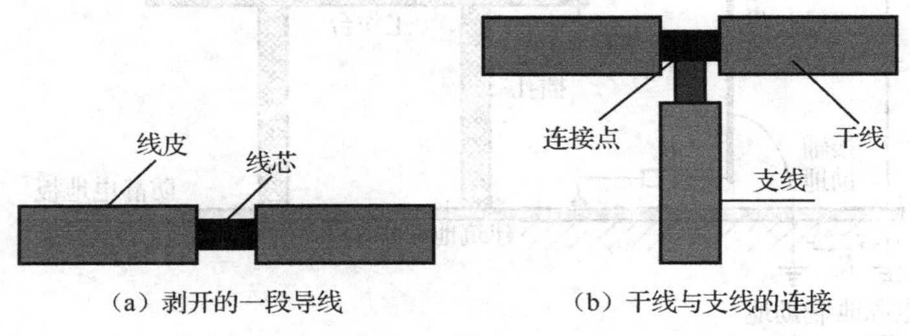

（a）剥开的一段导线　（b）干线与支线的连接

图 4-13　干线与支线的连接方式

为了更加方便、快捷地连接干线与支线，在一些场所也可以采用铜编制带的连接方式，如图 4-14 所示。

图 4-14　铜编制带的连接方式

4.3.4　单个工作台及配置接辅助地的连接方式

若 EPA 内没有电源保护（PE）地、不便利用或特殊要求不希望使用电源保护地，则可以把公共接地点连接到辅助地（如专用地线）G2 上，如图 4-15 所示，实现 ESD 的接地。

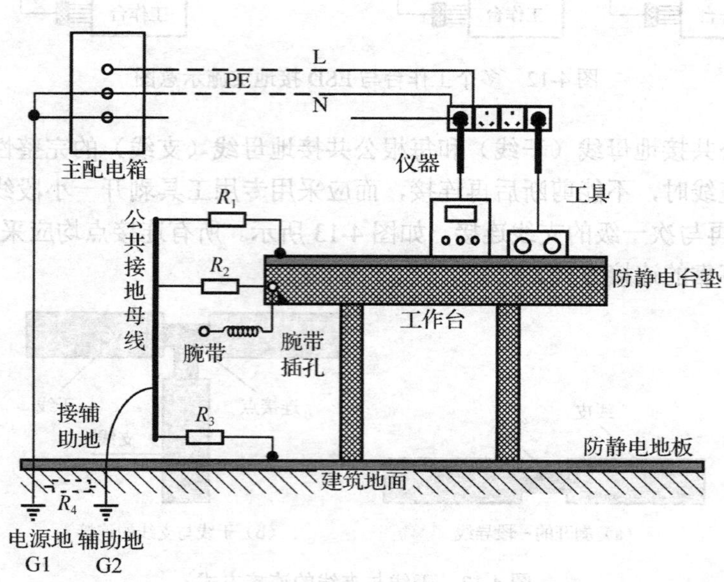

图 4-15　接辅助地的连接方式

此时，交流供电的设备、工具等仍通过电源系统接地。这个情况表明，在 EPA 内同时使用电源保护地和辅助地，两者之间可能存在电位差。根据美国 ESD 协会调查，电位差有时可能高达 500V，可导致 ESDS 产品的损坏。这时，只要有可能，就应选择适当的地方把辅助地和保护地连接起来，并使两者之间的电阻小于 25Ω，确保两者之间的电位差最小。

专用地线的接地电阻要符合国家电力标准的有关要求，专用地线的使用要满足电网的安全作用的要求。

4.3.5　防静电货架的连接方式

在防静电货架连接时每层均应通过支、干线的连接进行连接，如图 4-16 所示，以确保每层均良好接地。当防静电货架结构是金属时，也可借助防静电货架本身进行货架层面的接地，如图 4-17 所示，即每个层面均通过焊接、螺接或铆接等方式与货架本体进行连接，货架本体再与防静电母线相连。连接完成后，一定要确认每个层面的连接点到接地母线间的电阻小于 1Ω。

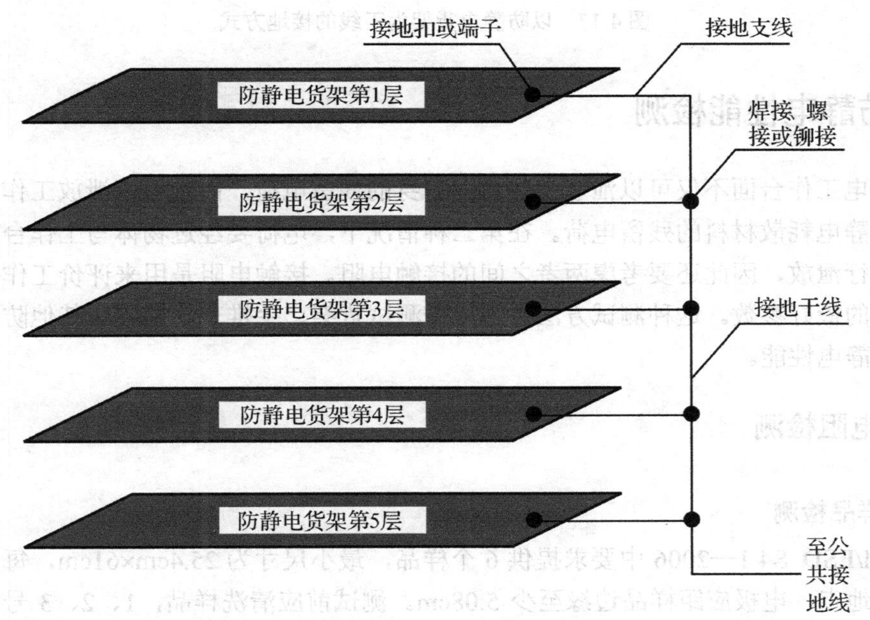

图 4-16　防静电货架的接地方式

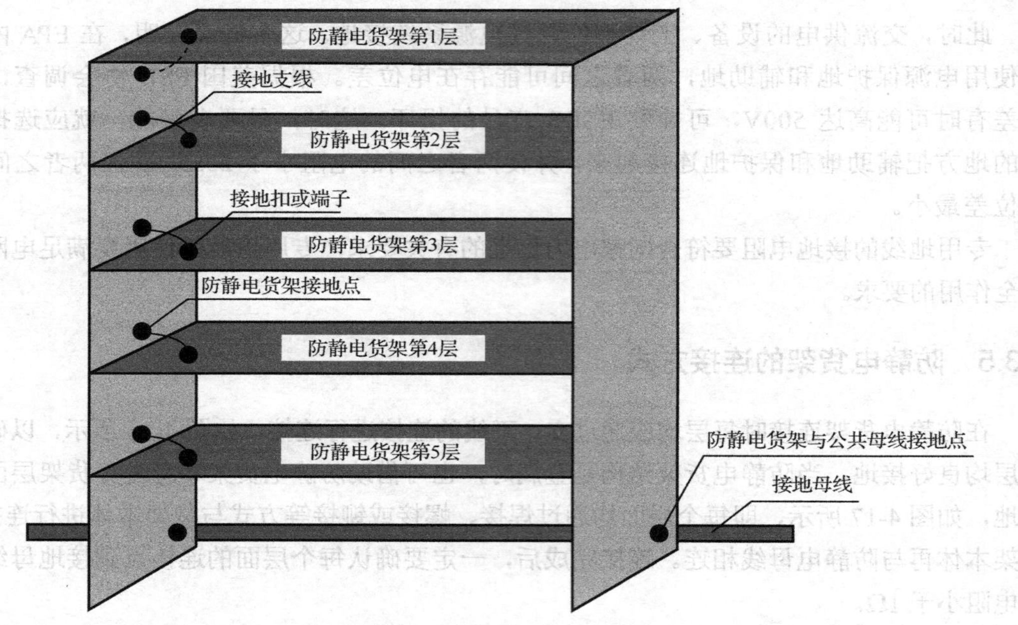

图 4-17　以防静电货架为干线的接地方式

4.4　防静电性能检测

防静电工作台面不仅可以泄放工作台面自身的残留电荷，而且可以泄放工作台上的静电导体和静电耗散材料的残留电荷。在第二种情况下，电荷要经过物体与工作台面之间的接触面进行泄放，因此还要考虑两者之间的接触电阻。接触电阻是用来评价工作台面静电防护能力的最好参数。这种测试方法也适用于测试货架、手推车、抽屉和其他防静电工作表面的防静电性能。

4.4.1　电阻检测

1. 样品检测

ANSI/ESD S4.1—2006 中要求提供 6 个样品，最小尺寸为 25.4cm×61cm，每个样品要有两个接地点，电极应距样品边缘至少 5.08cm。测试前应清洗样品，1、2、3 号样品在低湿度环境中进行预处理，4、5、6 号在中湿度环境中进行预处理。点对地电阻测试如图 4-18 所示，利用防静电电阻测试仪和电极测试接地点 A 点和 B 点分别对工作台面①、②、③点的电阻值进行测量。点对点的电阻测试如图 4-19 所示，利用防静电电阻测试仪和电极测试即可。报告内容包含低湿度环境和中湿度环境中点对地电阻和点对点电阻的最小值、最大值和平均值。

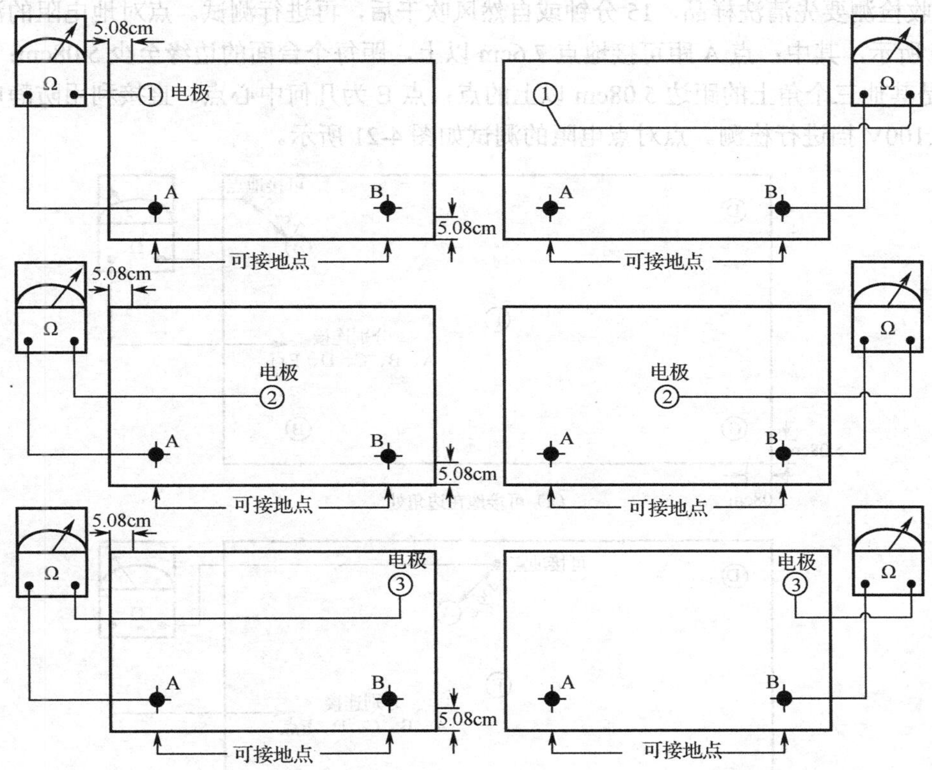

图 4-18　样品点对地电阻测试示意图

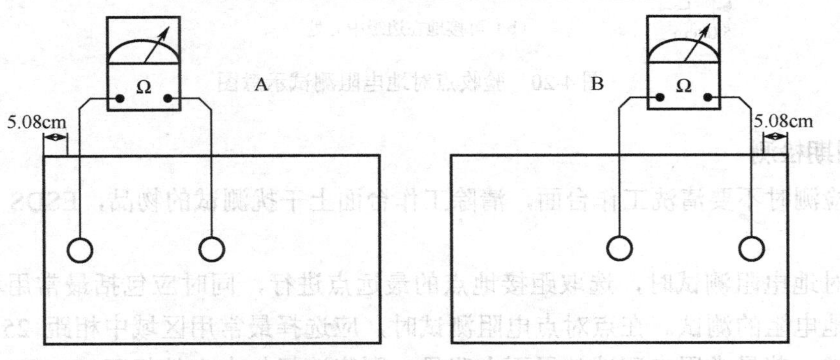

图 4-19　样品点对点电阻测试示意图

2．验收检测

验收检测适用于新安装或已经存在不能再进行样品检测的台面。验收前不应涂防静电涂料，若工作台面发生了移动、修改或周检失效，则需要进行验收检测。

验收检测要先清洗样品，15 分钟或自然风吹干后，再进行测试。点对地电阻的测试如图 4-20 所示，其中：点 A 距可接地点 7.6cm 以上，距每个台面的边缘至少 5.08cm；点 B、C、D 是其他三个角上的距边 5.08cm 以上的点；点 E 为几何中心点。直接利用防静电电阻测试仪 100V 挡进行检测。点对点电阻的测试如图 4-21 所示。

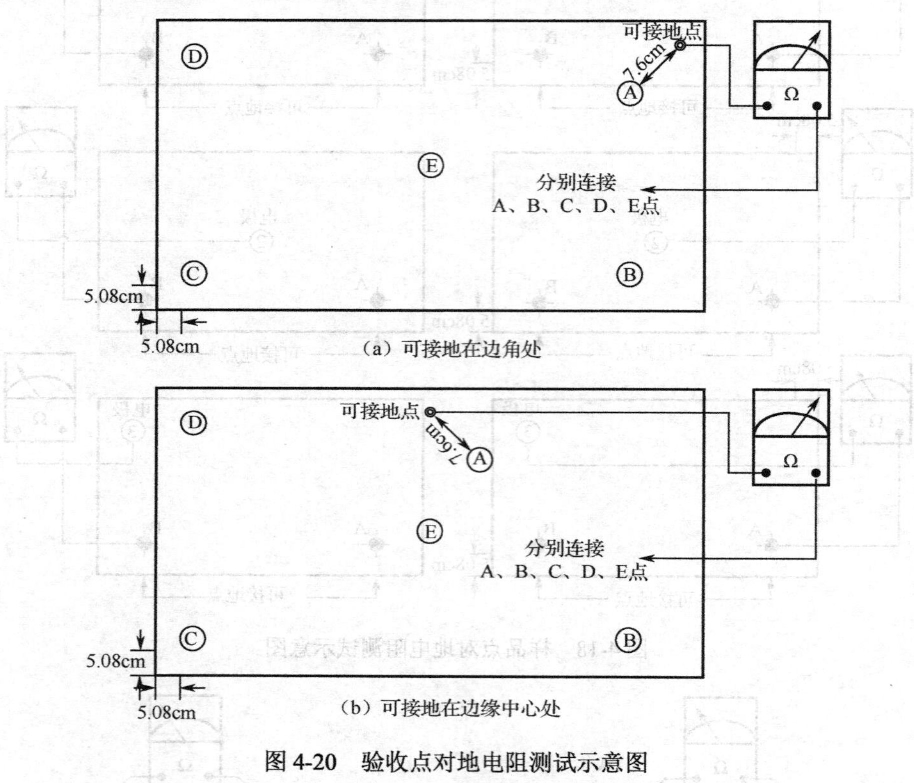

图 4-20　验收点对地电阻测试示意图

3. 周期检测

周期检测时不要清洗工作台面，清除工作台面上干扰测试的物品，ESDS 器件也应清除。

在点对地电阻测试时，选取距接地点的最远点进行，同时应包括最常用和最易磨损的区域对地电阻的测试。在点对点电阻测试时，应选择最常用区域中相距 25.40cm 的两点进行测试。若最常用点测试效果不太明显，则应选择与中心处相距 25.40cm 的两点进行测试。

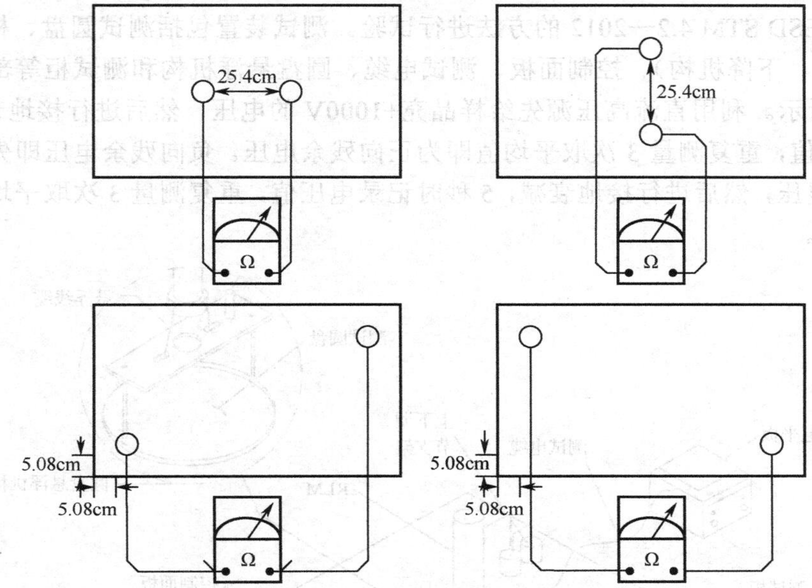

图 4-21　验收点对点电阻测试示意图

若测试值不在可接受的范围内，则需对工作台面清洗后重新测试。ESD-TR 53—01—06 给出的符合性验证方法如图 4-22 所示。

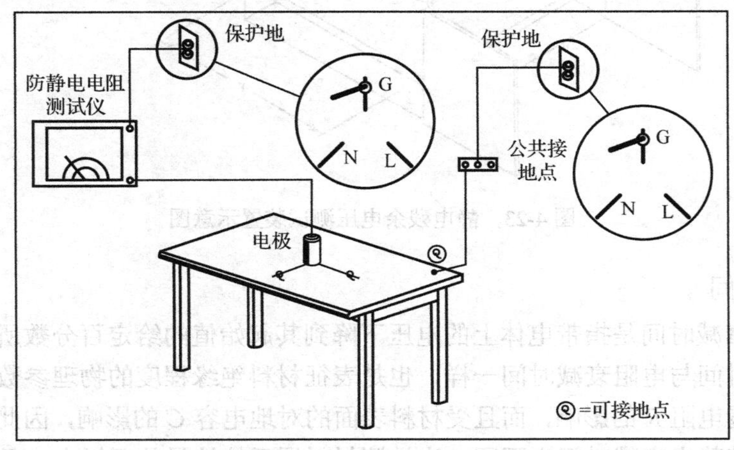

图 4-22　防静电工作台的周期检测

4.4.2　残余电压与衰减时间

1. 残余电压

虽然 ANST/ESD S20.20—2014 中给出了防静电工作台面的残余电压小于 200V，并利用 ANSI/ESD STM 4.2—2012 的方法进行试验。测试装置包括测试圆盘、样品平台、RLM（上升、下降机构）、控制面板、测试电缆、圆盘悬浮机构和测试柜等部分组成，如图 4-23 所示。利用直流高压源先给样品充+1000V 的电压，然后进行接地衰减，5 秒时记录电压值，重复测量 3 次取平均值即为正向残余电压。负向残余电压即先给样品充-1000V 的电压，然后进行接地衰减，5 秒时记录电压值，重复测量 3 次取平均值即为负向残余电压。

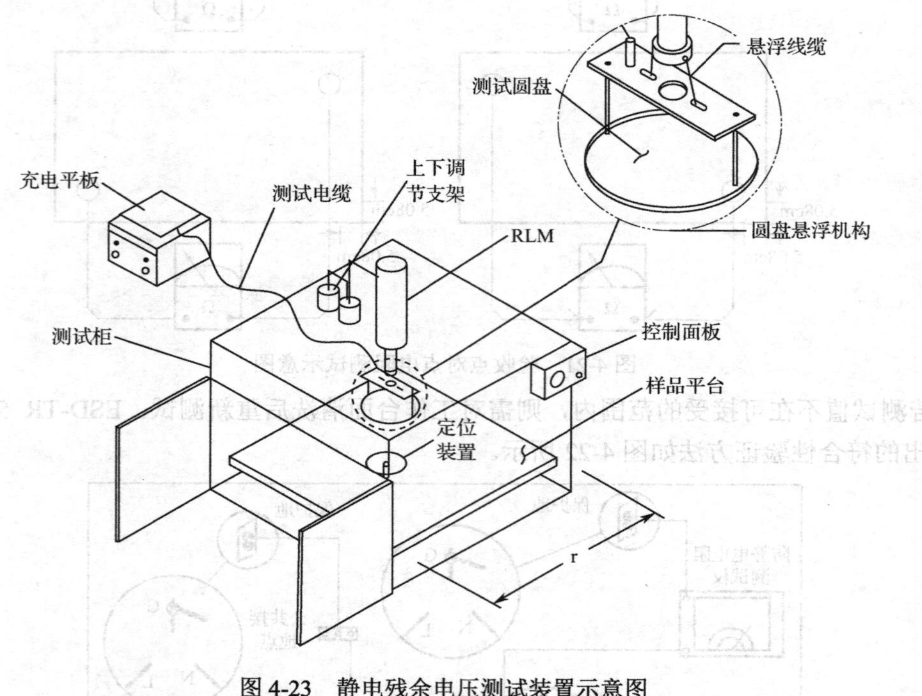

图 4-23　静电残余电压测试装置示意图

2．衰减时间

静电电压衰减时间是指带电体上的电压下降到其起始值的给定百分数所需要的时间。静电电压衰减时间与电阻衰减时间一样，也是表征材料绝缘程度的物理参数，其值不仅受被测材料的泄漏电阻 R 的影响，而且受材料表面的对地电容 C 的影响，因此被测材料的放置状态不同，其静电衰减时间也不同。当被测材料置于接地导体平板上，且仅通过其内部的体泄漏消散其表面电荷时，可将其等效为材料表面对地电容 C 与泄漏电阻 R 的并联。当被测材料置于悬空的接地导体上，且仅通过其表面消散时，被测材料的纯度越大，其地电容越大，静电衰减时间相应的也要延长。同理，被测材料离地的高度不同，其与大地之间的部分电容也不同，对衰减时间的测量也有影响。

已经商业化的静电电压衰减时间测试的方法有电晕喷电法和充电法。电晕喷电法的静电衰减时间测量方式有两类：一类是喷电装置和电位测量装置固定不动，被测材料运动，只能测试面积很小的试样；另一类被测材料固定不动，喷电装置运动，这样既可以测量面积很小的试样，又可以测量面积大的材料，且可以实现无损测试。

充电法是将被测试样固定在两个试样夹之间，利用高压直流电源通过试样夹对试样充电，当被测试样的电位上升到一定程度后，将试样夹接地，通过正对着试样中心的非接触式静电电压表测量试样表面电位的衰减情况，计算出静电衰减时间常数。该方法是评价防静电材料静电衰减性能的标准测试方法，符合美国联邦标准 FED-STD-101C、美军标准 MIL-B-81705C 和国军标准《可热封柔韧性防静电阻隔材料规范》（GJB 2605—1996）的要求。信息产业部标准 SJ/T 10694—2006 给出的防静电台面的静电衰减时间的测试方法也采用充电法，即将样品放置在静电率衰减测试仪充电极板上，测试初始电压 U_1 减小到约定的百分比电压 U_2 的时间。测试仪器使用离子平衡分析仪，充电极板与接地之间的电阻大于 $1\times10^{13}\Omega$，如图 4-24 所示。

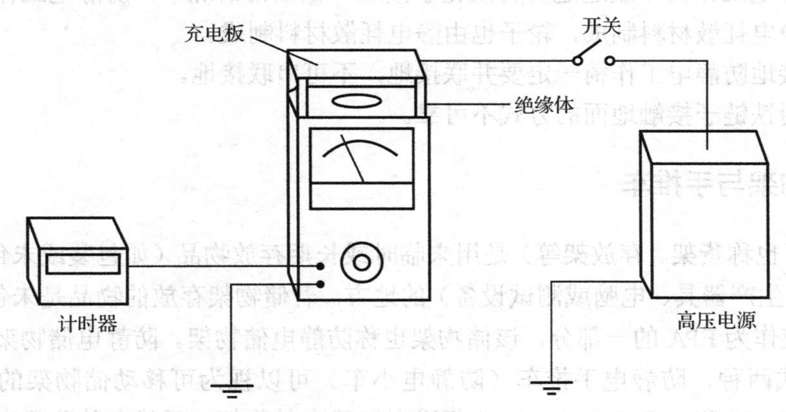

图 4-24　静电衰减时间测试仪器

4.5　可移动式设备

4.5.1　防静电工作椅

防静电工作椅为坐着的人员提供了另一条静电电荷泄漏通道，即人体上的静电电荷通过防静电工作椅经由地板泄放掉。所以既要求防静电工作椅的表面到脚轮有电连续性，又要求其表面不易摩擦起电。国内外标准给出了防静电工作椅与可移动设备的防静电性能要求，见表 4-13。

表 4-13　防静电工作椅与可移动设备的防静电性能要求

标　准	ANSI/ESD S20.20—2014	IEC 61340—5—1—2016	GB/T 32304—2015	GJB 3007A—2009
工作椅	点对地电阻：$<1.0\times10^9\Omega$	点对地电阻：$<1.0\times10^9\Omega$	点对地电阻：$1.0\times10^5\Omega\sim1.0\times10^9\Omega$	点对地电阻：$<1.0\times10^9\Omega$
可移动设备（如小车、梯子等）	点对点电阻：$<1.0\times10^9\Omega$ 点对地电阻：$<1.0\times10^9\Omega$	点对点电阻：$<1.0\times10^9\Omega$ 点对地电阻：$<1.0\times10^9\Omega$	点对点电阻：$<1.0\times10^9\Omega$ 点对地电阻：$<1.0\times10^9\Omega$	点对地电阻：$<1.0\times10^9\Omega$

说明：（1）当防静电工作椅作为人体静电泄放的唯一通道时，必须保证人员—工作椅—地板—公共接地点的电阻小于 35MΩ。由于工作椅本身的复杂性（包括含多种材料、零部件、转动机构、升降机构等）很难达到这一要求，因此不建议将防静电工作椅作为单独的人体静电泄放通道，但可作为人体静电泄放的辅助通道。

（2）防静电工作椅一般通过支脚或轮子接地，在正常情况下，防静电工作椅与人体接触的表面由静电耗散材料制成，轮子也由静电耗散材料制成。

（3）可接地防静电工作椅一定要并联接地，不可串联接地。

（4）采用铁链子接触地面的方式不可靠。

4.5.2　储物架与手推车

储物架（也称货架、存放架等）是用来临时或长期存放物品（如包装或未包装的 ESDS 产品、文件、生产器具、电脑或测试设备）的地方。若储物架存放的物品是未包装的 ESDS 产品，则它应作为 EPA 的一部分，该储物架也称防静电储物架。防静电储物架可分为固定式和可移动式两种，防静电手推车（防静电小车）可以视为可移动储物架的特殊形式。ANSI/ESD S20.20 和 IEC 61340—5—1 标准对防静电储物架、手推车的防静电性能要求见表 4-13。

说明：（1）防静电储物架（手推车）的表面应采用静电耗散材料，并可靠接地。

（2）可移动的储物架（手推车）可以采用轮子接地，但与 ESDS 产品相接触表面的对地电阻应小于 $1\times10^9\ \Omega$。

（3）在手推车上装卸产品时，应保证操作人员、ESDS 产品、手推车可靠的接地或处于相同电位。

（4）手推车也可以在未配置防静电地板的区域运送 ESDS 产品，但在装卸产品时，应保证操作人员、ESDS 产品、手推车可靠的接地或处于相同电位。

4.5.3　工作椅的检测

工作人员与工作椅之间的摩擦或工作椅在地面上的移动都可能产生静电。产生的静电可以在工作人员或工作椅上积聚，只有选择合适的工作椅并与防静电地板配合使用才可以减少电荷的积聚。

1．样品检测

ANSI/ESD STM12.1—2006 中要求至少选取 3 个样品，分别进行低湿度环境和高湿度环境的测试。测试需要一个 127mm×254mm×1.6mm（长、宽、厚）的导电金属板，导电金属板的厚度也可以是能够承载椅子的重量而不发生变形的其他厚度。在测试过程中，为防止人体电阻改变被测电阻，操作人员最好戴上绝缘手套。

在点对地电阻测试时，连接好防静电电阻测试仪和标准电极，其中电极 B 可以用夹式电极替代，依次连接 A、B、C、D、E 的导电轮，如图 4-25 所示。电极 A 按如图 4-26 所示，依次连接到工作椅的坐面、靠背、靠背背面、手扶面、脚踏面、支架处的点。电极 A 应与被测面尽量垂直，并施加一定的力，使测试仪器的读数稳定后读取测试值。在操作人员手持电极 A 时，会因人的分流作用影响测试结果，因此操作人员需要戴上绝缘手套手持电极 A。

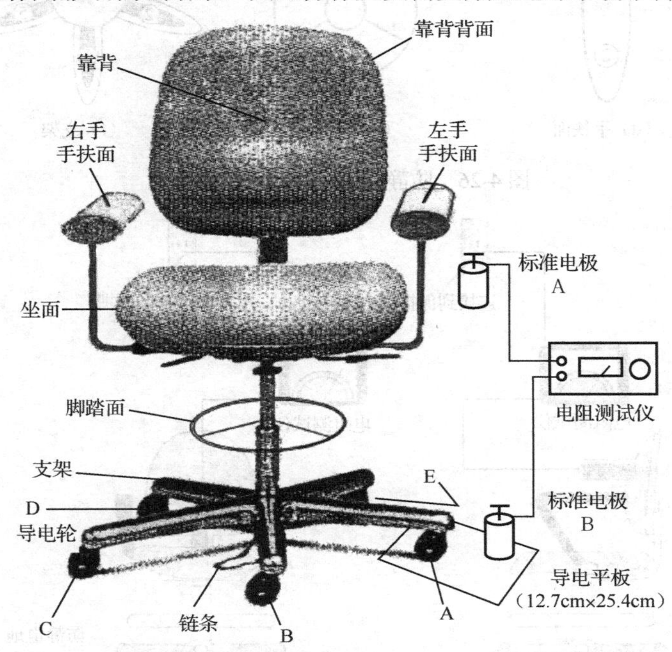

图 4-25　防静电工作椅的样品检测示意图

测试报告包括坐面各点、靠背背面各点、手扶面各点、支架各点、脚踏面对 A、B、C、D、E、F 各点的电阻值（最小值、最大值、平均值），测试电压及环境温度和湿度等。

2．验收检测

验收检测用于评价新安装、维修后的防静电工作椅。被测试的工作椅应在样品测试环境或用户自定义的环境中静置至少 48 小时。测试过程和报告内容与样品检测的测试过程和报告内容均相同。

3．周期检测

周期检测时不允许清洗工作椅，仅测试各部分上的 1 号点对可接地点的电阻值。ESD-TR53—01—06 给出的符合性验证方法如图 4-27 所示。

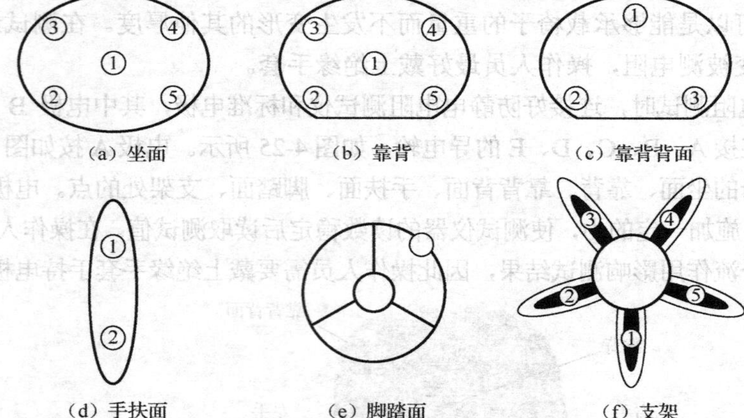

图 4-26　防静电工作椅的样品检测点

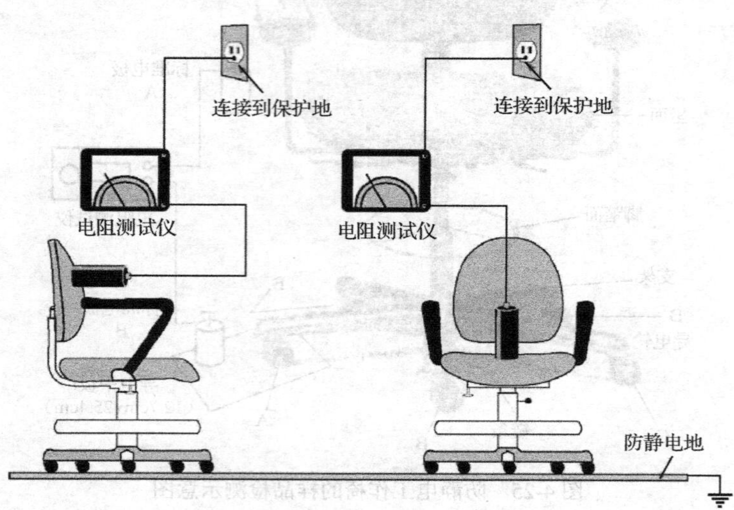

图 4-27　防静电工作椅的周期检测

4.5.4　小推车的检测

防静电小推车的点对点电阻测试方法如图 4-28 所示，点对地电阻测试方法如图 4-29 所示。

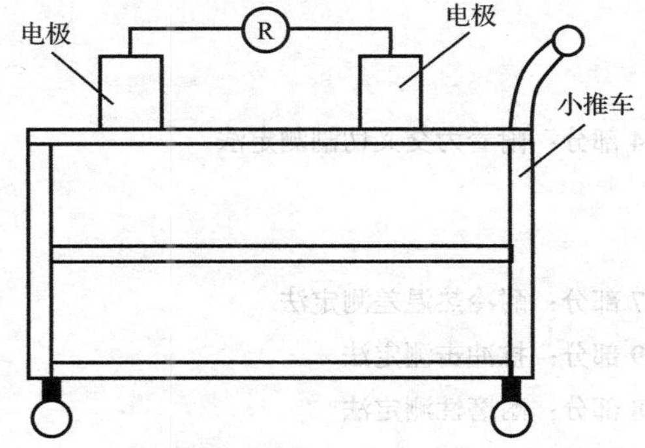

图 4-28　防静电小推车的点对点电阻测试方法

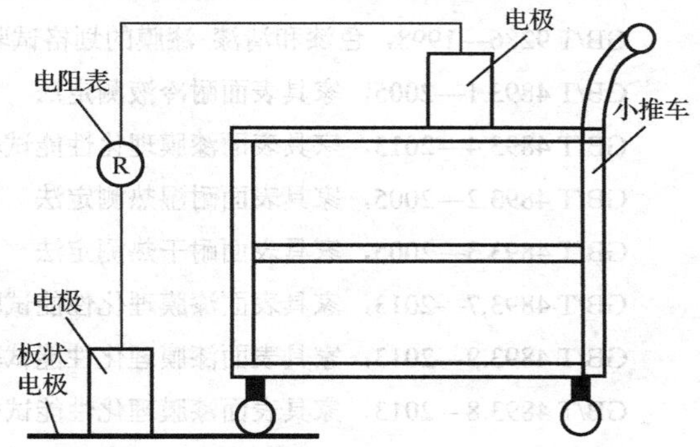

图 4-29　防静电小推车的点对地电阻测试方法

参考文献

[1] 袁亚飞. 电子工业静电防护技术与管理[M]. 北京：中国宇航出版社，2013.

[2] 刘存礼. 静电计量与测试[M]. 北京：国防工业出版社，2016.

相关标准

GB 50611—2010，电子工程防静电设计规范

GB 50944—2013，防静电工程施工与质量验收规范

QJ 2177—1991，防静电安全工作台技术要求

GB/T 32304—2015，航天电子产品静电防护要求

GB 24820—2009，实验室家具通用技术条件

GB/T 3324—2008，木家具通用技术条件

GB/T 3325—2008，金属家具通用技术条件

GB/T 17657—2013，人造板及饰面人造板理化性能试验方法

GB/T 18584—2001，室内装饰装修材料木家具中有害物质限量

GBT 10357.1—2013，家具力学性能试验 第 1 部分：桌类强度和耐久性

GB/T 2406—1993，塑料燃烧性能试验方法 氧指数法

GB/T 2406.2—2009，塑料 用氧指数法测定燃烧行为 第 2 部分：室温试验

GB/T 6739—2006，色漆和清漆 铅笔法测定漆膜硬度

GB/T 1732—1993，漆膜耐冲击测定法

QB/T 3827—1999，轻工产品金属镀层和化学处理层的耐腐蚀试验方法 乙酸盐雾试验（ASS）法

QB/T 3832—1999，轻工产品金属镀层腐蚀试验结果的评价

GB 5938—1986，轻工产品金属镀层和化学处理层的耐腐蚀试验方法 中性盐雾试验（NSS）法

GB/T 9286—1998，色漆和清漆 漆膜的划格试验

GB/T 4893.1—2005，家具表面耐冷液测定法

GB/T 4893.4—2013，家具表面漆膜理化性能试验 第 4 部分：附着力交叉切割测定法

GB/T 4893.2—2005，家具表面耐湿热测定法

GB/T 4893.3—2005，家具表面耐干热测定法

GB/T 4893.7—2013，家具表面漆膜理化性能试验 第 7 部分：耐冷热温差测定法

GB/T 4893.9—2013，家具表面漆膜理化性能试验 第 9 部分：抗冲击测定法

GB/T 4893.8—2013，家具表面漆膜理化性能试验 第 8 部分：耐磨性测定法

GB/T 10357.1—2013，家具力学性能试验 第 1 部分：桌类强度和耐久性

GB/T 10357.1—1989，家具力学性能试验 桌类强度和耐久性

GB/T 20911.1—2008，家用和类似用途插头插座 第 1 部分：通用要求

Q/W 1302—2010，防静电系统测试要求

Q/QJA 120—2013，航天电子产品静电防护技术要求

ANSI/ESD S4.1—2012，For the Protection of Electostatic Discharge Susceptible Items：Worksurface—Resistance Measurements

ANSI/ESD S20.20—2014，For the Development fo an Electrostatic Discharge control Program for—Protection of Electrical and Electronic Parts, Assemblies and Equipment (Excluding Electrically Initialted Explosive Devices)

ANSI/ESD S4.2—2012，For the Protection of Electostatic Discharge Susceptible Items：ESD Protective Worksurfaces Charge Dissipation Characteristics

GB/T 15463—2008，静电安全术语

GJB 2605—1996，可热封柔韧性防静电阻隔材料规范

SJ/T 10694—2006，电子产品制造与应用系统防静电检测通用规范

第 5 章

防 静 电 服

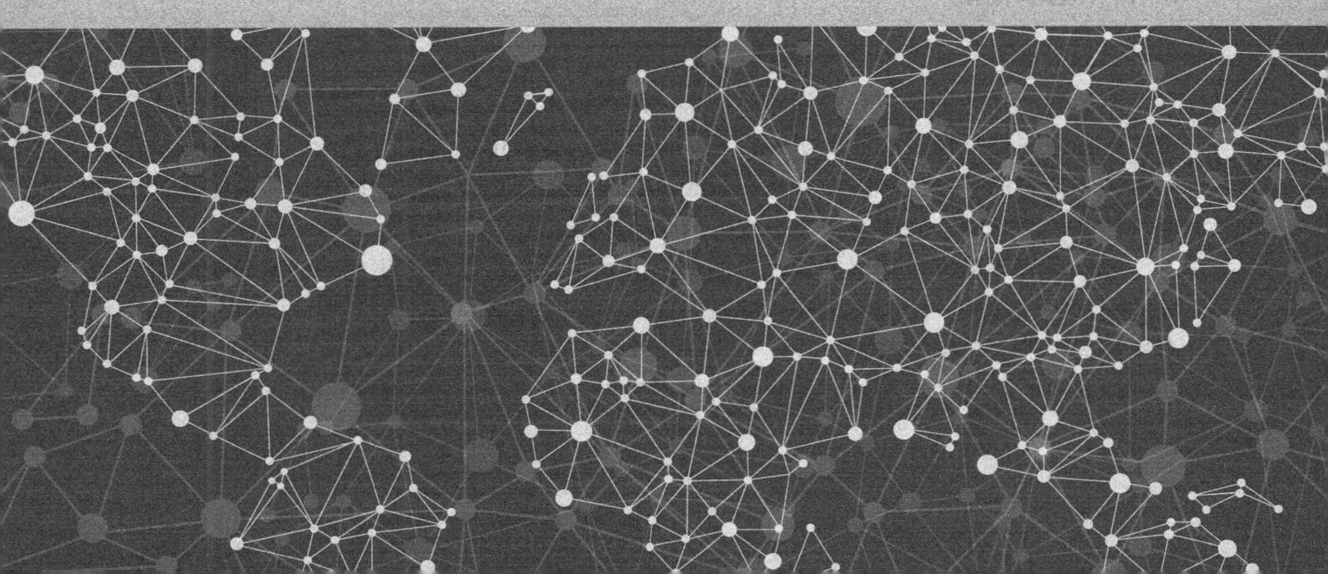

防静电服是以防静电织物为面料，通过某些特定的工艺使服装上任意两个裁片之间的电阻小于一定范围，并在服装上设置合适的可接地点，通过有效的方式释放服装表面可能积累的静电，按规定的款式和结构而缝制的工作服。防静电服的有效接地方式包括：① 通过服装袖口与已接地人员的皮肤紧密接触，实现间接接地；② 通过服装上的布料与已接地人员的皮肤直接接触，实现间接接地；③ 通过服装上的布料与已接地防静电座椅紧密接触，实现间接接地；④ 在服装上设置接地组件，通过接地电缆直接接地。国内外标准对防静电服的防静电性能要求见表 5-1。

表 5-1 国内外标准对防静电服的防静电性能要求

标 准	ANSI/ESD S20.20—2014	IEC 61340—5—1—2016	GB/T 32304—2015	GJB 3007A—2009
项目	点对点电阻：$<1.0\times10^{11}\Omega$ 接地式点对地电阻：$<1.0\times10^{9}\Omega$ 接地式系统电阻：$<3.5\times10^{7}\Omega$	点对点电阻： $<1.0\times10^{12}\Omega$ 接地式点对地电阻： $<1.0\times10^{9}\Omega$ 接地式系统电阻： $<3.5\times10^{7}\Omega$	点对点电阻：$1.0\times10^{5}\Omega$～ $1.0\times10^{11}\Omega$ 接地式点对地电阻： $1.0\times10^{5}\Omega$～$1.0\times10^{9}\Omega$ 接地式系统电阻： $1.0\times10^{6}\Omega$～$3.5\times10^{7}\Omega$	A 级：$\leqslant0.1\mu C$/件 B 级：$<0.6\mu C$/件
注：可接地防静电服系统是指将防静电服作为电荷的主要泄放路径使用，类似防静电腕带的用途				

5.1 基本要求

防静电服问世至今已有半个多世纪，最初被应用在易燃易爆环境中以避免因静电放电造成的安全事故。随着电子工业的快速发展，防静电服的应用越来越广泛，人们对防静电服装的研究也进入了一个全新的阶段。

5.1.1 基本性能

防静电服应具有以下基本性能。

（1）具有适当的静电释放通路。防静电服的静电释放路径有传导放电、感应放电和电晕放电。应根据环境及实际要求，合理地设计及选择静电释放的方式。若选择传导放电，则必须选择表面导电型纤维，并且在服装缝制时使用导电缝纫线，以保证服装整体静电导电。在电子工业中一般均选择传导放电的防静电服。

（2）具有不易产生静电的特性。服装的静电主要是由摩擦产生的，通常天然纤维（如棉的吸水性比较好）摩擦不易产生静电。若工作环境没有对洁净度的要求，则尽可能选择全棉或含棉的面料制作服装。

（3）具有良好的耐久性。通常采用嵌织导电纤维织物制作的服装，其静电性能的耐久性比较好，但也有一些例外，如渗碳型导电纤维，其导电表面会因为洗涤、摩擦而剥落。也有一些涤纶复合或涤棉复合型导电纤维，其结构可能在减量、染色时被破坏，造成导电表面部分分离并随着洗涤、摩擦而脱落。这种情况一般可用高倍显微镜识别。

（4）在低湿条件下仍能保持良好的防静电性能。国外主要的防静电服标准都规定了必须在低湿条件（相对湿度(12±3)%）下测试防静电服的静电性能。尤其在入厂检验时，一定要确保防静电服在最极端使用条件下仍能符合要求。

5.1.2　释放机理

消除服装上的静电，除采用防静电助剂加湿服装的方法增加导电性能外，还可以依靠在织物中嵌织的导电纤维发挥作用。根据 ESTAT-Garments 项目的报告，导电纤维消散织物上静电的方法包括传导放电（A）、感应放电（B）和电晕放电（C）三种，如图 5-1 所示。

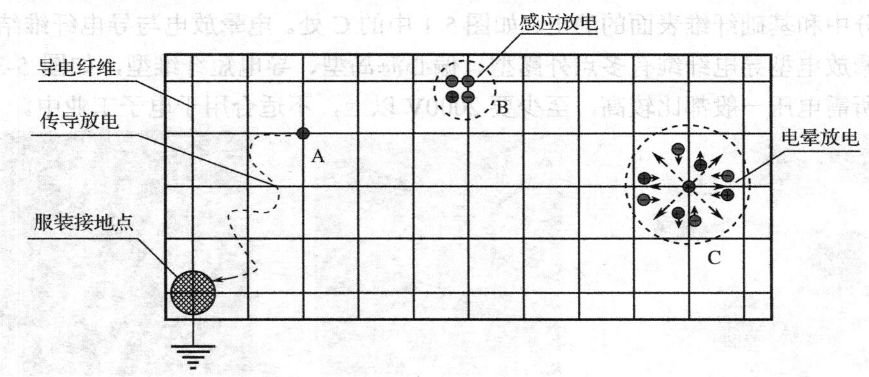

图 5-1　防静电服的三种静电消散机制

（1）传导放电。防静电服通过与人体皮肤直接接触或者通过可接地点与地相连，位于导电纤维表面或其附件的静电电荷将会通过导电纤维导入大地。在图 5-1 中，若导电纤维 A 处带有电荷，则电荷通过与之相连的导电纤维流向大地。电荷的泄放路径依靠导电纤维的电阻及服装整体的静电导通性。典型的表面导电型导电纤维结构如图 5-2 所示。

（2）感应放电。若基础纤维（一般为绝缘的涤纶纤维）上带有静电荷，如图 5-1 中的 B 处，则静电荷会在导电纤维表面感应出极性相反的等量电荷，使一小部分区域 B 内的和电荷为零。因为电容等于介电常数乘以面积再除以间距，即 $C=\varepsilon A/d$，所以当服装接地减小服装与地之间的间距 d 时，相对电容 C 变大，又因为电压等于电荷量除以电容，即 $U=Q/C$，所以在电荷量不变的情况下，服装的静电压变小。故这种机制可以理解为因导电纤维接地而增大了服装的电容，降低了服装的静电电压。

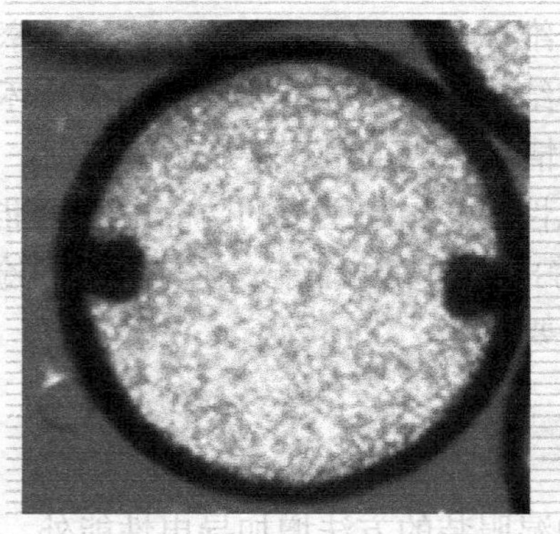
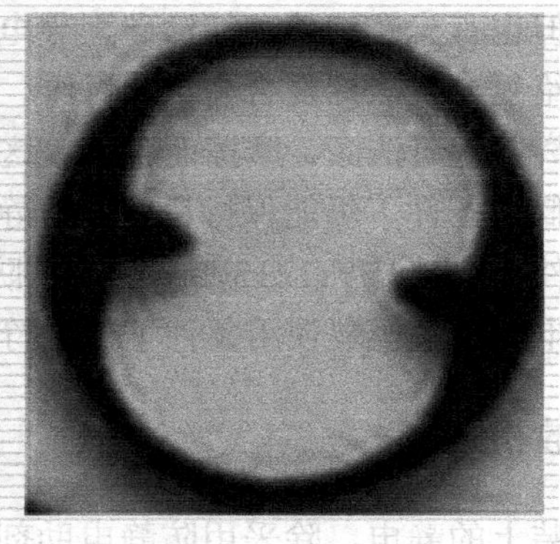

图 5-2　典型的表面导电型导电纤维结构

（3）电晕放电。当导电纤维表面的静电达到一定强度时可引发电晕放电，形成的空气离子可部分中和基础纤维表面的静电，如图 5-1 中的 C 处。电晕放电与导电纤维结构有关，典型的电晕放电型导电纤维有多点外露型、偏心海岛型、导电短纤维型，如图 5-3 所示。电晕放电所需电压一般都比较高，至少要 2000V 以上，不适合用于电子工业中。

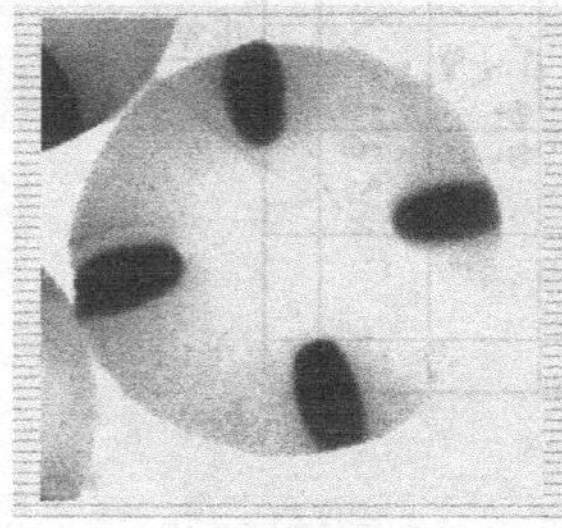

（a）多点外露型

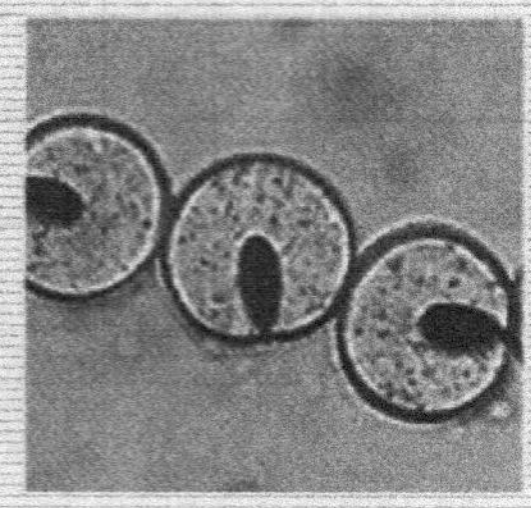

（b）偏心海岛型

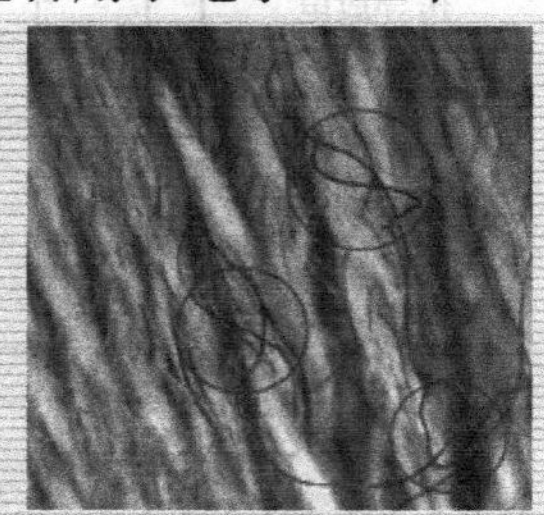

（c）导电短纤维型

图 5-3　典型的电晕放电型导电纤维

5.1.3　穿着要求

防静电服的穿着有以下要求。

（1）当防静电服装作为人员接地系统使用时，应保证包括人员、腕带、工作服等对地的总电阻小于 $3.5\times10^{7}\Omega$。

（2）可接地工作服应使用电缆与接地点直接连接，实现防静电服的接地。接地防静电服上有固定连接的端子、金属钮扣，通过导线连接到静电接地点。

（3）防静电服上的静电电荷要通过人体、腕带系统或地板—鞋束系统流入到公共接地点，因此必须保证防静电服与皮肤紧密接触。最好是“三紧式”防静电服，即对领口、袖口和下摆均采用收紧的结构，并且不使用衬里，以保证防静电服与皮肤紧密接触，使服装上的电荷可以通过人体向大地泄漏。在没有接地保证的条件下，不可穿短袖的防静电服。

（4）纯棉衣服是绝缘体，在相对湿度小于 30%时，纯棉布的带电量有时还大于化纤布，只有相对湿度高于 60%时（纯棉因吸水才不起静电）纯棉布不导电。所以，纯棉工作服不能替代防静电服，特别是干燥季节和干燥地区更应注意。

（5）在有净化要求时，还要考虑到防静电服的防尘、隔尘作用。

（6）防静电服上不允许佩戴金属附件（钮扣、拉链），若必须使用，则在保证穿着的情况下，金属附件不得直接外露。

（7）不准在 EPA 内穿上或脱去防静电服（应在指定的更衣室进行更衣）。

（8）在净化间或无尘室进行 ESDS 产品操作时，有时还要求操作人员佩戴防静电手套或指套，防止人体汗液等腐蚀 ESDS 产品。防静电手套或指套采用防静电布料、导电纤维或导电橡胶等静电耗散材料制成，外表面直接与 ESDS 产品相接触，内表面直接与人体皮肤相接触，保证电荷泄漏通道的畅通。

防静电服可在室温下水洗也可机洗，建议水温不超过 60℃；推荐使用中性洗涤剂（pH 值 6～8）；洗涤过程中应避免尖锐物品对衣物造成划伤和磨损；可自然晾干或烘干，在烘干时，建议温度不超过 60℃。

5.2　技术要求

目前，评估防静电服装性能的标准主要基于对 20 世纪 70 年代到 80 年代具有静电均匀性表面服装的研究结果。当时的防静电服通常为纯棉或混棉服装，并在织物表面采用吸尘/吸湿性助剂进行处理。由于电子工业对服装的防静电性能提出了更高的要求，同时伴随着各种新型有机复合导电纤维的不断面世，因此如今使用的防静电服通常采用合成纤维嵌织导电纤维的方式制成，其中导电纤维只占 1%～2%，这就使得服装表面的导电性能非常不均匀。欧盟曾在 2002 年启动了一项为期三年的研究项目——ESTAT Garments，希望借此早日制定出用于服装静电性能的测试标准——IEC 61340—4—2，遗憾的是研究结果并未得到 IEC TC 101 委员会各成员国的认同。至今 IEC 61340—4—2 还只是一个已公布的标准号，并没有正式颁布。国内防静电服的标准主要包括《防静电服》（GB 12014—2009）、《工作服防静电性能的要求及试验方法》（GB/T 23316—2009）。GB 12014—2009 是采用日本 JIS T8118—2001 编制的，而 GB/T 23316—2009 同样也是采用日本 JIS T8118—2001 编制的，内容几乎与 GB 12014—2009 完全相同。ANSI/ESD STM2.1—2013 和 IEC 61340—4—9 中给出了服装电阻的要求和测试方法。2016 年，上海防静电协会发布了适用于防止静电放电敏感器件造成直接或间接损伤的协会标准《电子工业用防电服通用技术规范》（T/ESD 001—2016）。

5.2.1 面料

1. 基本要求

面料应无破损、斑点、污物或其他影响面料防静电性能的缺陷。其点对点电阻应符合表 5-2 的要求。

表 5-2 防静电服面料的点对点电阻的技术要求

测试项目	技术要求	
	A 级	B 级
点对点电阻	$1.0\times10^{5}\Omega\sim1.0\times10^{7}\Omega$	$1.0\times10^{7}\Omega\sim1.0\times10^{11}\Omega$

样品测试前先按标准要求洗涤 100 次，自然晾干或烘干，在测试环境（温度(20±5)℃，相对湿度(35±5)%）中放置 6 小时，置于绝缘测试平台上，利用表面电阻测试仪进行测试，取 5 次测量值的算术平均值作为最终测试结果。

2. 理化性能

防静电服面料的理化性能应符合表 5-3 的要求。

表 5-3 防静电服面料的理化性能

序号	测试项目	技术要求	
1	甲醛含量/（mg/kg）	直接接触皮肤≤75	非直接接触皮肤≤75
2	pH 值	4.0～9.0	
3	尺寸变化率/%	+2.5～-2.5（经、纬向）	
4	透气率/（mm/s）	10～30（涂层面料）	>30
5	耐水色牢度/级（变色、沾色）	≥3～4	
6	耐干摩擦色牢度/级（变色、沾色）	≥3～4	
7	耐光色牢度/级（变色、沾色）	≥3～4	
8	断裂强力/N	经向≥780（单位面积质量≥200g/m²） 经向≥490（单位面积质量<200g/m²）	纬向≥390

（1）甲醛含量：从面料和服装衬里的不同部位分别选取样品，在 40℃的水浴中萃取一定时间，萃取液用乙酰丙酮显色后，在 412nm 波长的光照下，用分光光度计测定显色液中甲醛的吸光度，对照标准甲醛工作曲线，计算出样品中游离甲醛的含量。

（2）pH 值：从面料和服装衬里的不同部位分别选取样品，在室温下，用带有玻璃电极的 pH 计测定纺织品水萃取液的 pH 值。

（3）尺寸变化率：选取具有代表性的试样，在每个试样上做数对标记点，分别在规定处理程序的前后测量每对标记点之间的距离，或者试样在洗涤和干燥前，在规定的标准大气中调湿并测量其尺寸，试样洗涤和干燥后，再次调湿并测量其尺寸，然后计算试样的尺寸变化率。

（4）透气率：透气率表示空气透过织物的性能。以在规定的试验面积、压强和时间条件下，气流垂直通过试样的速度表示。从面料和服装衬里的不同部位分别选取 10 个样品，在规定的压差条件下，测定一定时间内垂直通过试样给定面积的气流流量，计算出透气率。气流速率可直接测出，也可通过测定流量孔径两面的压差换算得到。

（5）耐水色牢度/级：将纺织品试样与两块规定的单纤维贴衬织物或一块多纤维贴衬织物组合在一起，浸入水中，然后挤去水分，置于试验装置的两块平板中间，承受规定压力。分开干燥试样和贴衬织物，用灰色样卡或分光光度仪评定试样的变色和贴衬织物的沾色。

（6）耐干摩擦色牢度/级：将纺织试样分别与一块干摩擦布摩擦，评定摩擦布沾色程度。耐摩擦色牢度试验仪通过两个可选尺寸的摩擦头提供了两种组件试验条件：一种用于绒类织物；一种用于单色织物或大面积印花织物。

（7）耐光色牢度/级：纺织品试样与一组蓝色羊毛标样一起在人造光源下按照规定条件暴晒，然后将试样与蓝色羊毛标样进行变色对比，评定其色牢度。对于白色（漂白或荧光增白）纺织品，需要将试样的白度变化与蓝色羊毛标样对比，评定其色牢度。

（8）断裂强力：对规定尺寸的织物试样，以恒定伸长速度拉伸直至断裂，记录断裂强力及断裂伸长率，若需要，则还可以记录断裂强力及断脱伸长率。断裂强力是指在规定条件下进行的拉伸试验过程中，试样被拉断记录的最大力；断脱强力是指在规定条件下进行的拉伸试验过程中，试样断开前瞬间记录的最终的力。断裂伸长率是在最大力的作用下的试样伸长率；断脱伸长率是对应断脱强力的伸长率，如图 5-4 所示。成品服装的接缝强力测试从衣裤接缝薄弱部位裁取 5 个接缝在中心的试样，接缝的方向与受力方向成 90° 角，若接缝采用单线则应将接缝端线打结，防止滑脱，以最低值为测试结果。

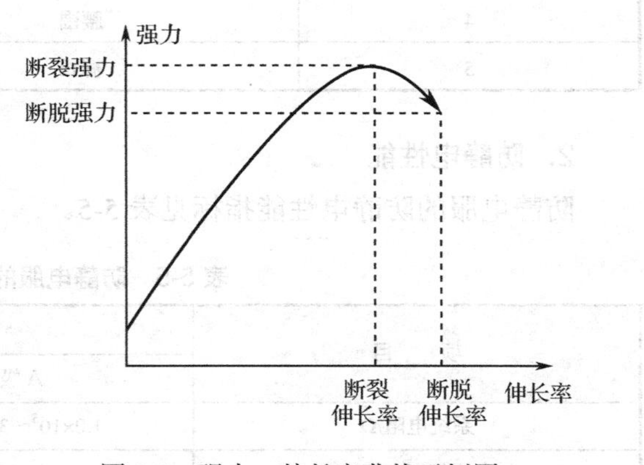

图 5-4　强力—伸长率曲线示例图

5.2.2 服装

1. 基本要求

成品服装的面料应符合要求，外观无破损、斑点、污物或其他影响穿用性能的缺陷。服装应便于穿脱并适应作业时的肢体活动，其结构应安全、卫生，有利于人体正常生理要求与健康，款式应简洁、实用。各部位缝制线路顺直、整齐、平服、牢固，上下松紧适宜，无跳针、断针，起落针处应有回针。缝制针距(12～14)针/3cm（单位面积质量≥200g/m^2），(14～16)针/3cm（单位面积质量<200g/m^2）。服装接缝强力不得小于 100N。服装上一般不得使用金属材质的附件（如钮扣、钩袢、拉链），若必须使用，则其表面应加掩襟，金属附件不得直接外露。服装衬里应采用防静电织物，非防静电织物的衣袋、加固布面积应小于防静电服内面积的 20%，防寒服或特殊服装应做成内胆可拆卸式。防静电服的尺寸变化率见表 5-4。尺寸变化率是按照 GB/T 8629—2001 中规定的 6B 或 6A 程序洗涤，悬挂晾干，测试水洗后进行测量的。

表 5-4　防静电服的尺寸变化率

序　号	测 试 项 目	尺寸变化率/%
1	领大	≥−1.5
2	胸围	≥−2.5
3	衣长	≥−3.5
4	腰围	≥−2.0
5	裤长	≥−3.5

2. 防静电性能

防静电服的防静电性能指标见表 5-5。

表 5-5　防静电服的防静电性能指标

项　目	技 术 要 求		
	A 级	B 级	C 级
系统电阻/Ω	1.0×10^5～3.5×10^7	<1.0×10^9	<1.0×10^{11}
摩擦起电电压/V	<100	<500	<1000
带电电荷量/（μC/件）	0.20	0.20～0.60	—

系统电阻测试是通过两个电极分别连接服装可接地点和服装表面任意一点，在电极上加载直流电，测定服装的表面任意一点到可接地点之间的电阻。检测时首先要确认服装上的可接地点，若供应方指定了特定的可接地点，则按照供应方指定的点或部件进行选取；

若供应方未指定可接地点，则使用袖口作为可接地点进行检测。将试样的拉链或纽扣打开，内表面朝下，平铺于绝缘台面上，将表面电阻测试仪的一条测试线连接到服装的可接地点上，不同类型的可接地点连接方式包括：① 当袖口作为可接地点时，将电极放置在袖口的内表面；② 当服装上的面料直接作为可接地点时，将电极放置在布料与人员皮肤直接接触的位置；③ 当服装的下摆作为可接地点时，将电极放置于服装下摆与防静电座椅接触的位置；④ 当服装上设置专门的可接地组件时，将测试线直接连接在接地组件上。将另一个电极通过重锤放置在服装的任意衣片上，加电压 100V（若电阻小于 $1.0\times10^{6}\Omega$，则用 10V 挡测试）挡进行测试，等待 15 秒或者待数值稳定后读数。测试所有的衣片，取测试结果的最大值为最终检测结果。

摩擦带电电压是在一定的张力条件下，使试样与标准布相互摩擦，以规定时间内产生的最高电压对试样的摩擦带电情况进行评价。GB/T 12703.5—2010 规定了试样摩擦带电电压的测试方法，即按标准方法洗涤后对试样进行消电，启动测试装置，记录 1 分钟内试样带电的最大值作为摩擦带电电压。T/ESD 001—2016 给出了服装的摩擦起电电压测试方法，即对服装表面进行规定的摩擦后，使用非接触式静电电压表测试其起电电压的数值。将防静电服的拉链或纽扣打开，内表面朝下，调湿后平铺于防静电台面上，利用调湿后的纯棉布对服装进行单向摩擦 20 次，摩擦速度 1 次/秒。用非接触式静电电压测试摩擦的中心位置，以最大值为最终的测试结果。这种测试方法将试样与纯棉布调湿减少了起电量，且将试样放置在防静电台面上增大了泄漏量，所以测试结果会比实际情况小。

电荷量表示试样与标准布摩擦一定时间后所带的电荷。用摩擦装置模拟试样摩擦带电的情况，然后将试样投入法拉第筒，测量其带电电荷量。实际测试时需要先按照标准方法进行洗涤、干燥后，在测试环境条件（温度(20±5)℃，相对湿度(35±5)%）下放置 6 小时。将试样放入滚筒摩擦机中运转 15 分钟，试样直接从滚筒摩擦机中自动进入（或将绝缘电阻大于 $10^{12}\Omega$的绝缘手套直接取出，立即投入）法拉第筒内，此时注意试样应距离人体、金属等物体 300mm 以上，直接读取试样的电荷量，取 5 次测试的平均值为最终测量值。每次测试之间需静置 10 分钟，并用消电器对试样及转鼓内的标准布进行消电处理，带衬里的制品，应将衬里翻朝外。

3. 分级

防静电服一般分为 A、B、C 三级，具体介绍如下。

A 级防静电服是最早被应用的，也是目前使用数量最多的一种防静电服。其特征在于防静电织物使用电晕放电型导电纤维嵌织或混纺加工而成。由于使用环境没有洁净要求，因此可选择吸水性良好的全棉或涤棉防静电织物。

B 类防静电服是目前技术要求最高的一种防静电服，随着微电子工业的精细化发展，对 B 类服装防静电性能的要求也越来越高。其特征在于通过防静电服装系统有效地控制服装表面的静电电压。B 类服装一般选用网格状嵌织表面导电型导电纤维的织物，并且在服装缝制时使用导电缝纫线以保证整件服装的电气连续性。同时使用导电或防静电袖口罗纹增强服装与人体皮肤的贴合度，以便服装上的静电通过人体的接地腕带安全释放。同样由于使用环境没有洁净要求，因此可选择吸水性良好的全棉或涤棉防静电织物。

C 类防静电服是伴随着现代医药及半导体工业而发展起来的，其静电释放模式既可选择 A 类模式，又可选择 B 类模式，选择的依据取决于静电放电是否会伤害产品。其特征是由于环境有洁净要求，因此织物必须用合成纤维长丝织造，并且要有较高的密度以阻隔人体自身灰尘的穿透。

5.2.3 洁净要求

在洁净室及相关受控环境中的防静电服又称防静电洁净服，其目的是避免带电衣物吸附灰尘影响产品质量。若是半导体等微电子类工厂，则还必须避免带电衣物对 ESDS 进行静电放电的故障风险。由于洁净室中必须控制化学污染物，因此不能用吸湿性助剂处理织物及服装。同时，服装面辅料必须全部使用合成纤维长丝织造，并具有较高密度以保证服装具有低发尘及高滤尘的能力。

适用于防静电洁净服的主要标准有《洁净室服装通用技术规范》（FZ/T 80014—2012）、《洁净室服装点对点电阻检测方法》（FZ/T 80012—2012）、《洁净室服装易脱落大微粒检测方法》（FZ/T 80013—2012）、《洁净室及其他受控环境服装要素》（IEST-RP-CC 003.3）、《洁净室及相关受控环境第 5 部分：运行》（GB/T 25915.5—2010）、《GMP 药品生产质量管理规范》（2010 年修订）。其中《洁净室服装通用技术规范》（FZ/T 80014—2012）对服装防静电及洁净性能的要求见表 5-6 和表 5-7。

表 5-6 洁净室服装的防静电性能

项 目	等 级		
	一级	二级	三级
点对点电阻/ Ω	$1.0\times10^5 \leqslant R < 1.0\times10^9$	$1.0\times10^9 \leqslant R < 1.0\times10^{11}$	
摩擦电压/ V	≤200	≤1000	≤2500

表 5-7 洁净室服装的洁净性能

项目	微粒直径	要求		
		一级	二级	三级
发尘率/（个/分钟/套）	≥0.3μm	<2000	2000～20000	20000～200000
空气粒子过滤效率/%	0.5μm	≥50	≥35	≥20
	1μm	≥70	≥50	≥30

续表

项目	微粒直径	要求		
		一级	二级	三级
易脱落大微粒/（个/m^2）	纤维	≤100	≤500	≤1750
	>5μm	≤9990	≤99990	≤250000
注 1：空气粒子过滤效率可根据需要选择一个粒径进行考核，也可根据需要，测试更小的粒径 注 2：洁净性能指标也应参照客户要求，考查其耐洗涤性能				

5.2.4 检验规则

防静电服的检验包括出厂检验和型式检验。出厂检验是指从每批产品中按品种随机抽取有代表性的样品进行检验，抽验规则见表 5-8。

表 5-8　防静电服出厂的抽验规则

测试项目	批量范围	单项测试样本大小	不合格分类	单项判定数	
				合格判定数	不合格判定数
附件 衬里 点对点电阻 带电电荷量 尺寸变化率 断裂强力 标识	≤100	2	A	0	1
	101～1000	3			
	≥1001	5			
外观质量 款式 结构 缝制	≤100	2	B	1	2
	101～1000	3			
	≥1001	5			

当新产品鉴定或老产品转厂生产的试制定型鉴定时，或当面料、工艺、结构设计发生变化时，或当停产超过一年后可恢复生产时，或当周期检查（每年一次）时，或当国家质量监督机构提出进行型式检验要求时，或当出厂检验结果与上次型式检验结果有较大差异时，均需要进行型式检验。样本从出厂合格的产品中随机抽取，样本数量以满足全部测试项目要求为原则。若所抽取的样品全部合格，则判定该批产品合格；若所抽取的样品中有不合格样品，则判定该样品所代表的该批次的产品不合格。

5.3　电阻测试

防静电服首先要关注的是防静电性能是否满足要求，电阻是表征防静电性能的一个参数，由于其检测方便、快捷，因此被广泛应用。在国内外标准中，ANSI/ESD STM2.1—2013中提供了较为全面的防静电服电阻测试方法。为方便介绍，首先给出一些电阻的定义。

R_{pp}——点对点电阻（Resistance Point-to-Point），表示在给定的时间内，施加材料表面两点直流电压与流过这两点间的直流电流之比，即服装表面任意两点之间的电阻。

R_{pgp}——点对地电阻（Resistance Point-to-Groundable Point），表示服装表面上任意一点与可接地点之间的电阻。可接地点是防静电材料或装置上用于接地的指定位置或部件。

R_{pb}——点对袖电阻（Resistance Point-to-BCP Point，BCP-Body Contact Point），表示服装表面上任意一点与人体皮肤接触点之间的电阻。现有服装一般都是通过袖口与皮肤直接接触，本书中简称为点对袖电阻。

R_s——系统电阻，表示在人穿着防静电服的情况下，人体对可接地点之间的电阻。

5.3.1　出厂检验

出厂检验是产品出厂时的质量保证，也可作为用户入厂验收时的检测。质量检验时需分别在低湿环境（温度(23±2)℃，相对湿度(12±3)%）中放置 48 小时后检测，在中湿环境（温度(23±2)℃，相对湿度(50±5)%）中放置 48 小时后检测，电阻值均应符合要求。

1. 点对点电阻

在防静电服装检测时，将试样的拉链或纽扣打开，内表面朝下，平铺于绝缘台面上，袖口内插入绝缘片，利用表面电阻测试仪进行检测。绝缘台面与绝缘片的表面电阻率应大于 $1.0\times10^{13}\Omega\cdot m$（或电阻大于 $1.0\times10^{12}\Omega$），若找不到绝缘的绝缘台面或绝缘片，则可以采用至少比试样电阻大 1 个量级的绝缘台面或绝缘片代替。绝缘台面应比试样展开面积大。将 76mm×152mm 的绝缘片插入到服装袖口（或库脚）内用于隔开两层面料，如图 5-5 所示。在检测袖口与袖口点对点电阻时，将两个被测电极分别放到两个袖口上，如图 5-6 所示。在检测胸前点对点电阻时，将两个被测电极分别放到胸前不同部位上，如图 5-7 所示。加电压 100V（若电阻小于 $1.0\times10^{6}\Omega$则用 10V 挡测试）挡进行测试，等待 15 秒或者待数值稳定后读数。

有些防静电服的导电纤维是平行条纹的，点对点电阻测试时，重锤放置的位置不同，测试结果差异性较大。若两个电极都压在同几条平行条纹上进行检测，如图 5-8 所示，则点对点电阻为 $4.92\times10^{6}\Omega$，符合要求。若两个电极跨放在平行条纹上进行检测，如图 5-9 所示，则点对点电阻值为 $5.53\times10^{11}\Omega$，不符合要求。因此在选购防静电服时，尽量选购网格状防静电服，并且要求网格状尽量小。

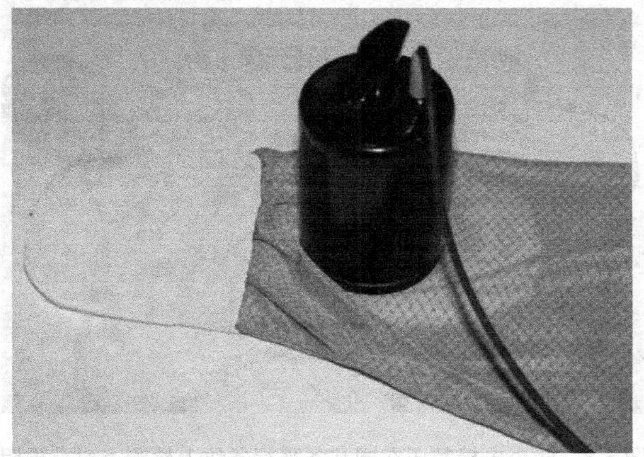

图 5-5　绝缘片插入到服装袖口（或裤脚）内的示意图

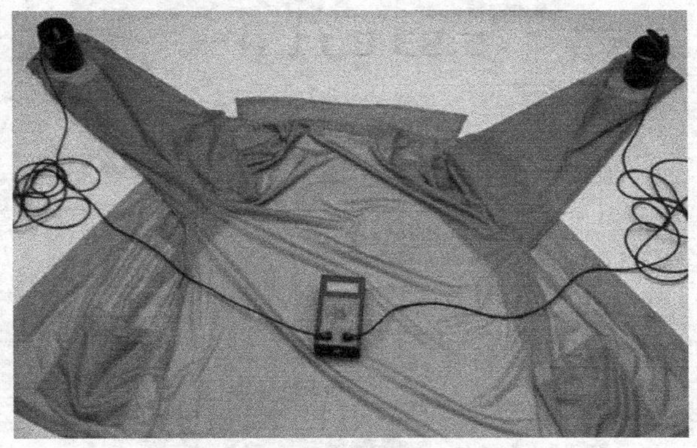

图 5-6　袖口与袖口点对点电阻检测示意图

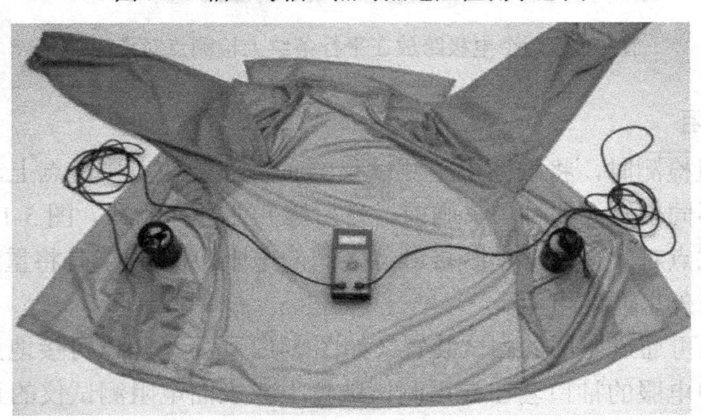

图 5-7　胸前点对点电阻检测示意图

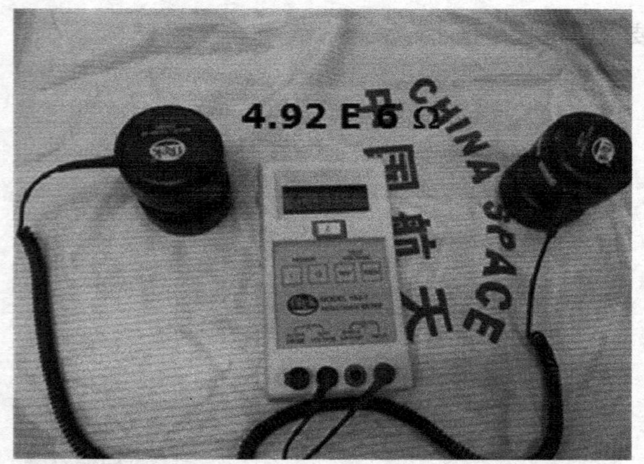

图 5-8　两个电极都压在同几条平行条纹上检测点对点电阻

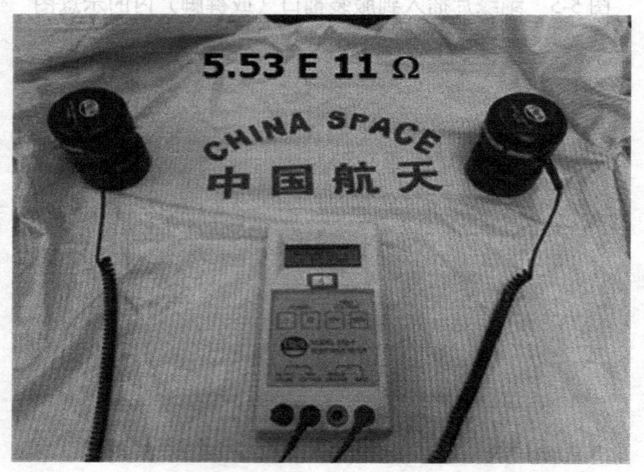

图 5-9　两个电极跨放在平行条纹上检测点对点电阻

2．点对地电阻

在点对地电阻检测时，将表面电阻测试仪的负极连接在可接地点上，正极通过重锤放置在被测试样的不同位置（如袖口、胸前、背后等）上进行测试。图 5-10 是将重锤放置在袖口内，测量测试点对袖口内与皮肤接触点之间的电阻，图 5-11 是将重锤放置在袖口外，测量测试点对袖口外之间的电阻。

在检测中，也可通过专用的测试装置（如图 5-12 所示）测试可接地点与袖口之间的电阻，测试时将防静电服的袖口套在专用测试装置上。表面电阻测试仪的正电极连接专用测试装置，负电极连接可接地点，如图 5-13 所示。当服装套在专用测试装置上时，有可能将香蕉插孔盖住，不方便连线。在不改变专用装置尺寸的情况下，可以将香蕉插孔放在圆形测试电极的背面，或者通过其他方便的方式连线。

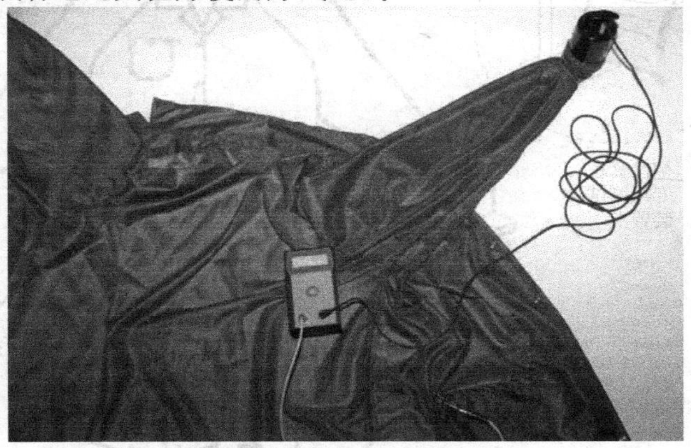

图 5-10　点对袖口内与皮肤接触点之间的电阻检测

图 5-11　点对袖口外的电阻检测

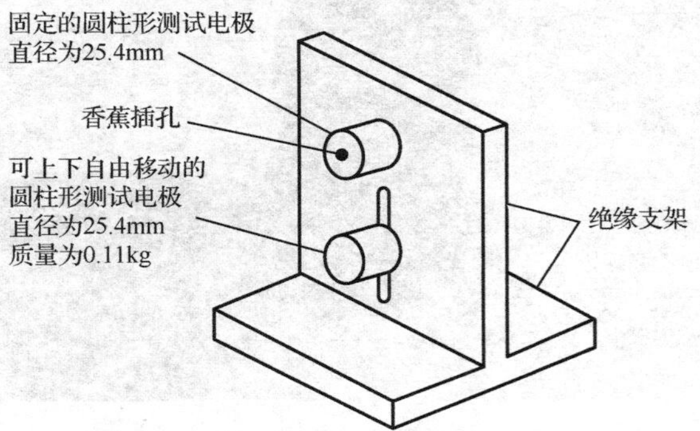

图 5-12　袖口之间电阻检测的专用装置

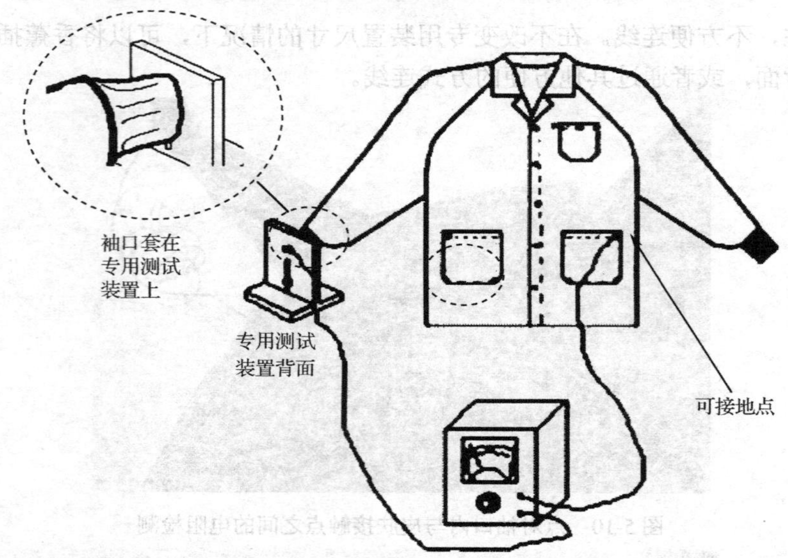

图 5-13　通过袖口专用装置测试可接地点与袖口之间的电阻

3. 点对袖电阻

在点对袖电阻检测时，将表面电阻测试仪的一个重锤放置在袖口内表面上（如图 5-14 所示），另一个重锤放置在被测试样的不同位置（如袖口、胸前、背后等）上进行测试。若将重锤放置在袖口内，则测试袖对袖之间的电阻（如图 5-15 所示）。若重锤放置在袖内的方式，则测试袖对背部电阻（如图 5-16 所示）。国内电子工业使用的防静电服一般都是通过袖口与皮肤接触来泄放电荷的，因此点对袖电阻的检测非常重要。

图 5-14　重锤放置在袖内的方式示意图

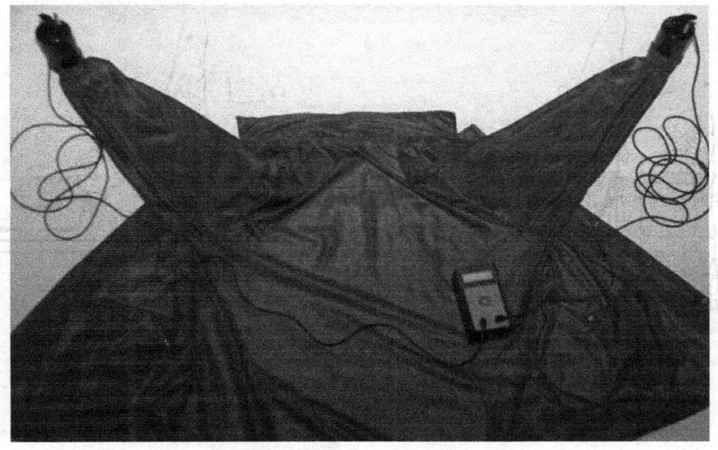

图 5-15　袖对袖电阻的检测示意图

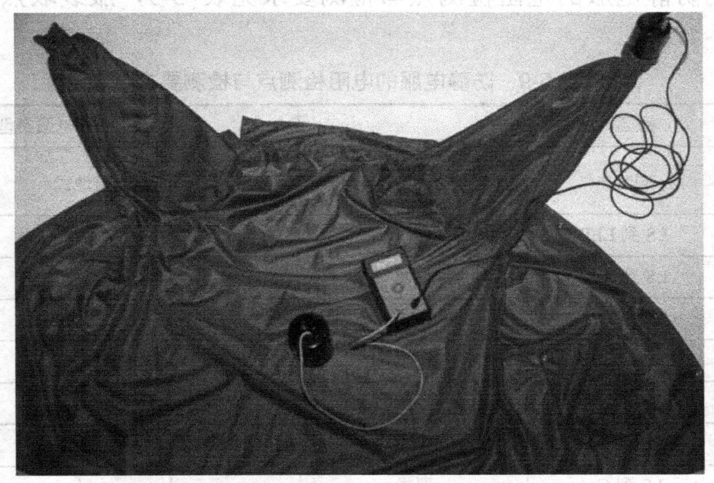

图 5-16　袖对背部电阻的检测示意图

4．系统电阻

系统电阻可以利用欧姆表检测，也可以利用腕带测试仪进行检测。利用欧姆表检测时，在人正常穿着防静电服的情况下，一手握着手持电极（由直径 25mm、长 75mm 的金属制成）连接到欧姆表的正极上，防静电服的接地点连接到欧姆表的负极上，利用 10V 电压进行检测，如图 5-17（a）所示。利用腕带测试仪检测时，在人正常穿着防静电服的情况下，防静电服的接地点连接在腕带测试仪的插孔上，用手按压腕带测试仪的手触电极进行检测，如图 5-17（b）所示。

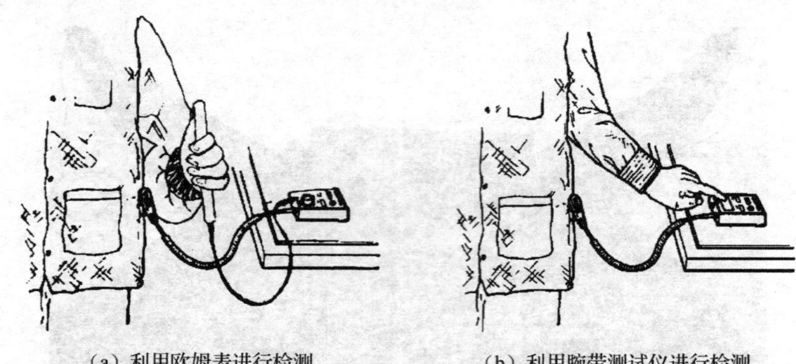

（a）利用欧姆表进行检测　　（b）利用腕带测试仪进行检测

图 5-17　质量检验时对系统电阻的检测

5．测试点与检测要求

不同类型的防静电服的电阻检测点与检测要求见表 5-9，服装取点位置如图 5-18 所示。

表 5-9　防静电服的电阻检测点与检测要求

检测状态			防静电服类型		
电阻类型	测试点	预处理（低湿与中湿）	普通式	接地式	接地系统式
R_{pp} 点对点电阻	LS 到 LEP	要求	√	√	√
	LS 到 RFP	要求	√	√	√
	LS 到 LBP	要求	√	√	√
	LS 到 RBP	要求	√	√	√
	LS 到 RS	要求	√	√	√
	BCP 到 BCP	要求		√（可选）	√
R_{pgp} 点对点电阻	LS 到 Gp	要求		√	√
	LFP 到 Gp	要求		√	√
	RFP 到 Gp	要求		√	√
	LBP 到 Gp	要求		√	√
	RBP 到 Gp	要求		√	√
	RS 到 Gp	要求		√	√
	BCP 到 Gp	要求			√
R_s 系统电阻	BCP 到 Gp	要求			√
	人体到 Gtp	可选			√
注：LS：左袖；RS：右袖；LFP：左前胸；RFP：右前胸；LBP：左后背；RBP：右后背；BCP：袖口；Gp：可接地点；Gtp：接地终端点					

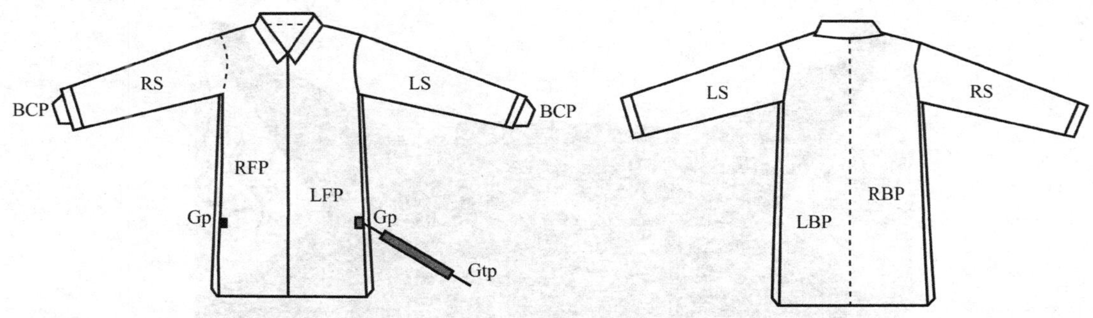

图 5-18　服装取点位置示意图

5.3.2　入厂验收

入厂验收是指用户对购进的服装性能进行确认，以确保购进的服装尤其是防静电性能是符合要求的。用户可对购进的服装进行随机抽样，抽样数量由用户决定，检测方法与质量检测的方法一样，检测点、检测要求可参考质量检测的相关内容，也可由用户决定。入厂验收时一般不进行低湿和中湿的预处理，但最好能在最极端的使用条件下进行检测。

5.3.3　周期检测

周期检测是指验证服装在整个使用寿命内的防静电性能是否满足要求，尤其在防静电服清洗以后一定要进行抽样检测。抽样检测也不需要进行低湿和中湿的预处理，在合适的使用条件下进行检测即可。

1．袖对袖电阻

在周期检测时可以减少测试项目，直接检测防静电服的袖对袖电阻，如图 5-19 所示。若服装是袖口与人体皮肤接触泄放电荷的服装，则需要检测袖口内对袖口内的电阻，如图 5-20 所示。

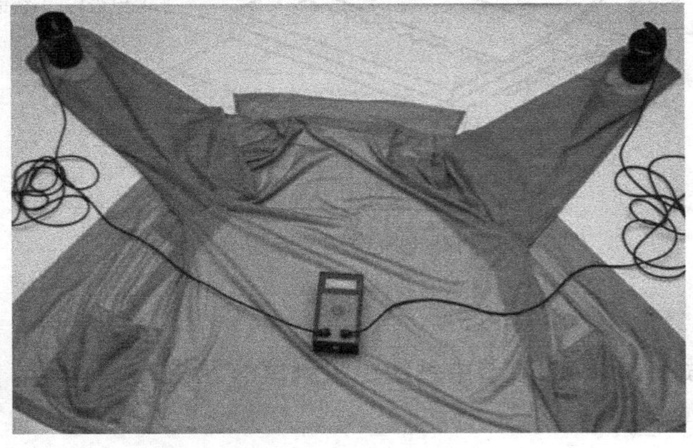

图 5-19　袖对袖电阻检测示意图

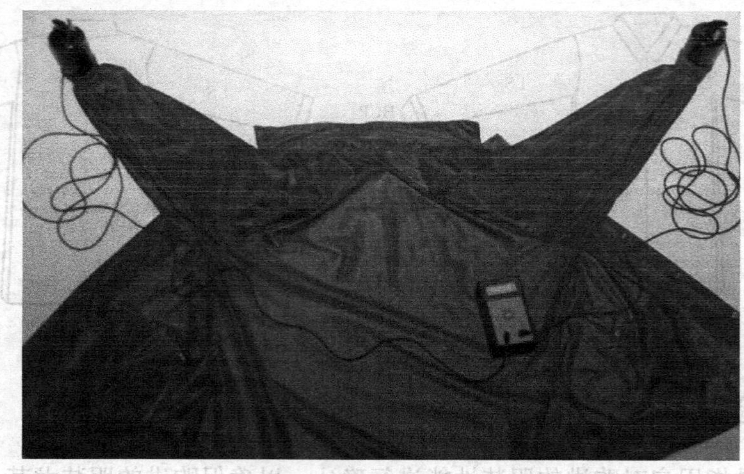

图 5-20　袖口内对袖口内电阻检测示意图

2．悬挂测试

悬挂测试可以作为袖对袖电阻检测的一种代替方法，可以采用专用测试夹具。在检测时，将服装的两个袖口分别通过两个专用测试夹具（由尺寸为 50mm×25mm 的不锈钢平行电极制作，如图 5-21 所示）悬挂在衣架上，非接触式静电电压表的两个电极分别连接到两个专用测试夹具上，如图 5-22 所示。

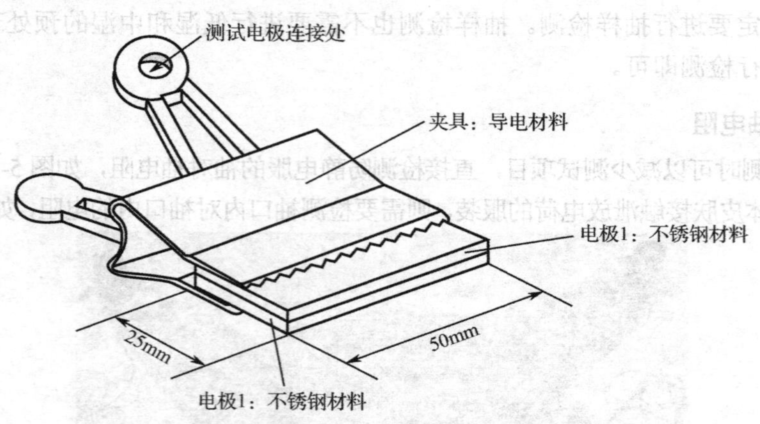

图 5-21　防静电服检测的专用夹具示意图

3．系统电阻

系统电阻的测试可参照 5.3.1 节中系统电阻测试的方法。

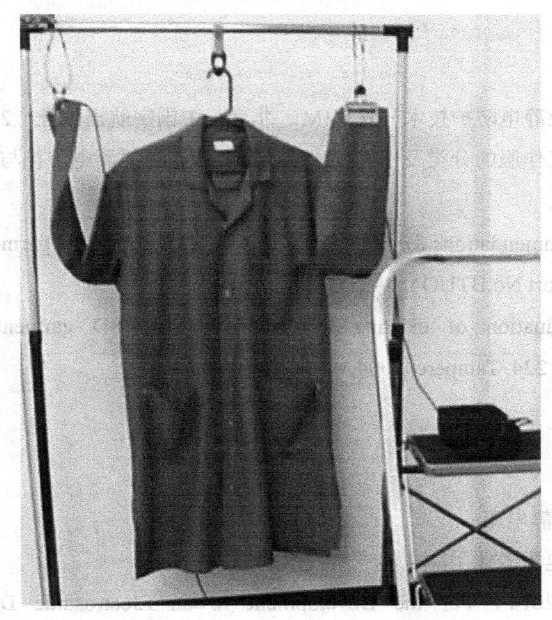

图 5-22　利用专用夹具测试袖对袖电阻的示意图

5.3.4 现场检测

现场检测主要是指评价人员防静电服的穿着情况，检查人员是否正确地穿着服装。在检测时，人员正确穿戴防静电服后，一个手臂连同防静电服按压在测试电极上，另一个手指按压防静电服测试仪的手触电极，进行测试，如图 5-23 所示。测试仪有三个指示灯，一般绿灯亮表示通过检测，红灯亮表示电阻偏高，黄灯亮表示电阻偏低。

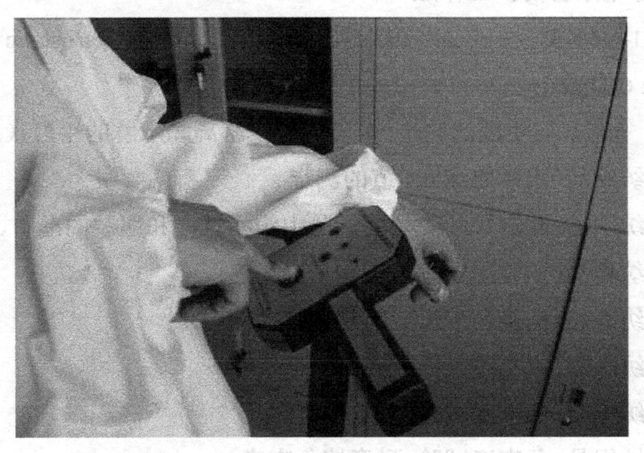

图 5-23　防静电服现场测试示意图

参考文献

[1] 袁亚飞. 电子工业静电防护技术与管理[M]. 北京：中国宇航出版社，2013.

[2] 黄建华. 防静电工作服的分类及性能要求[J]. 苏州：第二届静电防护与标准化国际研讨会，2013 年.

[3] J.Paasi, etc. Recommendations for the use and test of ESD protective garments in electronics Industry, VTT Research report No.BTUO45—051338, Tampere, 2005.

[4] J.Paasi, etc. Evaluation of existing test methods for ESD garments, VTT Research report No.BTUO45—041224, Tampere, 2004.

相关标准

GB 12014—2009，防静电服

T/ESD 001—2016，电子工业用防电服通用技术规范

ANSI/ESD S20.20—2014，For the Development fo an Electrostatic Discharge control Program for—Protection of Electrical and Electronic Parts, Assemblies and Equipment (Excluding Electrically Initialted Explosive Devices)

IEC 6140—5—1—2016，Electrostatics—Part 5—1：Protection of electronic devices from electrostatic phenomena—General Requirements

GB/T 32304—2015，航天电子产品静电防护要求

GJB 3007A—2009，防静电工作区技术要求

GB/T 23316—2009，工作服 防静电性能的要求及试验方法

JJS T8118—2001，静电危害防护工作服

ANSI/ESD STM2.1—2013，For the Protection of Electrostatic Discharge Susceptible Items:Garments—Resistive Characterizaion

GB/T 2912.1—2009，纺织品 甲醛的测定 第 1 部分：游离和水解的甲醛（水萃取法）

GB/T 7573—2009，纺织品 水萃取液 pH 值的测定

GB/T 8628—2013，纺织品 测定尺寸变化的试验中织物试样和服装的准备、标记及测量

GB/T 8629—2001，纺织品 试验用家庭洗涤和干燥程序

GB/T 8630—2013，纺织品 洗涤和干燥后尺寸变化的测定

GB/T 5453—1997，纺织品 织物透气性的测定

GB/T 5713—2013，纺织品 色牢度试验 耐水色牢度

GB/T 3920—2008，纺织品 色牢度试验 耐摩擦色牢度

GB/T 8427—2008，纺织品 色牢度试验 耐人造光色牢度：氙弧

GB/T 3923.1—2013，纺织品 织物拉伸性能 第 1 部分：断裂强力和断裂伸长率的测定（条样法）

GB/T 12703.5—2010，纺织品 静电性能的评定 第 5 部分：摩擦带电电压

GB/T 12703.3—2009，纺织品 静电性能的评定 第 3 部分：电荷量

FZ/T 80012—2012，洁净室服装 点对点电阻检测方法

FZ/T 80013—2012，洁净室服装 易脱落大微粒检测方法

FZ/T 80014—2012，洁净室服装 通用技术规范

GB/T 25915.5—2010，洁净室及相关受控环境 第 5 部分：运行

IEST—RP—CC 003.3，洁净室及其他受控环境服装要素

第6章

防 静 电 鞋

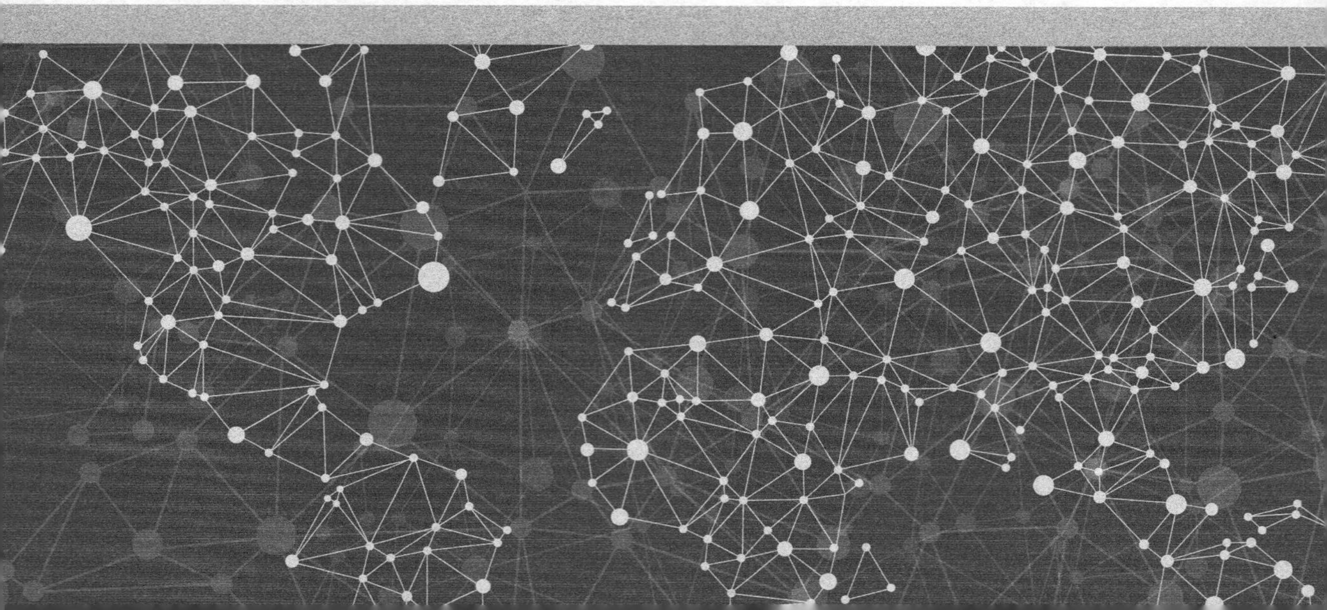

防静电鞋与防静电地板一起构成了地板—鞋束系统，该系统是 EPA 内泄放人体静电的主要路径之一。防静电鞋的鞋底由电阻为 $1.0\times10^5\ \Omega\sim1.0\times10^8\ \Omega$ 的防静电材料制成，该材料不仅能及时消除静电积聚，而且能钝化当触及 250V 以下电源时电击的伤害。国内外标准对防静电鞋的防静电性能要求见表 6-1。

表 6-1　国内外标准对防静电鞋的防静电性能要求

标　准	ANSI/ESD S20.20—2014	IEC 61340—5—1—2016	GB/T 32304—2015	GJB 3007A—2009
项目	鞋底电阻：$<1.0\times10^9\Omega$ 且行走电压（峰值）： <100V	鞋底电阻：$<1.0\times10^8\Omega$ 或鞋底电阻：$<1.0\times10^9\Omega$ 且行走电压（5 个峰值的平均）： <100V	鞋底电阻： $1.0\times10^5\Omega\sim1.0\times10^8\Omega$	鞋底电阻： $1.0\times10^5\Omega\sim1.0\times10^9\Omega$

6.1　技术要求

国内最早的防静电鞋的标准是 1984 年依据 ISO/CD 8782 制定的《防静电胶底鞋、导电胶底鞋安全技术条件》（GB 4385—1984）和《防静电胶底鞋、导电胶底鞋电阻值测试方法》（GB 4386—1984），这两个标准几经修订，形成了现行有效的标准《个体防护装备职业鞋》（GB 21146—2007）。美国标准 ANSI/ESD STM9.1—2006、国际标准 IEC 61340—4—3 中给出了防静电鞋电阻的要求和测试方法，STM 97.1—2006、STM 97.2—2006、IEC 61340—4—5 中给出了行走电压的测试方法。

6.1.1　一般要求

1．分类

防静电鞋按使用材料可分为两类，见表 6-2。

表 6-2　防静电鞋的分类

规 定 代 号	分　类
I	用皮革和其他材料制成的鞋，全橡胶或全聚合材料鞋除外
II	全橡胶（即完全硫化的）或全聚合材料（即完全模制）的鞋

2．式样

防静电鞋的式样应符合图 6-1 中的其中一种。一般电子工业中普通的防静电鞋采用 A 型。若有洁净度要求则采用 E 型，E 型与服装相连，成为一体化防静电净化服。

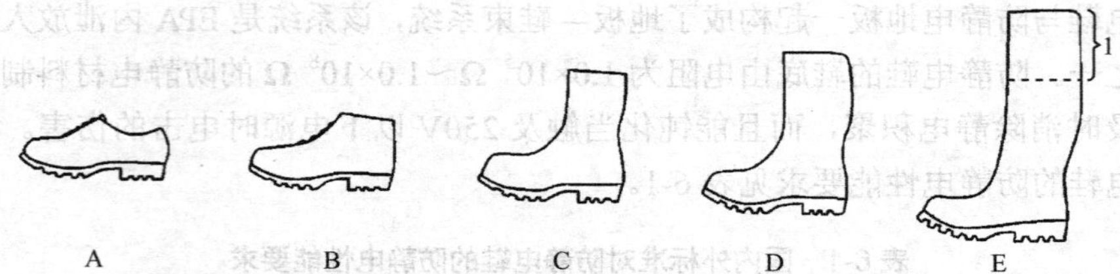

1：能适合穿着者的各种延长部分；A：低帮鞋；B：高腰靴；C：半筒靴；D：高筒靴；E：长靴，是在高筒靴（D 型）上缩一种薄的、能延长帮面的不渗水材料，且该材料能裁剪以适合穿着者

图 6-1　防静电鞋的式样

3. 鞋的部件

内底与帮面为缝合结构鞋的部件如图 6-2 所示。

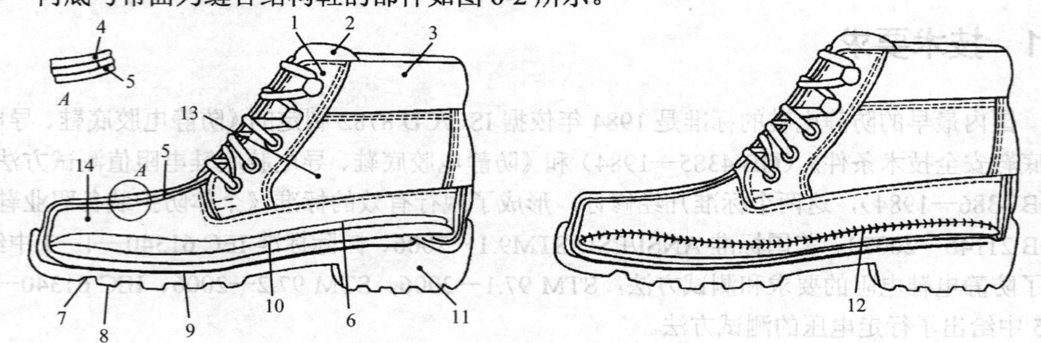

1：帖边；2：鞋舌；3：鞋口；4：鞋帮；5：前帮衬里；6：鞋垫；7：外底；8：花纹；9：防刺穿垫；10：内底；11：后跟；12：内底与帮面缝合；13：后帮；14：前帮

图 6-2　内底与帮面为缝合结构鞋的部件

传统结构鞋的部件如图 6-3 所示。

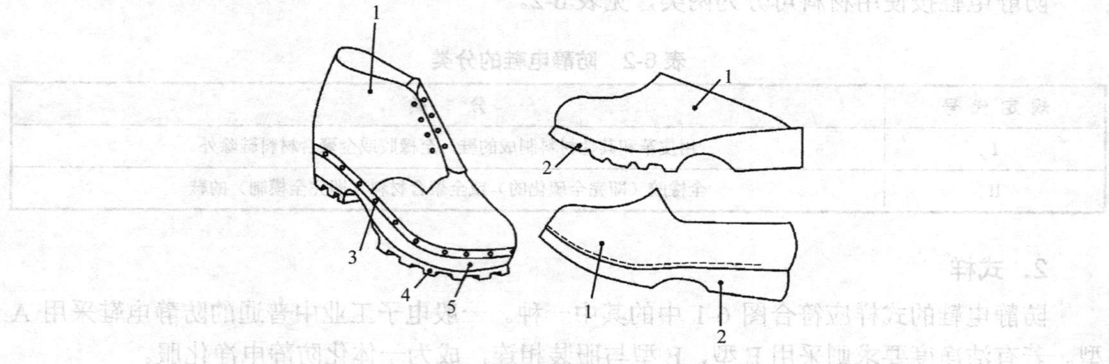

1：鞋帮；2：刚性底；3：带钉的增强贴边；4：外底；5：木制底

图 6-3　传统结构鞋的部件

全橡胶（即完全硫化的）或全聚合材料（即完全模制的）鞋的部件如图 6-4 所示。

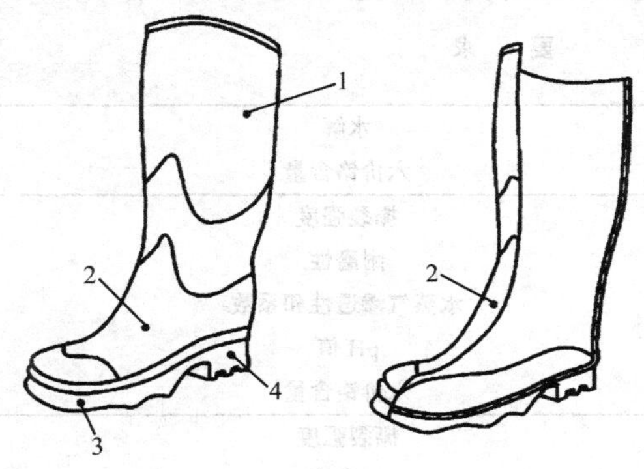

1：鞋帮；2：前帮；3：外底；4：后跟

图 6-4　全橡胶（即完全硫化的）或全聚合材料（即完全模制的）鞋的部件

6.1.2　基本测试项目

1．基本测试项目的内容

防静电鞋的基本测试项目应符合表 6-3 的规定。

表 6-3　防静电鞋的基本测试项目

要　求		分　类	
		I	II
式样	鞋帮高度	V	V
	鞋座区域	X	X
	式样 A	X	V
	式样 B、C、D、E	V	V
成鞋	鞋底性能	X	X
	结构	V	X
	鞋帮/外底结合强度	V	X
	防漏性	X	V
	特定的工效学特征	V	V
鞋帮	一般要求	V	V
	厚度	X	V
	撕裂强度	V	X
	拉伸性能	V	V
	耐折性	X	V
	水蒸气渗透性和系数	V	X
	pH 值	V	X

续表

要　求		分　类	
		I	II
鞋帮	水解	X	V
	六价铬含量	V	X
前帮衬里	撕裂强度	O	X
	耐磨性	O	X
	水蒸气渗透性和系数	O	X
	pH 值	O	X
	六价铬含量	O	X
后帮衬里	撕裂强度	O	X
	耐磨性	O	X
	水蒸气渗透性和系数	O	X
	pH 值	O	X
	六价铬含量	O	X
鞋舌	撕裂强度	O	X
	pH 值	O	X
	六价铬含量	O	X
外底	非防滑外底厚度	V	V
	撕裂强度	V	X
	耐磨性	V	V
	耐折性	V	V
	水解	V	V
	中间层结合强度	O	O
注：本表中对选定分类要求的适用性说明如下： V：应符合该要求。在某些情况下，要求仅与分类范围内的特定材料相关（如皮革部件的 pH 值，这不表明其他材料不可用） O：若部件存在，则应符合该要求 X：表示没有要求			

2. 内底和（或）鞋垫的基本测试项目

防静电鞋内底和（或）鞋垫的基本测试项目应符合表 6-4 的要求。

表 6-4　防静电鞋内底和（或）鞋垫的基本测试项目

选择项			所评价的部件	符合的要求					
				厚度	pH 值	吸水性和水解吸性	磨损（内底）	六价铬含量	磨损（鞋垫）
1	无内底或有内底但不符合要求	非移动鞋垫	鞋垫	V	V	V	X	V	V

续表

选择项			所评价的部件	符合的要求					
				厚度	pH 值	吸水性和水解吸性	磨损（内底）	六价铬含量	磨损（鞋垫）
2	有内底	无鞋垫 有鞋坐垫	内底	V	V	V	V	V	X
3		非移动的全鞋垫	鞋垫和内底	V	X	V	X	X	X
			鞋垫	X	V	X	X	V	V
4		可移动的和水能透过的全鞋垫	内底	V	VV	V	V	V	X
			鞋垫	X	V	X	X	V	V
5		可移动的和水能透过的全鞋垫	内底	V	V	V	V	V	X
			鞋垫	X	V	V	X	V	V

注：本表中对选定分类要求的适用性说明如下：

V：应符合该要求

X：表示没有要求

pH 值仅适用于对皮革的要求。水能透过的全鞋垫是指按照 GB/T 20991—2007 中的第 7.2 条测试时，在 60 秒或较短时间内有水透过

6.1.3　技术要求与检测方法

1．鞋帮

（1）结构：有内底时，在不损坏鞋的情况下内底不能移动。

（2）鞋帮/外底结合强度：除缝合底外，结合强度应不小于 4.0N/mm；若鞋底有撕裂现象，则结合强度应不小于 3.0N/mm。测量鞋帮/外底结合强度时使鞋帮与外底分开，或使外底的各个相邻层分开，记录导致鞋帮或鞋底撕裂损坏所需的力。使用能持续记录作用力的拉力机进行测试。

（3）防漏性：应没有空气泄漏。将试样浸入水槽至边缘并施加一定的空气压力后，观察是否有连续气泡产生，进而确定空气是否泄漏。

（4）特定的工效学特性：鞋子应符合工效学要求。测试时试穿者穿上合适的鞋子模仿正常行走、上/下楼梯、跪/蹲下等动作，以评价特定的工效学特征。

（5）鞋帮高度是内底/鞋垫上最低点和鞋帮上最高点的垂直距离。鞋帮应包括任何有关联的织物层，用测厚计进行测量，高度与厚度应符合要求。

（6）鞋帮撕裂强度：皮革类的鞋帮的最小撕裂强度为 120N，利用双边撕裂法进行测定。涂覆织物/纺织品的鞋帮的最小撕裂强度为 60N，利用单撕法进行测定。

（7）鞋帮材料拉伸性能：剖层皮革抗张强度利用双边撕裂法进行测定，应大于 $15N/mm^2$。橡胶扯断强力用具有恒定的拉伸速度，能指示或最好能记录试样断裂时所施加的最大力，精度为 1 级的拉力机进行测定，且应大于 180N。在聚合材料拉伸时，应在动夹持器或滑轮恒速移动的拉力试验机上，将哑铃状或环状标准试样进行拉伸，按要求记录试样在不断拉伸过程中和当其断裂时所需的力和伸长率的值，该值应在(1.3～4.6)N/mm^2 范围内。

（8）鞋帮耐折性：橡胶耐折性利用屈挠机进行测试，连续屈挠 125 000 次，应无裂纹。聚合材料耐折性利用带 V 型夹具的耐折装置进行测试，连续屈挠 150 000 次，应无裂纹。

（9）鞋帮水蒸气渗透性和系数：在水蒸气渗透性测试时，将试样固定在一个装有一定量固体干燥剂的测试瓶的开口上，在一个可调节的环境中，将测试瓶放入较强气流中，转动测试瓶，使瓶内干燥剂不断运动，从而带动瓶内的空气持续受到扰动。称量测试瓶，测定通过试样被干燥剂吸收的水蒸气的质量。水蒸气渗透率 W_3 应不小于 $0.8mg/(cm^2·h)$。在水蒸气吸收性测试时，将不透水材料和试样一起固定在金属容器的开口上，容器内装有 50mL 水，通过测试前后试样的质量变化来确定水蒸气吸收率 W_1。水蒸气系数 $W_2=8h·W_3+W_1$，应不小于 $15mg/(cm^2·h)$。

（10）鞋帮 pH 值：利用水萃取法测定 pH 值，pH 值应不小于 3.2；若 pH 值小于 4，则稀释差应小于 0.7。

（11）鞋帮耐水解：先将试样（包括任何辅助织物层）置于(70±2)℃的饱和水蒸气环境中 7 天，再置于(23±2)℃环境中调节 24 小时，在(−5±2)℃的低温箱中曲挠 150 000 次后，应无裂纹产生。

（12）鞋帮六价铬含量：测定时利用 540nm 的光度计测试已溶解的试样，应无六价铬含量检出。

2．衬里

（1）衬里适用于前帮衬里和后帮衬里，皮革类的最小撕裂强度为 30N，利用双边撕裂法进行测定。涂覆织物/纺织品的最小撕裂强度为 15N，利用单撕法进行测定。

（2）衬里的耐磨性是指在已知压力下，圆形试样以相互垂直的两个简谐运动合成李萨如（Lissajous）图形的方式在标准磨料上进行循环的平面运动，以试样在规定的循环次数内不应产生任何破洞来评估耐磨性。衬里干式法测试 25 600 转或湿式法测试 12 800 转试样不应产生任何破洞。

（3）衬里的水蒸气渗透率应不小于 $2.0mg/(cm^2·h)$，水蒸气系数应不小于 $20mg/cm^2$。对无线纹的硬衬没有此项要求。

（4）衬里的 pH 值：利用水萃取法测定 pH，pH 值应不小于 3.2；若 pH 值小于 4，则稀释差应小于 0.7。

（5）衬里的六价铬含量：测定时利用 540nm 的光度计测试已溶解的试样，应无六价铬含量检出。

3．鞋舌

当制作鞋舌的材料或厚度与鞋帮不同时，需要对鞋舌进行测试。

（1）皮革类鞋舌的最小撕裂强度为 36N，利用双边撕裂法进行测定。涂覆织物/纺织品的鞋舌的最小撕裂强度为 18N，利用单撕法进行测定。

（2）鞋舌的 pH 值：利用水萃取法测定 pH 值，pH 值应不小于 3.2；若 pH 值小于 4，则稀释差应小于 0.7。

（3）鞋舌的六价铬含量：测定时利用 540nm 的光度计测试已溶解的试样，应无六价铬含量检出。

4．内底和鞋垫

（1）内底厚度：在花纹区域切开鞋底，再用分度值为 0.1mm 的目镜测量内底厚度，应不小于 2.0mm。

（2）鞋底的 pH 值：皮革内底或皮革鞋垫利用水萃取法测定 pH 值，pH 值应不小于 3.2；若 pH 值小于 4，则稀释差应小于 0.7。

（3）鞋底的水蒸气渗透性和系数：试样放置在一个湿底板上，在给定压力下经受反复弯曲（如同步行时鞋内底的样子），测定测试结束时的吸水性和随后测试的水解吸性。吸水性应不小于 70mg/cm^2，水解吸性应不小于吸收水量的 80%。

（4）非皮革内底的耐磨性：测试在经过调节的内底材料上进行。在给定压力下，用覆盖摩擦织物的湿白色羊毛毡以一定数量地周期运动摩擦试样，在完成 400 次摩擦前，不应有严重磨损。非皮革鞋垫的耐磨性是指在已知压力下，圆形试样以相互垂直的两个简谐运动合成李萨如（Lissajous）图形的方式在标准磨料上进行循环的平面运动，以试样在规定的循环的次数内不应产生任何破洞来评估耐磨性。衬里干式法测试 25 600 转或湿式法测试 12 800 转试样不应产生任何破洞。

（5）鞋底的六价铬含量：测定时利用 540nm 的光度计测试已溶解的试样，应无六价铬含量检出。

5．外底

（1）非防滑外底的厚度：在踏地处切开鞋底后，非防滑外底的任何一处总厚度应不小于 6mm。

（2）撕裂强度：用拉力试验机对有割口或无割口的试样在规定的速度下进行连续拉伸，直到试样撕断，将测定的力值按规定的计算方法求出撕裂强度。非皮革外底的撕裂强度应不小于 8kN/m（适用密度大于 0.9g/cm^3 的材料）或 5kN/m（适用密度小于等于 0.9g/cm^3 的材料）。

（3）耐磨性：耐磨性是指抵抗机械作用使材料表面产生磨损的性能。在规定的接触压力和一定的面积上，测定圆形橡胶试样在一定级别的低砂布上和一定的跨度内进行摩擦而产生的磨耗量。全橡胶或全聚合材料外底相对体积磨耗量应不大于 250mm^3。除全橡胶和全聚合材料鞋外的非皮革外底的相应体积耐磨量应不大于 250mm^3（适用密度小于等于 0.9g/cm^3 的材料）或 150mm^3（适用密度大于 0.9g/cm^3 的材料）。

（4）耐折性：对非皮革外底的耐折性测试应连续屈挠 30 000 次，切口增长应不大于 4mm。测试时将试样固定在耐折测试装置上，使试样围绕一个半径 15mm 的圆轴弯折 90°。

（5）水解：对聚氨酯处鞋底和外层由聚氨酯组成的鞋底连续屈挠 150 000 次，切口增长应不大于 6mm。先将试样（包括任何辅助织物层）置于(70±2)℃的饱和水蒸气环境中 7 天，再置于(23±2)℃环境中调节 24 小时，在(−5±2)℃的低温箱中曲挠 150 000 次后，切口增长应不大于 6mm。

（6）中间层的结合强度：外层或防滑层与相邻层之间的结合强度应不小于 4.0N/mm；若鞋底有撕裂现象，则结合强度应不小于 3.0N/mm。

6．防静电性能

在测试防静电鞋的性能时，内电极利用总质量 4kg、直径 5mm 的不锈钢珠组成，钢珠应符合 GB/T 308 的要求，并采用措施防止或除去钢珠和钢板的氧化，因为氧化可能影响它们的导电性。外电极由一块铜接触板组成，使用前用乙醇清洗。分别在干燥条件（温度(20±2)℃、相对湿度(30±5)%，放置 7 天）和潮湿条件（温度(20±2)℃、相对湿度(85±5)%，放置 7 天）下，施加 100V 的电压进行测试（若测试不能在调节的环境中进行，则应在试样移出该环境后 5 分钟内完成测试），防静电电阻应为 $1.0\times10^5\Omega$～$1.0\times10^9\Omega$。

6.2 电阻测试

防静电鞋束包括防导电鞋或防静电鞋（耗散鞋）、短袜、腿带、脚跟带、鞋套等，又称鞋束系统。防静电鞋束有防静电鞋、脚跟带和防静电鞋套等多种形式。正确穿戴防静电鞋束，两脚都要穿戴防静电鞋束，保证在移动中的防静电鞋束与地板连续接触，减少防静电鞋束与地板的分离时间，减少人体上电荷的积聚。在选用防静电鞋束时，应根据具体的应用场所进行选择，如内部员工配置防静电鞋，外来人员配置防静电脚跟带或防静电鞋套等。防静电脚跟带或防静电鞋套穿着时应当与皮肤紧密接触，如图 6-5 所示。

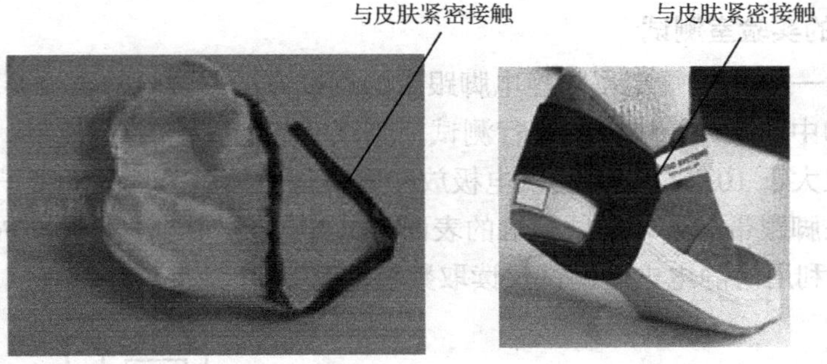

图 6-5　防静电鞋套和防静电脚跟带示意图

6.2.1　实验室测试

1．防静电鞋的实验室测试

ANSI/ESD STM9.1—2006 中规定了防静电鞋的测试方法，要求填充物由重量为(11.35±2.5)kg，直径小于 3mm 的金属颗粒组成，放在一个或多个弹性足够好的包裹内（棉织袜子即可），以便于填充在鞋子里，如图 6-6（a）所示。为了尽可能多地接触和覆盖鞋子的内部鞋底，要求传导电极与鞋子内底紧密接触，如图 6-6（c）所示，鞋子下方有与大地隔离的比鞋底更大的洁净钢制平板。取一只测试样品，按图 6-6（a）布置好，先利用防静电电阻测试仪 10V 挡测试，若电阻大于 $1.0\times10^6\Omega$，则用 100V 挡进行测试。

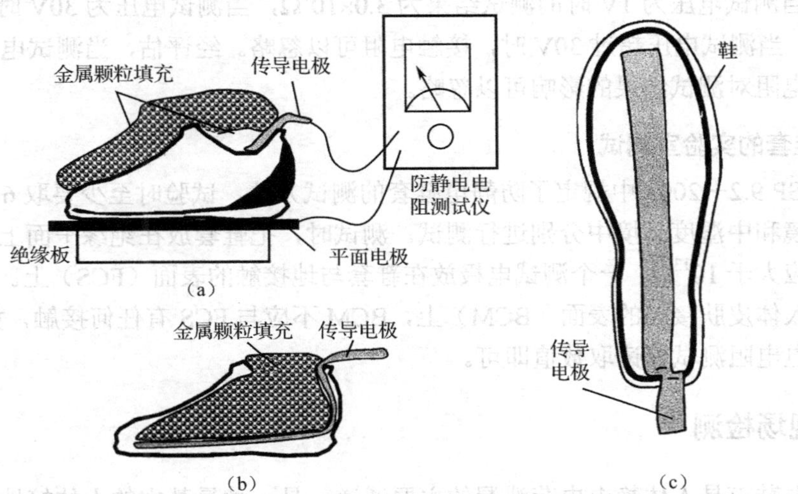

图 6-6　防静电鞋的电阻测试

2. 脚跟带的实验室测试

ESD SP 9.2—2003 中规定了防静电脚跟带的测试方法，试验时至少要取 6 个样品，应在低湿度环境和中湿度环境中分别进行测试。测试时，把脚跟带放在绝缘平面上，绝缘表面点对点电阻应大于 $10^{13}\Omega$。一个测试电极放在脚带与地接触的长条形带子表面（FCS）上，另一个电极放在脚跟带与人体皮肤接触的表面（BCM）上，BCM 不应与 FCS 有任何接触，如图 6-7 所示，利用防静电电阻测试仪读取数值即可。

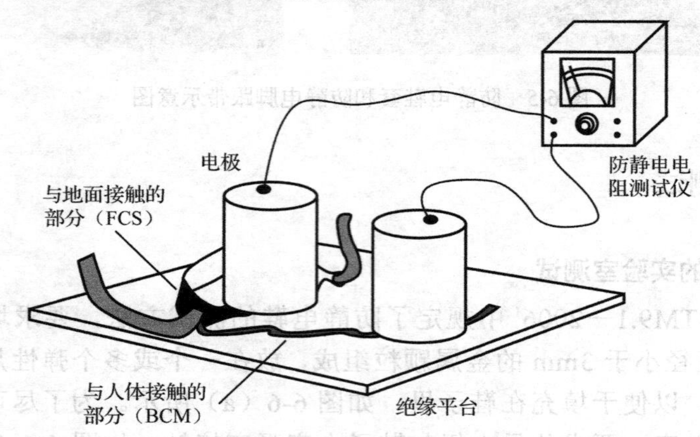

图 6-7　防静电脚跟带的电阻测试

测试时应注意测试电压、脚跟带与皮肤的接触点、环境温度和湿度等因素都会影响测试结果。加在皮肤上的电压越高，皮肤接触电阻对人体测试电阻的影响就越小。对某个样品而言，当测试电压为 1V 时的测试结果为 $3.0\times10^{7}\Omega$，当测试电压为 30V 时的测试结果为 $1.0\times10^{6}\Omega$，当测试电压超过 30V 时，接触电阻可以忽略。经评估，当测试电压为 7V～30V 时，皮肤电阻对测试结果的影响可以忽略。

3. 鞋套的实验室测试

ESD SP 9.2—2003 中规定了防静电鞋套的测试方法，试验时至少要取 6 个样品，应在低湿度环境和中湿度环境中分别进行测试。测试时，把鞋套放在绝缘平面上，绝缘表面点对点电阻应大于 $10^{13}\Omega$。一个测试电极放在鞋套与地接触的表面（FCS）上。另一个电极放在鞋套与人体皮肤接触的表面（BCM）上，BCM 不应与 FCS 有任何接触，如图 6-8 所示，利用防静电电阻测试仪读取数值即可。

6.2.2　现场检测

防静电鞋束是人体静电电荷泄漏的主要通道，是一种最基本的人体接地的连接方式，保证鞋束系统的完整性对静电防护具有重要的意义。正常穿好防静电鞋、脚跟带或一次性鞋套后，每次进入 EPA 时都要对防静电鞋束进行检测。ANSI/ESD SP 9.2—2006 和 IEC 61340—5—1—2007 中都给出了相应的检测方法，如图 6-9 所示。两脚应分别进行测试，且均应满足要求。

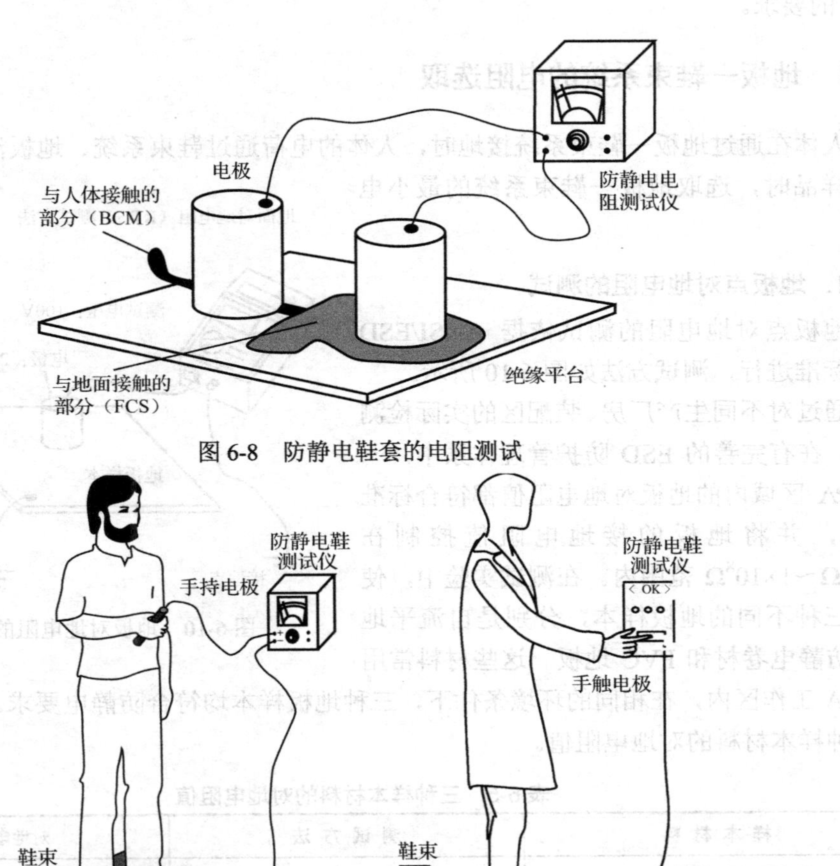

图 6-8　防静电鞋套的电阻测试

（a）手持电极的测试示意图　（b）手触电极的测试示意图

图 6-9　防静电鞋束的现场检测

6.3　行走电压测试

在现有的国内外标准中均提出控制 EPA 内人体电压不超过 100V（HBM 100V）。然而，在大多数标准中均通过测试材料的电阻特性来保证人体电压。随着静电防护检测手段的不断创新和完善，发现地板—鞋束系统的电阻值与人体静电电压并没有绝对的线性关系，尽管人体对地电阻保持在 $3.5\times10^7\Omega$ 以下，但有时也很难保证人体电压符合要求。因此，在

ANSI/ESD S20.20—2014 版中，更注重操作人员的人体静电电压，合并了方法 1 和方法 2（STM 97.1 和 STM 97.2），即在满足上限电阻 $1\times10^9\Omega$ 要求的同时也需要满足人体电压上限 100V 的要求。

6.3.1 地板—鞋束系统的电阻选取

人体在通过地板—鞋束系统接地时，人体的电荷通过鞋束系统、地板泄放到大地。在选取样品时，选取地板—鞋束系统的最小电阻。

1. 地板点对地电阻的测试

地板点对地电阻的测试依据 ANSI/ESD S7.1 标准进行，测试方法如图 6-10 所示。

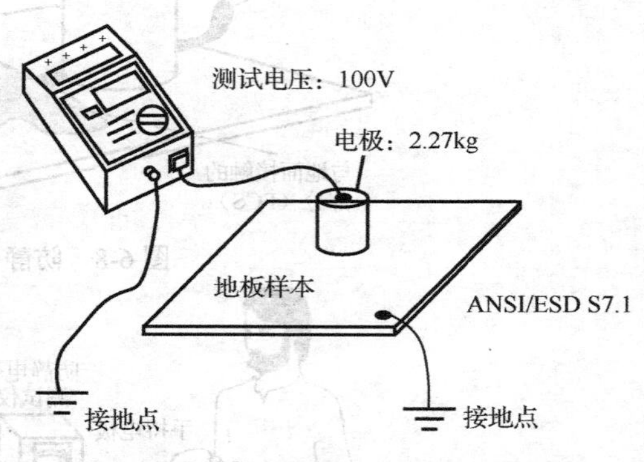

图 6-10　地板对地电阻的测试方法

通过对不同生产厂房、装配区的实际检测可知，在有完善的 ESD 防护管理体系中，一般 EPA 区域内的地板对地电阻值都符合标准要求，并将地板的接地电阻值控制在 $1\times10^6\Omega\sim1\times10^8\Omega$ 范围内。在测试实验中，使用了三种不同的地板样本，分别是自流平地板、防静电卷材和 PVC 地板。这些材料常用于 EPA 工作区内，在相同的环境条件下，三种地板样本均符合防静电要求。表 6-5 中给出了三种样本材料的对地电阻值。

表 6-5　三种样本材料的对地电阻值

样 本 材 料	测 试 方 法	对地电阻/MΩ
样本 1（自流平地板）	ANSI/ESD S7.1	1.65
样本 2（防静电卷材）	ANSI/ESD S7.1	10.8
样本 3（PVC 地板）	ANSI/ESD S7.1	1.22
测试条件：环境温度 22.1℃，相对湿度 42%		

2. 鞋束系统电阻的测试

人员鞋束系统电阻测试依据 ESD SP 9.2 或 IEC 61340—5—1（如图 6-11 所示）进行，在测试实验中选取三名被测人员，按照测试要求准备完毕后，分别站在测试极板上，通过测试仪正端手持电极或测试仪上的按钮进行人员鞋束系统的电阻测试。在实际工作中，测试仪通常放置于 EPA 入口处，当工作人员通过测试后，方可进入 EPA，并将其测试时间和测试结果做相应的记录。表 6-6 中给出了三名被测人员鞋束系统的电阻值。这些数据显示被测人员的鞋束系统阻值均未超过 $1\times10^{8}\Omega$ 的标准要求，甚至低于 $3.5\times10^{7}\Omega$，在日常进行符合性测试时，则可以将其定义为合格。

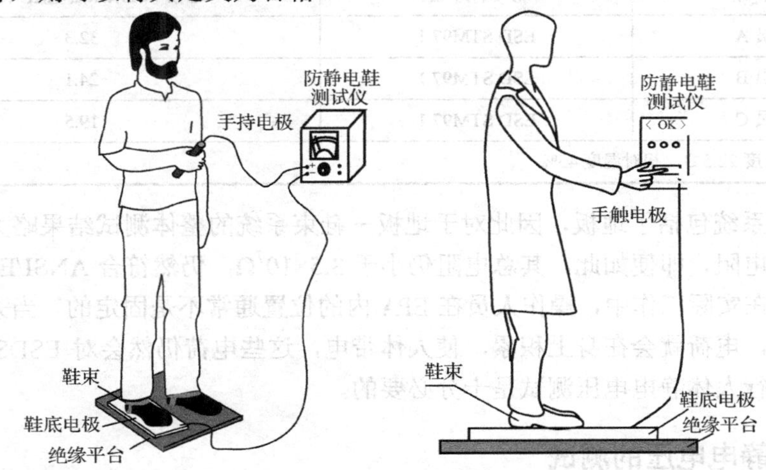

图 6-11　ESD SP 9.2 与 IEC 61340—5—1 鞋束系统电阻的测试方法

表 6-6　三名被测人员鞋束系统的电阻值

被 测 人 员	测 试 方 法	鞋束系统电阻（MΩ）
被测人员 A	ESD SP 9.2	19.7
被测人员 B	ESD SP 9.2	16.4
被测人员 C	ESD SP 9.2	11.2
测试条件：环境温度 22.5℃，相对湿度 45%		

3．地板—鞋束系统电阻的测试

为了保证测试结果在实际 EPA 区内持续有效，需要在相同环境下对被测人员再进行地板—鞋束系统的电阻测试，以 STM 97.1 为测试依据（如图 6-12 所示），测试结果见表 6-7。

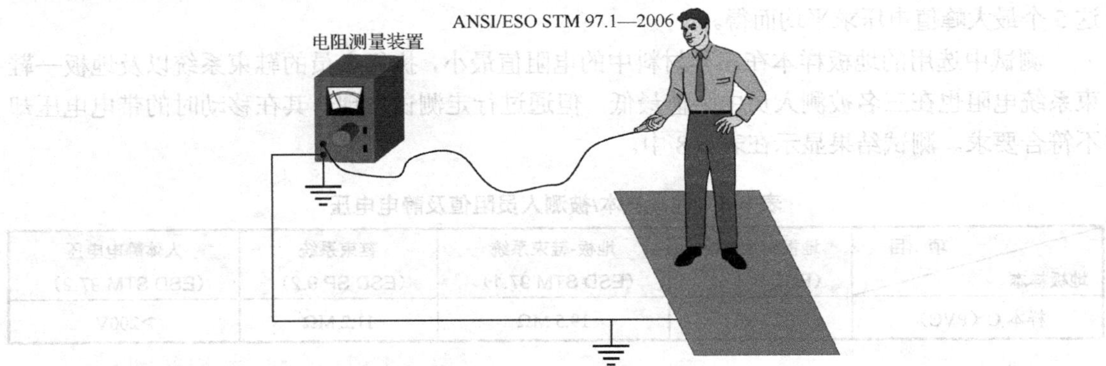

图 6-12　鞋束系统对地板电阻的测试

表 6-7　被测人员地板—鞋束系统电阻值

被 测 样 本	测 试 方 法	地板—鞋束系统电阻（MΩ）
被测人员 A	ESD STM97.1	32.3
被测人员 B	ESD STM97.1	24.1
被测人员 C	ESD STM97.1	19.5
测试条件：环境温度 22.5℃，相对湿度 45%		

由于被测系统包括了地板，因此对于地板—鞋束系统的整体测试结果略大于鞋束系统对金属极板的电阻，即便如此，其总电阻仍小于 $3.5\times10^7\Omega$，仍然符合 ANSI/EDS S20.20 标准的要求。但在实际工作中，操作人员在 EPA 内的位置通常不是固定的，当人员移动或进行日常活动时，电荷就会在身上积累，使人体带电，这些电荷仍然会对 ESDS 器件造成威胁。因此，进行人体静电电压测试是十分必要的。

6.3.2　人体静电电压的测试

1．样品测试

人体静电电压的测试方法参考 STM 97.2 的行走测试部分进行。选择地板样本 3（PVC 地板）并由被测人员 C 来执行。地板样本面积约 $1.5m^2$，测试时，被测人员手持电极一端，并将其另一端连接到静电电压表上，如图 6-13 所示。测试设定人员移动步速为 2 步/秒，每步抬起大约 80mm，单次测试持续时间为 60 秒，并记录 5 个最大脉冲峰值电压，测试结果通过这 5 个最大峰值电压求平均而得。

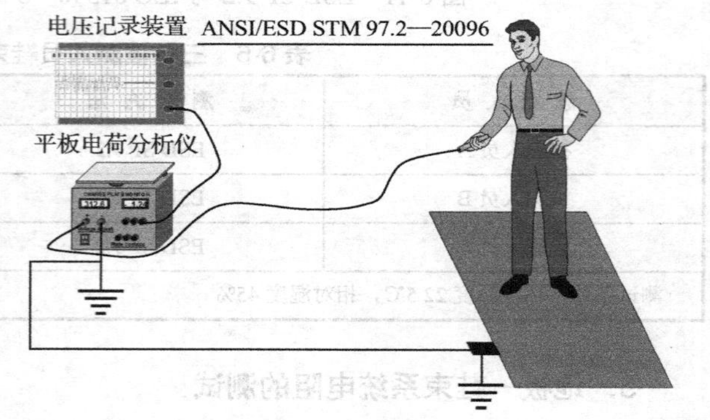

图 6-13　人体静电电压的测试方法

测试中选用的地板样本在三种材料中的电阻值最小，执行人员的鞋束系统以及地板—鞋束系统电阻也在三名被测人员中阻值最低，但通过行走测试发现，其在移动时的带电电压却不符合要求。测试结果显示在表 6-8 中。

表 6-8　地板样本/被测人员阻值及静电电压

项　目 / 地板样本	地板对地电阻（ESD S 7.1）	地板-鞋束系统（ESD STM 97.1）	鞋束系统（ESD SP 9.2）	人体静电电压（ESD STM 97.2）
样本 C（PVC）	1.22 MΩ	19.5 MΩ	11.2 MΩ	>200V

由表 6-8 可看出，被测人员 C 的人体静电电压超过了 200V，尽管在电阻测试中的表现

良好，但仍然不能保证在电压测试中低于标准限值，这也说明了地板样本 3 在静电控制方面不能完全符合标准。

2．实际周检数据分析

以上这种现象不仅出现在测试实验中，而且在静电管理体系正常运行的企业中也存在同样的问题。表 6-9 是不同人员与同一块地板样本的测试结果，其数据来源于某公司的日常监测和周期检查的部分数据。

通常，若在 STM 97.1 中测得地板—鞋束系统的电阻小于 35MΩ，则可以认为整个系统是符合要求的，而 EPA 区域外放置的人体静电测试仪的上限值往往会放宽到 100MΩ。因此，在进行日常监测时，当操作人员的电阻测试结果小于其规定上限时，就可以视为测试通过，并允许其进入 EPA 工作区对器件进行操作。表 6-9 中的所有操作人员都可以通过测试，从测试结果来看，地板—鞋束系统阻值最大的是操作员 F，其阻值也没有超过 35MΩ，但其静电电压却达到了 147V。系统阻值最小的是操作员 D，而其人体静电电压也高达 131V。

表 6-9　不同人员与同一块地板样本的测试结果

人　　员	地板 RTG/MΩ	地板—鞋束系统/MΩ	鞋束系统/MΩ	人体电压/V
操作员 A	4.7 MΩ	22	13	86
操作员 B	4.7 MΩ	18	9.7	129
操作员 C	4.7 MΩ	21	15	119
操作员 D	4.7 MΩ	16	11	131
操作员 E	4.7 MΩ	28	17	162
操作员 F	4.7 MΩ	30	16	147
测试条件：环境温度 23.7℃～25.2℃，相对湿度 47%～53%				

从测试结果可以看出，仅通过对电阻限值进行测试并不能保证测试结果所提供的数据信息能全面覆盖标准中的要求，在对不同人员与同一块地板样本测试后，表 6-10 给出了同一名被测人员与不同地板样本的测试结果。

表 6-10　同一名被测人员与不同地板样本的测试结果

地板样本	被测人员	地板 RTG/MΩ	地板—鞋束系统/MΩ	人体电压/V
S1	A	6.4	23.7	32.6
	B		38.2	12.1
S2	A	3.7	24.2	46.5
	B		15.4	38.1

续表

地板样本	被测人员	地板 RTG/MΩ	地板—鞋束系统/MΩ	人体电压/V
S3	A	4.5	59.4	25.4
	B		19.6	18.2
S4	A	12.6	96.2	23.8
	B		35.5	16.9
S5	A	8.2	69.6	103.7
	B		32.7	85.3
S6	A	7.5	25.4	62.3
	B		33.8	46.7
S7	A	20.3	72.6	55.4
	B		39.9	41.9
S8	A	5.1	66.2	19.5
	B		29.3	21.2

从表 6-10 中可知，被测人员人体最高电压 103.7V，其对应的地板—鞋束系统的电阻是 69.6MΩ；同样，表中阻值最高的是 96.2 MΩ，但其对应的人体电压却只有 23.8V。这说明人体系统电阻和人体静电电压之间并没有直接的线性关系。

6.3.3　结论

从测试结果可以看出，仅通过对电阻限值进行测试并不能覆盖标准中的要求，管理者们需要做更多的工作来保证测试结果所提供的数据信息全面且正确。因此，在初次进行产品验证时，电阻测试已经不能作为唯一的参照标准，更需要保证人体静电电压达到要求。在所有要求都得到保障后，才可以只通过测量电阻来对日常的符合性进行监测。

在选择地板材料或对 EPA 进行符合性测试时，合适的测试方法不仅对处理敏感器件的人员进行电阻大小的监测，而且对其人体静电电压进行监测。通过对检测数据进行适当的风险分析可以确定防护的敏感等级，并减小或消除由于操作人员或设施形成 ESD 损伤的风险。除此之外，更需要确保人员的人体静电电压与所处理的 ESDS 器件的敏感度等级相符合。

通过实验分析可以知道，低电阻值已经不是 ESD 控制中唯一需要满足的条件，而人体静电电压已经成为重要的一个方面。

参考文献

[1] Toshi Numaguchi. "Actual static control market situation and how to choose suitable ESD flooring systems for ESD control working areas". Restrictions apply. 2007—2011.

[2] Tomas Blecha. "Evaluation of ESD protection systems in different real environment". 36th Int. Spring seminar on electronics technology. 2013:172—177.

[3] 袁亚飞. 电子工业静电防护技术与管理[M]. 北京：中国宇航出版社，2013.

相关标准

GB/T 15463—2008，静电安全术语

ANSI/ESD S20.20—2014，For the Development fo an Electrostatic Discharge control Program for—Protection of Electrical and Electronic Parts, Assemblies and Equipment (EVcluding Electrically Initialted EVplosive Devices)

IEC 6140—5—1—2016，Electrostatics—Part 5—1：Protection of electronic devices from electrostatic phenomena—General Requirements

GB/T 32304—2015，航天电子产品静电防护要求

GJB 3007A—2009，防静电工作区技术要求

GB 4385—1984，防静电鞋、导电鞋技术要求

GB 4385—1995，防静电鞋、导电鞋技术要求

GB 4386—1984，防静电胶底鞋、导电胶底鞋电阻值测量方法

GB 21146—2007，个体防护装备 职业鞋

ANSI/ESD STM 9.1—2006，For the Protection of Electrostatic Discharge Susceptible Item—Footwear Resistive Characterization

IEC 61340—4—3，Electrostatics Part4—5: Standard test methods for specific applications— Footwear

STM 97.1—2006，For the Protection of Electrostatic Discharge Susceptible Item—Floor materials and Footwear—Resistance Measurement in Combination with a person

STM 97.2—2006，For the Protection of Electrostatic Discharge Susceptible Item—Floor materials and Footwea—Voltage Measurement in Combination with a person

IEC 61340—4—5—2010，Electrostatics Part4—5: Standard test methods for specific applications—Methods for characterizing the electrostatic protection of footwear and flooring in combination with a person

GB/T 5723—1993，硫化橡胶或热塑性橡胶试验用试样和制品尺寸的测定

QB/T 2711—2005，皮革 物理和机械试验撕裂力的测定：双边撕裂

HG/T 2581.1～2581.2—2009，橡胶或塑料涂覆织物耐撕裂性能的测定

GB/T 528—2009，硫化橡胶或热塑性橡胶拉伸应力应变性能的测定

QB/T 2724—2005，皮革 化学试验 pH 的测定

GB/T 529—2008，硫化橡胶或热塑性橡胶撕裂强度的测定（裤形、直角形和新有形试样）

GB/T 9867—2008，硫化橡胶或热塑性橡胶耐磨性能的测定（旋转辊筒式磨耗机法）

GB/T 308—2002，滚动轴承 钢球

GB/T 20991—2007，个体防护装备 鞋的测试方法

ANSI/ESD STM9.1—2006， For the Protection of Electrostatic Discharge Susceptible Items—Footwear—resistive characterizations(not to include static control shoes);

ESD SP9.2—2003，For the Protection of Electrostatic Discharge Susceptible Items— Footwear—Foot grounders resistive characterization (not to include static control shoes)

ANSI/ESD S7.1—2005， For the Protection of Electrostatic Discharge Susceptible Items—Floor materials—Characterization of materials

GJB 1649—1993《电子产品防静电放电控制大纲》

第7章

防静电腕带

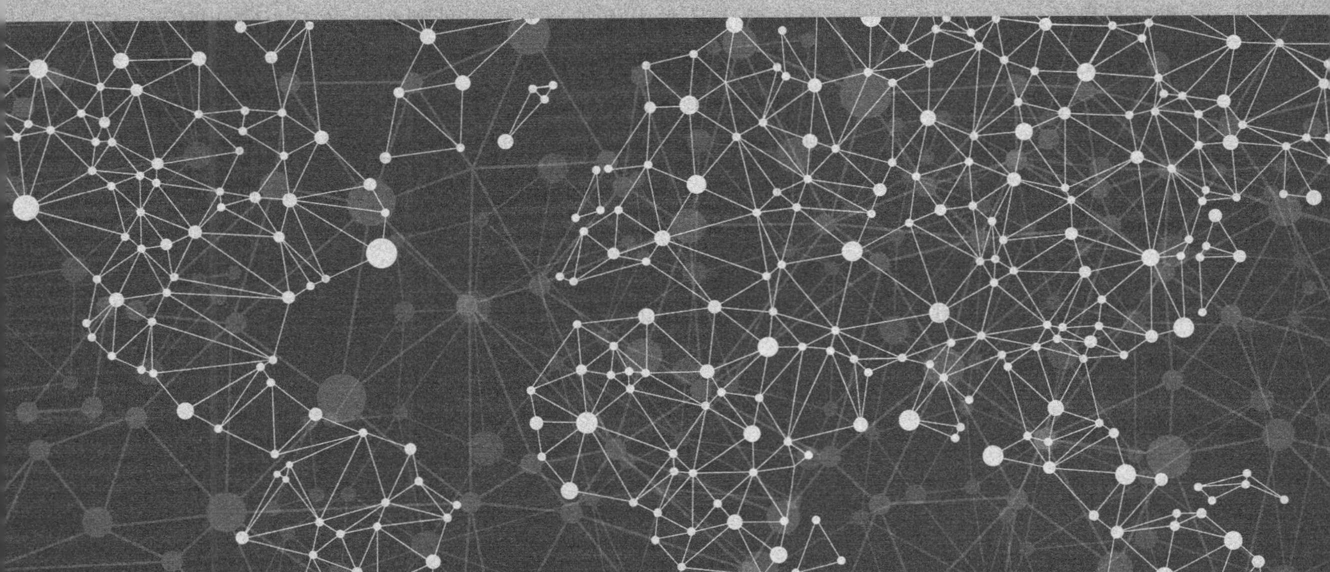

防静电腕带是另一种人体接地方式，适合活动范围比较小的人员，如坐着操作的人员。防静电腕带一般由腕带、腕带扣、接地螺旋线等组成。当人员佩戴上腕带后，电荷通过人体皮肤、腕带内表面、腕带外表面（或腕带扣）、接地螺旋线、腕带插头、腕带插孔、接地支线、接地干线等流向大地，保证人体电压不高于 HBM 100V。国内外标准对防静电腕带的防静电性能的要求见表 7-1。

表 7-1　国内外标准对防静电腕带的防静电性能的要求

标准	ANSI/ESD S 20.20—2014	IEC 61340—5—1—2016	GB/T 32304—2015	GJB 3007A—2009
要求	系统电阻：$<3.5\times10^7\Omega$ 螺旋线两端电阻：$(0.8\sim1.2)\times10^6\Omega$ 内表面对扣电阻：$\leqslant1.0\times10^5\Omega$ 外表面对扣电阻：$>1.0\times10^7\Omega$ 腕带插孔对地电阻：$<2\Omega$	系统电阻：$<3.5\times10^7\Omega$ 螺旋线电阻：$<5.0\times10^6\Omega$（自定义） 内表面对扣电阻：$\leqslant1.0\times10^5\Omega$ 外表面对扣电阻：$>1.0\times10^7\Omega$	系统电阻：$1.0\times10^6\Omega\sim3.5\times10^7\Omega$ 螺旋线两端电阻：$(0.8\sim1.2)\times10^6\Omega$ 内表面对扣电阻：$\leqslant1.0\times10^5\Omega$ 外表面对扣电阻：$>1.0\times10^7\Omega$ 腕带插孔对地电阻：$<2\Omega$ 插头与插孔拔出力：$<1.5N$	系统电阻：$7.5\times10^5\Omega\sim1.0\times10^7\Omega$ 内表面对扣电阻：$\leqslant1.0\times10^5\Omega$ 螺旋线两端电阻：$7.5\times10^5\Omega\sim1.0\times10^7\Omega$

7.1　基本要求

防静电腕带的国内外标准仅规定了腕带的电性能和少量的机械性能，如表 7-1 所示，对其他性能均未做要求。

（1）表 7-1 中腕带系统的电阻为 35MΩ，该结果是国际电工委员会（IEC）试验验证并留有余量的结果。IEC 通过试验获得人体带电电压与人体对地电阻的关系曲线如图 7-1 所示。从图 7-1 中可以看出，若控制人体电压不大于 100V，则人体对地电阻可取 40MΩ；若控制人体电压不大于 90V，则人体对地电阻可取 35MΩ；若控制人体电压不大于 50V，则人体对地电阻可取 22MΩ。由此可见，腕带系统的电阻取 35MΩ已经留有了 10%的余量。当腕带通过防静电服接地时，包括人员、防静电服和接地线在内的总系统的电阻应小于 35MΩ。

（2）为确保腕带与皮肤接触，保证电荷通过腕带系统泄放掉，腕带内表面电阻应小于 $1\times10^5\Omega$。腕带内表面电阻是指从腕带内表面的任意一点（图 7-2 中的 A 点）到腕带电缆扣（图 7-2 中的 C 点）的电阻值。

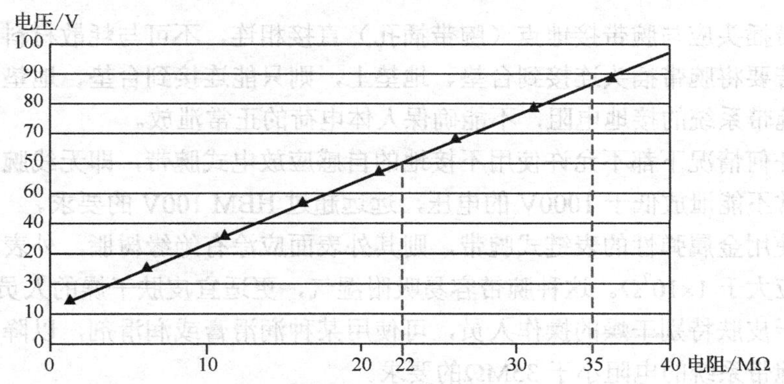

图 7-1 人体带电电压与人体对地电阻的关系曲线

（3）为确保人员安全，腕带外表面电阻应大于 $1\times10^7\ \Omega$。腕带外表面的任意一点（图7-2 中的 B 点）到腕带电缆扣（图 7-2 中的 C 点）的电阻应大于 $1\times10^7\Omega$。另外，为避免腕带外表面的摩擦带电及带电后电荷的泄放，腕带外表面不应采用绝缘材料。

（4）从安全角度考虑，为避免操作人员触及 250V 电源而发生危险，计算出腕带导线电阻值约为 $1\times10^6\Omega$，考虑到误差后，取值范围为 $0.8\times10^6\Omega$～$1.2\times10^6\Omega$。腕带导线电阻是指从腕带电缆扣（图 7-2 中的 C 点）到腕带插头（图 7-2 中的 D 点）的电阻值。

（5）腕带使用寿命的测试是破坏性试验，符合性验证时一般不测试。

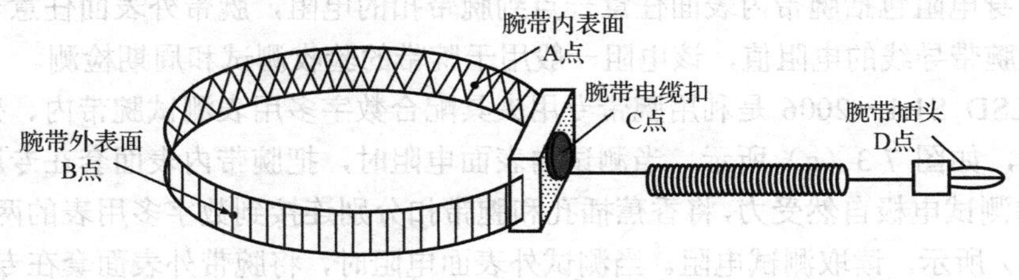

图 7-2 腕带结构示意图

腕带的形式多种多样、种类繁多，使用单位可以从腕带的舒适性、耐用性、接地线长度、接地线延展性、钮扣（接合件）形式及可靠度等方面进行选择。在使用时，应当注意以下几点。

（1）要正确佩戴腕带，确保腕带内表面与皮肤完全接触，并可靠接地，但也不应使佩戴人员感到不适。

（2）为确保操作人员不被工作台所牵绊，腕带本身与腕带导线、腕带插头与腕带插孔之间应采用可快速分离的方式连接。但腕带本身与腕带导线、腕带插头与腕带插孔之间的插拔力应适度，一般为 5N～25N，必要时可以扩大插拔力的范围，但不能小于 1.5N。

（3）腕带插头应与腕带接地点（腕带插孔）直接相连，不可与耗散材料的台垫、地垫串联接地。若要将腕带插头连接到台垫、地垫上，则只能连接到台垫、地垫的接地点上；否则会增加腕带系统的接地电阻，不能确保人体电荷的正常泄放。

（4）在任何情况下都不允许使用不接地的自感应放电式腕带，即无线腕带。这是因为无线腕带通常不能泄放低于 1000V 的电压，远远超过 HBM 100V 的要求。

（5）若使用金属弹性的表链式腕带，则其外表面应涂有绝缘树脂，外表面任意点对电缆扣的电阻应大于 $1\times10^{7}\Omega$。这种腕带容易吸附湿气，更适宜皮肤干燥的人员佩戴。

（6）对于皮肤特别干燥的操作人员，可使用某种润滑膏或润滑剂，以降低腕带系统的电阻，符合腕带系统的电阻小于 35MΩ的要求。

（7）在处理 ESDS 产品之前，应检查腕带系统的接地可靠性，确保腕带性能良好，保存检查记录。若腕带配备接地连续监视仪，则应对监视仪进行周期检定，确保满足设计的技术要求。

7.2 测试方法

7.2.1 实验室检测

腕带自身电阻包括腕带内表面任意一点到腕带扣的电阻，腕带外表面任意一点到腕带扣的电阻和腕带导线的电阻值，该电阻一般用于腕带的验收测试和周期检测。

ANSI/ESD S1.1—2006 是利用腕带专用夹具配合数字多用表测试腕带内、外表面对腕带扣的电阻，如图 7-3（a）所示。当测试内表面电阻时，把腕带内表面套在专用夹具上，让 0.11kg 的测试电极自然受力，将香蕉插孔和腕带扣分别连接到数字多用表的两个测试端，如图 7-3（b）所示，读取测试电阻。当测试外表面电阻时，将腕带外表面套在专用夹具上，其他步骤与测试内表面电阻时相同。

国内一些标准（如 SJ/T 10694—2006）推荐采用数字万用表测试腕带内、外表面的电阻，如图 7-4 所示。当测试内表面电阻时，万用表的一个测试端连接到腕带的内表面，另一个测试端连接到腕带扣上，图 7-4 中的线①，读取内表面电阻的测试值。当测试外内表面电阻时，万用表的一个测试端连接到腕带的外表面，另一个测试端连接到腕带扣上，图 7-4 中的线②，读取外表面电阻的测试值。这种测试方法与 ANSI/ESD S1.1 标准中的测试方法相比较可以看出，该标准缺少对腕带内、外表面接触面积和接触力大小的要求。防静电腕带的内、外表面一般都是由静电耗散材料制成的，静电耗散材料的表面电阻会因测试面积和接触力的大小而发生变化。因此，该测试方法具有一定的局限性。

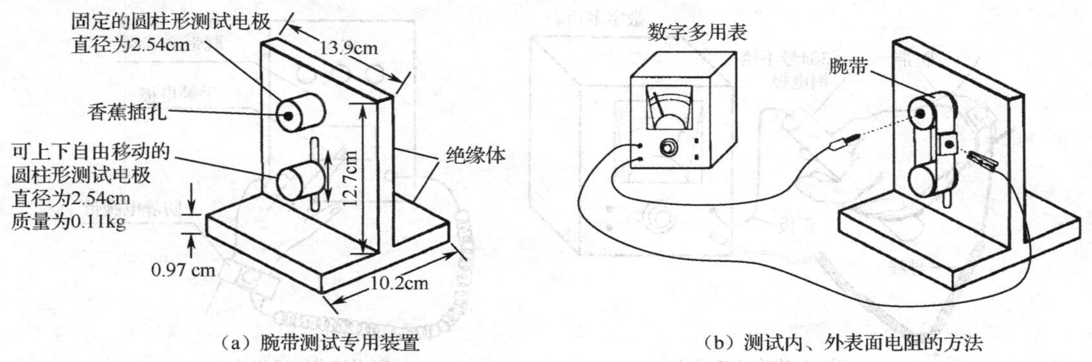

（a）腕带测试专用装置　　（b）测试内、外表面电阻的方法

图 7-3　ANSI/ESD S1.1 标准中腕带内、外表面电阻的测试方法

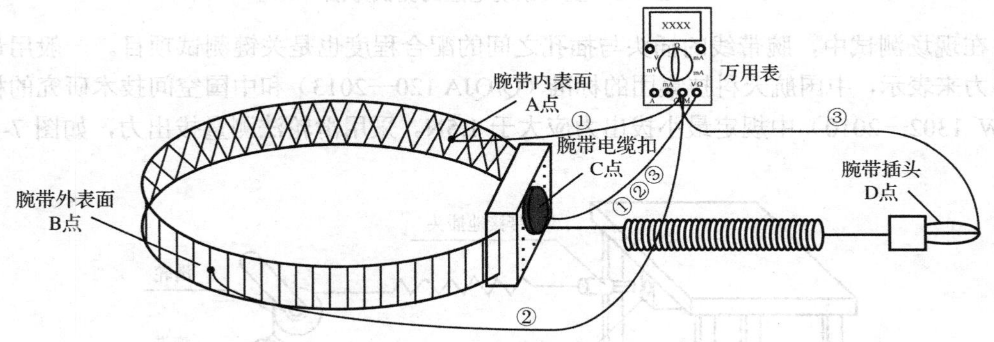

图 7-4　SJ/T 10694—2006 中腕带内、外表面电阻和腕带导线电阻的测试方法

腕带导线电阻的测试方法是将万用表的一个测试端连接到腕带插头上（图 7-4 中的 D 点），另一个测试端连接到腕带扣上（图 7-4 中的 C 点），如图 7-4 中的线③所示，读取腕带导线电阻的测试值。

7.2.2　现场检测

腕带系统的电阻是指人员正确佩戴腕带后，从人员手指或手掌附近的皮肤到腕带插头处的电阻。这个电阻值一般用于腕带的现场测试。

ANSI/ESD S1.1—2006 是利用长 15.24cm、直径 2.54cm 的不锈钢电极配合数字多用表进行测试的。在人员佩戴好腕带后，将腕带的导线插头插入数字多用表的负极，不锈钢电极插入数字多用表的正极，带腕带的手握住不锈钢电极，如图 7-5（a）所示，读取腕带系统电阻的测试值。

ANSI/ESD S1.1—2006、IEC 61340—5—1 及国内一些标准也推荐利用腕带测试仪来测试腕带系统的电阻，如图 7-5（b）所示。当腕带测试仪的“通过”灯亮时，表示腕带系统的电阻符合要求。

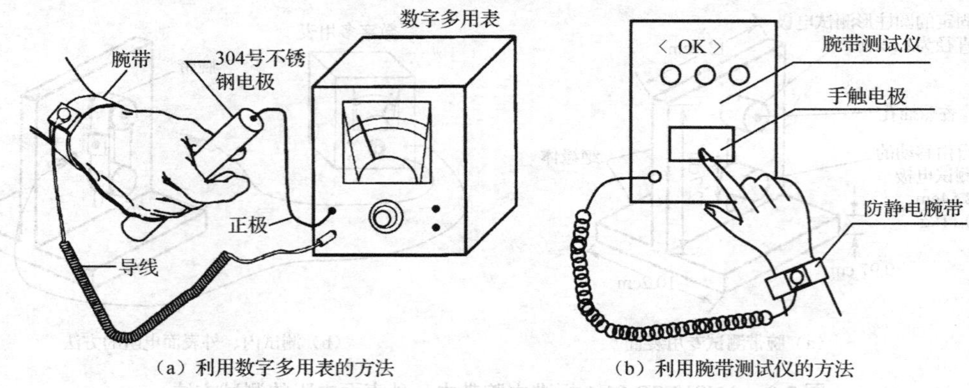

（a）利用数字多用表的方法　（b）利用腕带测试仪的方法

图 7-5　腕带系统电阻的测试方法

在现场测试中，腕带线的插头与插孔之间的配合程度也是关键测试项目。一般用最小拔出力来表示，中国航天科技集团的标准（Q/QJA 120—2013）和中国空间技术研究的标准（Q/W 1302—2010）中规定最小拔出力应大于 1.5N。采用滑轮法测量拔出力，如图 7-6 所示。

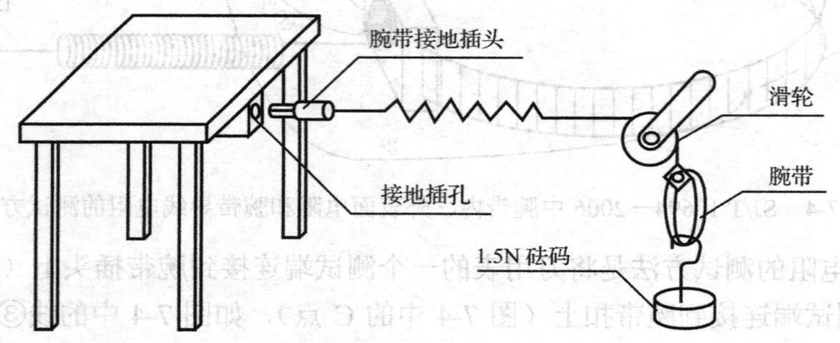

图 7-6　利用滑轮法测量腕带系统接地插头拔出力的示意图

另外，ANSI/END S1.1—2006 中也规定了腕带的寿命、脱开力等试验方法。需要注意的是，腕带的寿命试验是破坏性的，试验结束后的腕带不可再进行使用。

7.3　腕带监控系统

人是最主要的静电源，而腕带系统接地是人员接地的最主要方式，为了使生产管理人员有效地监控防静电腕带的使用情况，有人开发了腕带连续监控系统，一旦出现腕带使用不规范、不正常的现象，系统就会发出报警信号，有的监控系统还能记录故障发生的时间和状态信息，因此，腕带连续监控系统是借助仪器管理腕带使用的一种方法，也是静电防护管理的一种手段。国内外标准均未对腕带连续监控系统做特别规定，一般由用户或产品规范来定义，如表 7-2 所示。因为腕带监控系统是监测人员是否正确佩戴腕带并良好接地的仪器，所以其监测范围应符合腕带电阻或系统电阻的要求，如上限报警值小于 35MΩ，一般取 10MΩ。

表 7-2　腕带监控系统的防静电性能要求

标准	ANSI/ESD S20.20—2014	IEC 61340—5—1—2016	GB/T 32304—2015	GJB 3007A—2009
项目	用户或产品规范定义	用户或产品规范定义	用户或产品规范定义	无要求

连续腕带监测仪通常放置在中心位置供所有人使用，检测时腕带螺旋线一般是弯曲的，而在使用时受到拉伸的影响，腕带螺旋线有时会拉伸到极限。检测时没有考虑腕带在工作条件下所承受到的压力的影响，而有些腕带故障只有在承受压力的情况下才能被检测出来。另外，腕带监测仪对于腕带的检测是周期性的，并且只能说明在检测的过程中腕带的性能是良好的。在使用过程中（此时没有腕带监测仪对腕带进行监测）腕带出现故障会导致产品因静电放电而造成损坏。若在换班开始时对腕带进行检测并且随后发现腕带失效，则整个检测周期内的腕带都有可能失效，在相同期间生产产品的完好性将受到质疑。因此，对于可能直接接触 ESDS 的工位（如电装车间手动焊接工位），一般都要求配置腕带连续监测仪。

腕带连续监测仪按测量对象不同，可分为电容（单线）式、电阻（单线）式、电阻（双线）式和电压式。

7.3.1　电容（单线）式腕带监控系统

电容（单线）式监控器的检测对象为单线腕带。当人佩戴腕带时，显示器会检测到这个人的存在，并将监控器置于非警戒状态。监控器的电路能检测到人（导电物体）和地面（另一个导体）之间的连接关系。

如图 7-7 所示，监控器的电路将会向腕带发出一个信号，由于人体和大地的电容的影响，因此该信号将会发生改变。监控器的电路将会读取改变后的信号来确认人体和大地是否处于连接状态。若人员（腕带）或地线（接地线）的电连接断开，则监控器的电路将进入报警状态。

腕带在线监控器将人体到大地的电容作为交流信号的返回路径，这种方法不仅检测了腕带与人体之间的连接，而且检测了在线监控器的接地状态。即使腕带并没有失效，但当腕带—人体—大地的返回参数超过了在线监控器设定的电容的极限值时，监控器也将会产生一个虚假的报警信号。若在线监控器没有与大地进行连接，则无法形成一个回路，监控器将无法正常工作。

为了使电容式在线监控器能够正常地工作，应该根据每个用户的状况对监控器进行调整，若用户本身的电容发生改变，则电容式在线监控器应重新调整。

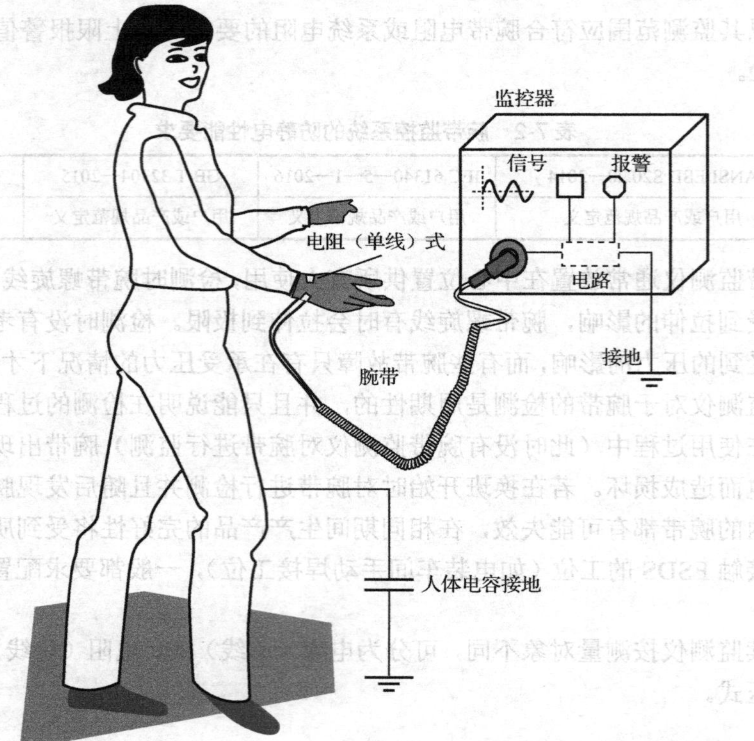

图 7-7　电容（单线）式和电阻（单线）式腕带监控系统示意图

7.3.2　电阻（单线）式腕带监控系统

电容式在线监控器也可以称为阻抗式在线监控器，电阻式在线监控器与它的工作原理相同。但阻抗式在线监控器设计了检测电路可以减少误报的概率，同时阻抗式在线监控器在使用时不需要进行调整。

阻抗式在线监控器通过电流和电压之间的相位差来显示卷线、腕带和人体电阻的变化。在输出低交流电压时对腕带系统进行在线检测，任何标准的腕带和卷线都可以使用阻抗（或单线）在线监控器进行检测。

7.3.3　电阻（双线）式腕带监控系统

电阻（双线）式在线监控器是用来检测两线（双）腕带系统的。当人佩戴上腕带时，在线监控器将会检测由卷线、人体、腕带和第二部分卷线形成的回路电阻。若该回路的任意部分断开（或电阻超过极限值），则监控器的电路将会进行报警。

如图 7-8 所示，一个直流信号（电流）通过导线到达腕带的前半部分，然后经过人体皮肤，信号最后进入监控器的后半部分，最后通过第二根卷线返回监控器。电阻（双线）式在线监控器通过该方法检测腕带系统的电阻。虽然该检测方法能够检测腕带、卷线、人体之间的回路，但对于腕带到大地之间的回路则无法进行检测。

电阻式在线监控器可以使用稳态直流和脉冲直流两种类型的信号对腕带系统进行检测。早期由于人们担心稳态直流电源产生的稳压直流信号会对人体皮肤产生刺激进而开发出脉冲直流信号，但是脉冲直流信号的使用会使监控器在一段时间内（秒级）无法对腕带系统进行检测。目前，低电流稳态信号和短时间脉冲信号都有应用。

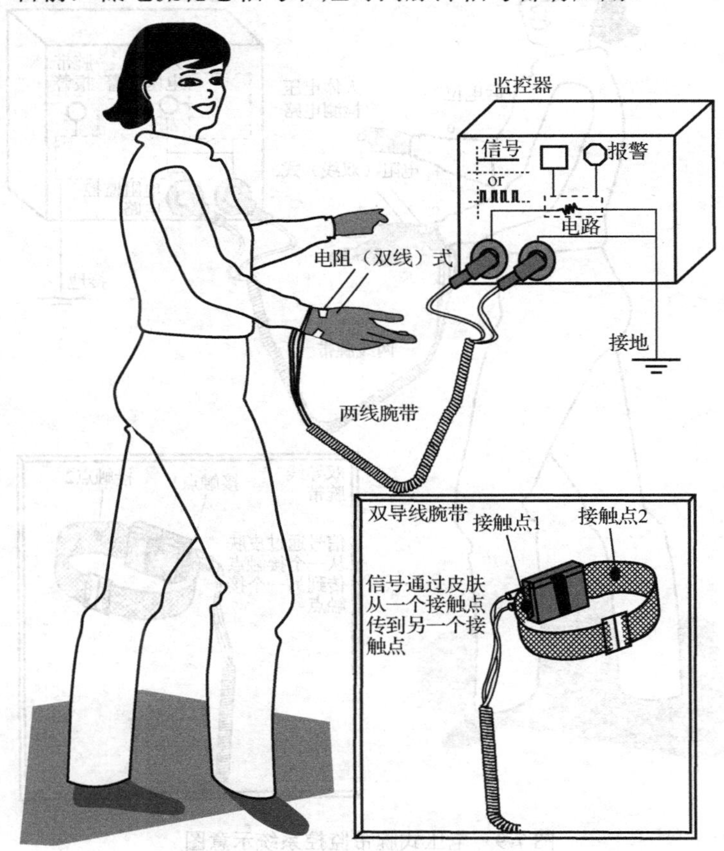

图 7-8　电阻（双线）式腕带监控系统示意图

7.3.4　电压式腕带监控系统

人体电压监控器是通过腕带感应人体电压的，它检测到的电压是人体和大地之间的电压差。若用户在监控器上设置了电压的上限值，则一旦检测到的电压超过上限值，监控器就会发出警报。

如图 7-9 所示，人体电位通过腕带传送到监控器上，若该电压随时间的变化值大于比较器预先设置的电压值，则监控器将会发出警报。

人体电压监控器无法实现对腕带的在线检测，若人体与腕带或大地的连接断开，则监控器无法检测到人体电压。为了保证对腕带系统监测的连续性，人体电压监控器一般包含电容式、电阻式腕带在线监测电路。

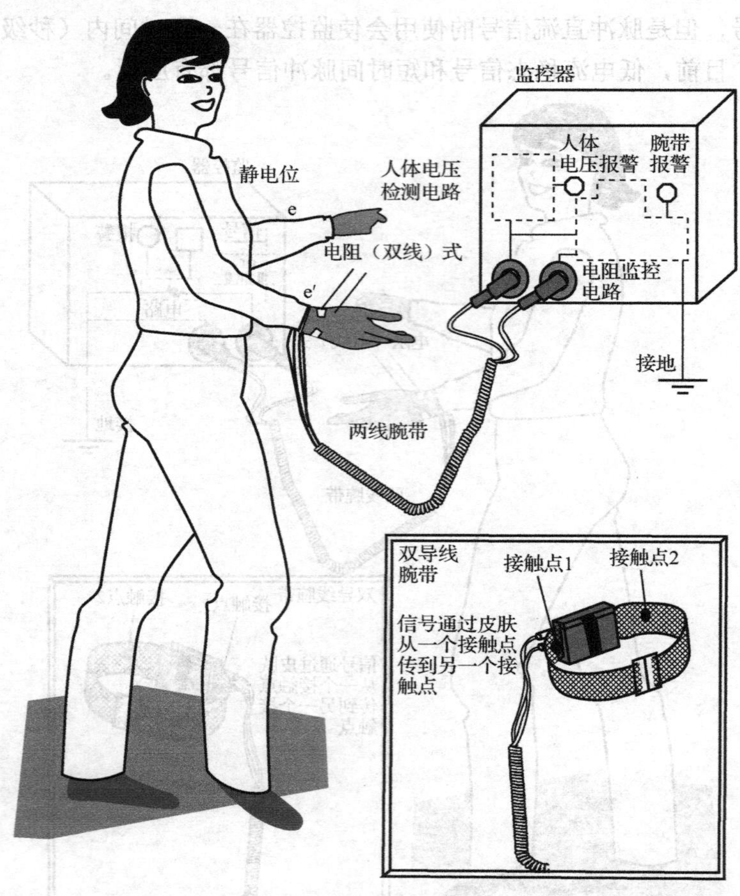

图 7-9　电压式腕带监控系统示意图

7.3.5　注意事项

腕带系统的关键参数包括腕带自身电阻和人员佩戴腕带后的系统电阻。在选择腕带检测仪和腕带在线监控器时，应考虑包括腕带在内的设备成本、维护和培训成本、进行腕带测试所需的劳动时间，以及由腕带失效造成的潜在损失。进行成本收益分析对于选用何种类型的设备对腕带进行检测是非常有帮助的。选择腕带在线监测仪和腕带检测器时应考虑的事项如下。

（1）设备成本。

（2）检测故障的频率。

（3）执行测试所需的时间。

（4）培训成本。

（5）检测所需的文档。

（6）设备的校准。

（7）审计成本。

（8）经营规模（每班的员工安排）。

（9）产品的价值。

（10）产品的敏感度。

（11）测试腕带的劳动力成本。

（12）安装成本。

（13）客户要求。

若仅仅是在换班的时候使用腕带检测仪检测腕带的好坏，则在此期间腕带的失效会使得该班次内生产的产品承受静电放电（ESD）的危害。腕带在线监控器能够减少人们在轮班前花费在检测腕带上的时间。然而，当对工作台的腕带在线监控器进行安装和维护时，腕带检测仪是一种有效的替代方法。

即使腕带通过了腕带监测仪的检测，但接地不良仍然会导致腕带系统的失效。因此在首次安装腕带系统时应对接地连接部分进行测试，并且在后期定时对其进行测试，不应该主观地认为接地系统安装正确并保持永久连接

参考文献

[1] 袁亚飞. 电子工业静电防护技术与管理[M]. 北京：中国宇航出版社，2013.

相关标准

ANSI/ESD S20.20—2014，For the Development fo an Electrostatic Discharge control Program for—Protection of Electrical and Electronic Parts, Assemblies and Equipment (EVcluding Electrically Initialted EVplosive Devices)

IEC 6140—5—1—2016，Electrostatics—Part 5—1：Protection of electronic devices from electrostatic phenomena—General Requirements

GB/T32304—2015，航天电子产品静电防护要求

GJB 3007A—2009，防静电工作区技术要求

ANSI/ESD S1.1—2006，For the Protection of Electrostatic Discharge Susceptible Items—Wrist Straps

Q/W 1302—2010，防静电系统测试要求

ESD TR1.0—01—01，Survey of Constant (continuous) Monitors for Wrist Straps

第 8 章

防静电手套

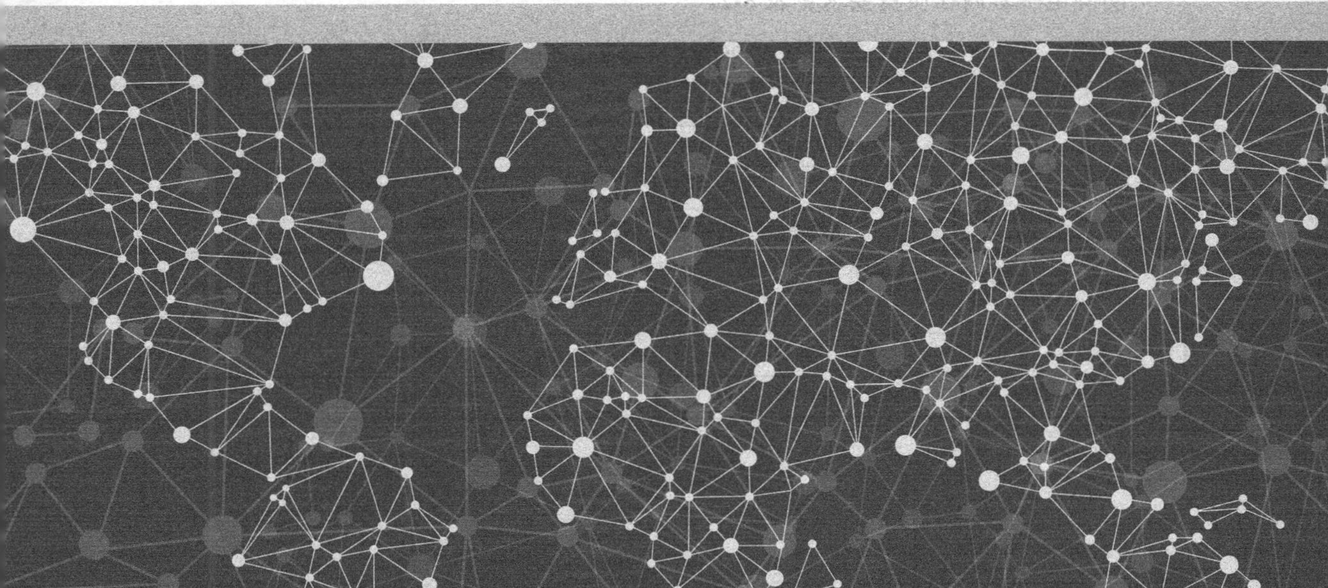

防静电手套是用于需要戴手套操作的防静电环境中，一般用在有洁净要求的环境中。防静电指套的所有要求与防静电手套是一样的，可参照执行。国内外标准对防静电手套的防静电性能要求见表 8-1。

表 8-1　国内外标准对防静电手套的防静电性能要求

标准	ANSI/ESD S20.20—2014	IEC 61340—5—1—2016	GB/T 32304—2015	GJB 3007A—2009
项目	用户自定义	无要求	内、外表面点对点电阻：$7.5\times10^5\Omega$～$1.0\times10^9\Omega$	点对点电阻：$7.5\times10^5\Omega$～$1.0\times10^9\Omega$ 衰减期：≤2s（1000V～100V）

8.1　技术要求

防静电手套可分为防静电面料缝制手套和防静电纱线纺织手套，其中防静电面料手套采用防静电针织面料缝制而成，防静电纱线纺织手套采用金属或有机物的导电材料或亚导电材料缝制而成。

防静电手套分为内在质量和外观质量两个方面，内在质量包括防静电性能、甲醛含量、pH 值、异味、可分解芳香胺染料、耐水色牢度、耐汗渍色牢度、耐摩擦色牢度、顶破强力、纤维含量和灵活性；外观质量包括规格尺寸、表面疵点、缝制和编织要求。防静电手套以双为单位，其质量等级分为 A 级和 B 级两个等级，只有内在质量、外观质量同为 A 级时才可定为 A 级，当内在质量与外观质量是不同级别时，按最低级别定其质量等级。

8.1.1　内在质量要求

防静电手套内在质量要求见表 8-2。

表 8-2　防静电手套的内在质量要求

项　目		A 级	B 级
防静电性能	洗涤前带电电荷量/（μC/只）	<0.6	
	耐洗涤次数	5 次	3 次
	洗涤后带电电荷量/（μC/只）	<0.6	
甲醛含量/（mg/kg）		20	75
pH 值		4.0～7.5	4.0～8.5
异味		无	
可分解芳香胺染料/（mg/kg）		禁用	

续表

项　目		A 级	B 级
耐水色牢度/级	变色		≥3
	沾色		
耐汗渍色牢度/级	变色		≥3
	沾色		
耐摩擦色牢度/级	干磨		≥3
顶破强力/N			150
纤维含量（净干含量）/%			符合标识要求
灵活性/级			5

内在质量按批分品种、规格随机采样 5 双防静电手套，不足时可增加取样数量。若内在质量各项指标全部合格，则判定该产品合格。

（1）防静电性能试验：用摩擦装置模拟试样摩擦带电的情况，将试样投入法拉第筒，测量其带电电荷量。洗涤次数是指按标准规定的程序使用规定的全自动洗衣机洗涤并干燥的次数。试验样品数为 3 只，按只逐一试验，每只做一次试验，逐一记录试验结果。带电电荷量是按标准中规定的洗涤次数后的最大带电量，并将其作为检验结果。

（2）甲醛含量：试样在 40℃的水浴中萃取一定时间，萃取液用乙酰丙酮显色后，在 412nm 光照波长下，用分光光度计测定显色液中甲醛的吸光度，对照标准甲醛工作曲线，计算出样品中游离甲醛的含量。

（3）pH 值：从样品的不同部位选取采样点，在室温下，用带有玻璃电极的 pH 计测定纺织品水萃取液的 pH 值。

（4）异味：异味的检测采用嗅觉法，操作者应是经过训练和考核的专业人员。样品开封后，立即进行该项目的检测，检测应在洁净、无异常气味的环境中进行。操作者洗净双手后戴上手套，双手拿起样品靠近鼻孔，仔细嗅闻样品所带有的气味，若检测出有霉味、高沸程石油味（如汽油、煤油味）、鱼腥味、芳香烃气味中的一种或几种，则判为“有异味”，并记录异味类别；否则判为“无异味”。

（5）可分解芳香胺染料：纺织样品在柠檬酸盐缓冲溶液介质中用连二亚硫酸钠溶液还原分解后产生可能存在的致癌芳香胺，用适当的液—液分配柱提取溶液中的芳香胺，浓缩后用合适的有机溶剂定容，用配有质量选择检测器的气相色谱仪（GC/MSD）进行测定，必要时，选用另外一种或多种方法对芳香胺的异构体进行确认。

（6）耐水色牢度：将纺织品试样与两块规定的单纤维贴衬织物或一块多纤维帖衬织物组合在一起，浸入水中，挤去水分，置于试验装置的两块平板中间，承受规定压力。分开干燥试样和贴衬织物，用灰色样卡或分光光度仪评定试样的变色和帖衬织物的沾色。

（7）耐汗渍色牢度：将纺织器试样与标准贴衬织物缝合在一起，置于含有 L-组氨酸的酸性、碱性两种试液中分别处理，去除试液后，放在试验装置中的两块平板间，使其受到规定的压强，再分别干燥试样和贴衬织物，用灰色样卡或仪器评定试样的变色和贴衬织物的沾色。

（8）耐摩擦色牢度：将纺织试样分别与一块干摩擦布和一块湿摩擦布摩擦，评定摩擦布沾色程度。

（9）顶破强力：顶破强力是以球形顶杆垂直于试样平面的方向顶压试样，直至其破坏的过程中测得的最大力。测试时将试样夹持在固定基座的圆环试样夹内，圆球形顶杆以恒定的移动速度垂直地顶向试样，使试样变形直到破裂，测得顶破强力。

（10）纤维含量（净干含量）：混合物的组分经鉴别后，选择适当的试剂去除一种组分（一般先去除含量较大的纤维组分），将残留物称重，根据质量损失计算出可溶组分的比例。

（11）灵活性：灵活性是指用手工作时的灵活程度。测试时选用 4 双完整的没有经过任何软化处理（如拍打或挤压等）的新手套。将测试棒放在一个平整表面上，一名经过培训的测试者戴上手套，用食指和拇指夹拾测试棒，测试者应在 30 秒内连续拾起测试棒 3 次。以能拾起的最小的测试棒的直径（见表 8-3）作为评定灵活性能等级的依据。

表 8-3　防静电手套的灵活性分类

性 能 等 级	测试中完成的最小测试棒的直径/mm
1	11.0
2	9.5
3	8.0
4	6.5
5	5.0

8.1.2　外在质量要求

1. 防静电手套的规格尺寸

防静电手套的规格尺寸见表 8-4。

表 8-4　防静电手套的规格尺寸

尺寸号码	适用范围	手套长度/mm	手套长度允差/mm	手套宽度/mm	手套宽允差/mm
6	手部尺寸号码 6	220	0～2.5	95	−1.5～+1.5
7	手部尺寸号码 7	230	0～2.5	98	−1.5～+1.5
8	手部尺寸号码 8	240	0～2.5	100.5	−1.5～+1.5

续表

尺寸号码	适用范围	手套长度/mm	手套长度允差/mm	手套宽度/mm	手套宽允差/mm
9	手部尺寸号码 9	250	0～5	102.5	−2～+2
10	手部尺寸号码 10	260	0～5	105	−2～+2
11	手部尺寸号码 11	270	0～5	106.5	−2～+2

防静电手套规格的测量部位如图 8-1 所示。

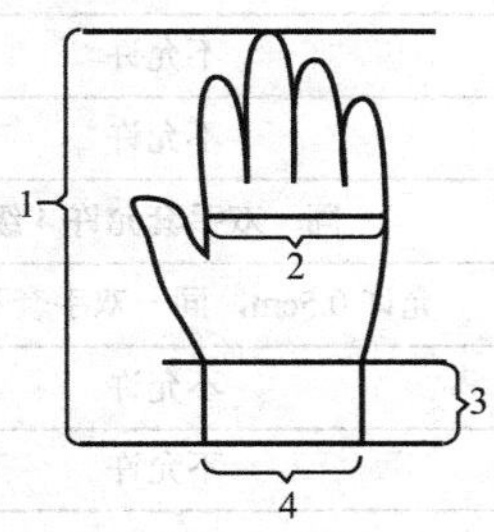

1：手套长；2：手套宽；3：袖筒长（罗纹长）；4：筒口宽（罗口宽）

图 8-1　防静电手套规格的测量部位

防静电手套的规格测量方法见表 8-5。

表 8-5　防静电手套的规格测量方法

部　　位	部 位 说 明
手套长	手套中指尖至筒口（罗口）间的距离
手套宽	手套拇指和食指的分叉处向上 20mm 处
袖筒长（罗纹长）	手套腕部至筒口（罗口）间的距离
筒口宽（罗口宽）	手套筒口（罗口）周长的二分之一

2. 表面疵点

防静电手套的表面疵点应符合表 8-6 的要求。

表 8-6　对防静电手套的表面疵点的要求

序号	疵点名称	A 级	B 级
1	花针	允许轻微小花针 2 个	允许轻微小花针 3 个
2	跳针	允许 1 针	允许 2 针
3	修痕	不允许	允许轻微修痕 0.5cm，1 处
4	修疤	不允许	不允许
5	断橡筋	不允许	不允许

续表

序号	疵点名称	A 级	B 级
6	大指部位不正	不允许	轻微允许
7	罗口大小	不允许	轻微允许
8	罗口松紧	轻微允许	显示不允许
9	拷边线头	拷边线头允许 0.5cm，织口处沿手套小指边上 0.5cm～1.5cm	拷边线头允许 1.0cm，织口处允许偏差
10	热熔丝封口不牢	不允许	不允许
11	色花、油污、色渍、沾色	不允许	轻微允许
12	色差	同一双手套允许 4 级	同一双手套允许(3～4)级
13	长短不一	允许 0.5cm，同一双手套不允许	允许 0.5cm
14	纹路歪斜	不允许	轻微允许
15	前后松紧不一	不允许	轻微允许
16	斜角松紧不一	不允许	轻微允许
17	指头不圆滑	轻微允许	明显允许，显著不允许
注：疵点程度描述：轻微：疵点在直观上不明显，通过仔细辨认才可以看到；明显：不影响总体效果，但能感觉到疵点的存在；显著：破损性疵点和明显影响总体效果的疵点			

外观质量按批分品种、规格随机采样 1%～3%，不少于 20 双。若批量少于 20 双，则全数检验。

外观质量检验一般采用灯光检验，用 40W 青光或白光日光灯一支，上面加灯罩，灯罩与检验台中心垂直距离为(80±5)cm，或在 D65 光源下进行检验。

外观质量按品种、规格计算不符品率，若不符品率小于等于 5.0%，则判定该批产品合格；若不符品率大于 5.0%，则判定该批产品不合格。

3. 其他要求

对于防静电手套的缝合要仔细，缝合部位的针迹密度不低于 7 针/cm，缝迹直向拉伸不脱不散，防脱散缝合长度不低于 1.5cm。防静电纱手套应使用 13 针及 13 针以上的手套纺织机纺织。

包装时防静电手套以双为单位不经折叠平放入软袋中，再将软袋平放入硬质包装箱中。每个软袋中应附有产品合格证和说明书。

防静电手套应贮存在通风良好、干燥的库房内，避免受潮及日晒，不得与酸、碱、油及腐蚀性物体存放在一起，在运输和贮存时切勿重压。

防静电手套穿戴时应根据防静电环境的需要，与其他防静电装备配套穿戴，应直接帖手穿戴。禁止在防静电手套上附加或佩戴任何金属物件，禁止在易燃、易爆场所穿脱手套。

8.2 电阻测试方法

防静电手套测试的关键在于测试手套内表面与外表面之间的电阻。其中 ANSI/ESD SP15.1—2011 规定手套需经过低湿环境（温度(23±3)℃，相对湿度(12±3)%）和中湿环境（温度(23±3)℃，相对湿度(50±5)%）放置 48 小时后，利用防静电手套专用测试装置分别进行测试，如图 8-2 所示。

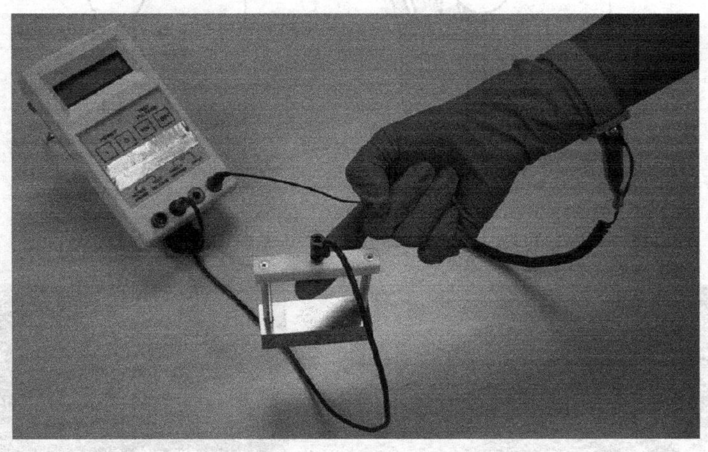

图 8-2 ANSI/ESD SP15.1 中的防静电手套电阻的测试方法

GBJ 3007—2009 和 ANSI/ESD SJ/T—10694—2006 规定采用直径为 20mm 的测试电极分别接触防静电手套（或指套）的内、外表面，测试内、外两点间的电阻，如图 8-3 所示。

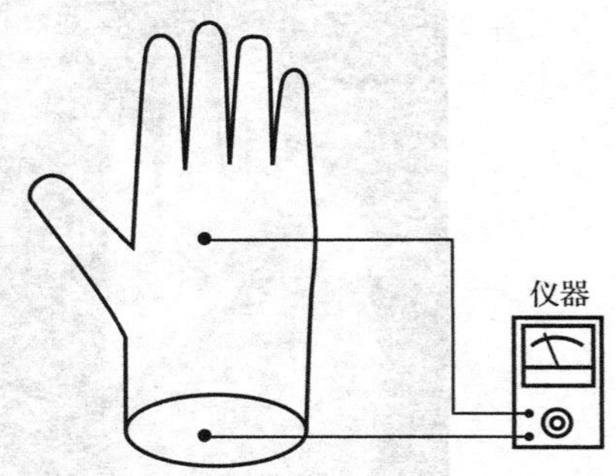

图 8-3 GBJ 3007—2009 和 ANSI/ESD SJ/T 10694—2006 中防静电手套电阻的测试方法

Q/QJA 120—2013 中规定将防静电手套或防静电指套放在点对点电阻大于 $1\times10^{13}\Omega$ 的绝缘台面上，绝缘台面用尺寸适合的条状金属板（约 20mm×200mm），一端插入防静电手套或防静电指套内的手指部位，另一端露出。将防静电电阻测试仪的两个表面测试电极分别压在金属板两端，使一个表面测试电极直接接触被测手指部位的外表面，另一个接触金属板。测量两个表面测试电极之间的电阻，每个手指部位分别测试，如图 8-4 所示。

在验收或现场检测时，若没有防静电手套专用测试装置，也没有相应的测试电极，则用一只防静电手戴上手套后握住表面电阻测试仪的一个电极，另一只手不戴防静电手套、裸手握住表面电阻测试仪的另一个电极进行测试，如图 8-5 所示，表面电阻测试仪的读数是防静电手套的内、外表面之间的电阻。由于人体有一定的电阻值（1.5kΩ），因此这种方法只能测试由防静电耗散材料制成的防静电手套，不适用于测试由防静电导电材料制成的防静电手套。

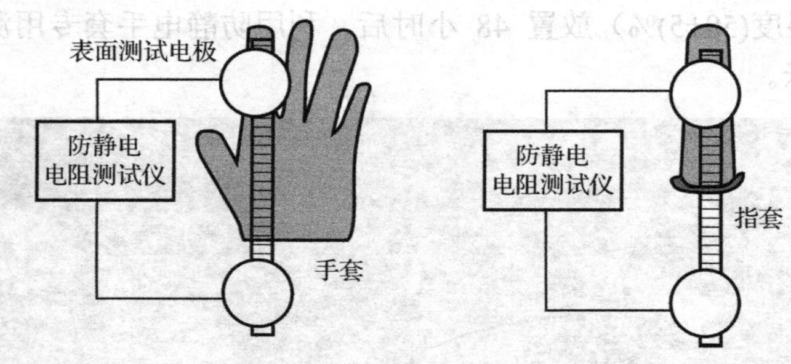

图 8-4　Q/QJA 120—2013 中防静电手套电阻的测试方法

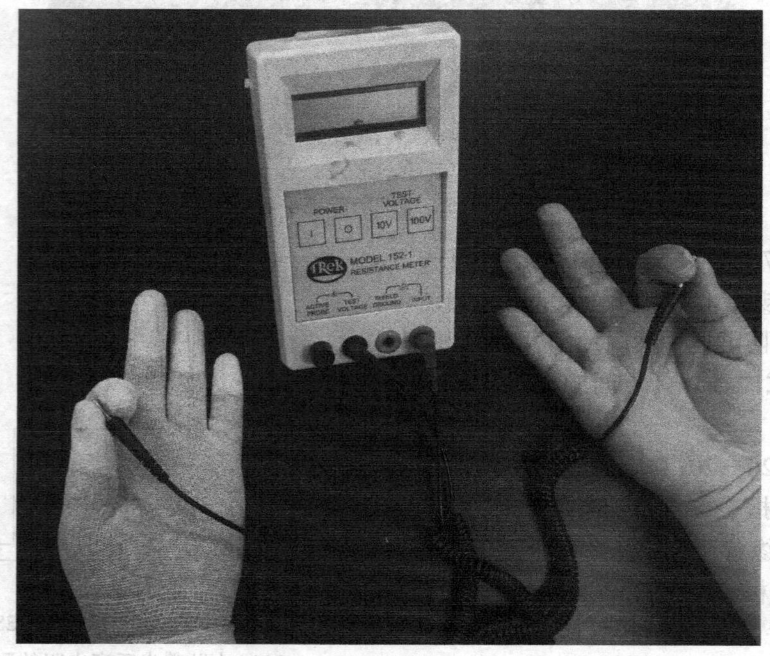

图 8-5　防静电手套的简易测试方法

参考文献

[1] IEC 6140—5—1—2016，Electrostatics—Part 5—1：Protection of electronic devices from electrostatic

phenomena—General Requirements.

相关标准

GB/T 22845—2009，防静电手套

ANSI/ESD S20.20—2014，For the Development fo an Electrostatic Discharge control Program for —Protection of Electrical and Electronic Parts, Assemblies and Equipment (EVcluding Electrically Initialted EVplosive Devices)

GB/T 32304—2015，航天电子产品静电防护要求

GJB 3007A—2009，防静电工作区技术要求

GB/T 12703.3—2009，纺织品 静电性能的评定 第 3 部分 电荷量

GB/T 8629—2001，纺织品 试验用家庭洗涤和干燥程序

GB/T 12624—2009，手部防护 通用技术条件及测试方法

GB/T 2912.1—2009，纺织品 甲醛的测定 第 1 部分：游离和水解的甲醛（水萃取法）

GB/T 7573—2009，纺织品 水萃取液 pH 值的测定

GB/T 18401—2010，国家纺织产品基本安全技术规范

GB/T 17952—2011，纺织品 禁用偶氮染料的测定

GB/T 23344—2009，纺织品 4—氨基偶氮苯的测定

GB/T 5713—2013，纺织品 色牢度试验 耐水色牢度

GB/T 3922—2013，纺织品 色牢度试验 耐污渍色牢度

GB/T 3920—2008，纺织品 色牢度试验 耐摩擦色牢度

GB/T 19976—2005，纺织品 项破强力的测定 钢球法

GB/T 2910.1—2009，纺织品 定量化学分析 第 1 部分：试验通则

FZ/T 01026—2009，纺织品 定量化学分析 四组分纤维混合物

ANSI/ESD SP15.1—2011，For the Protection of Electrostatic Discharge Susceptible Items: In—Use Resistance Testing of Gloves and Finger Cots

GBJ 3007—1997，防静电工作区技术要求

SJ 1069—2006，电子产品制造与应用系统防静电检测通用规范

Q/QJA 120—2013，航天电子产品防静电系统测试要求

第 9 章

静电消除器

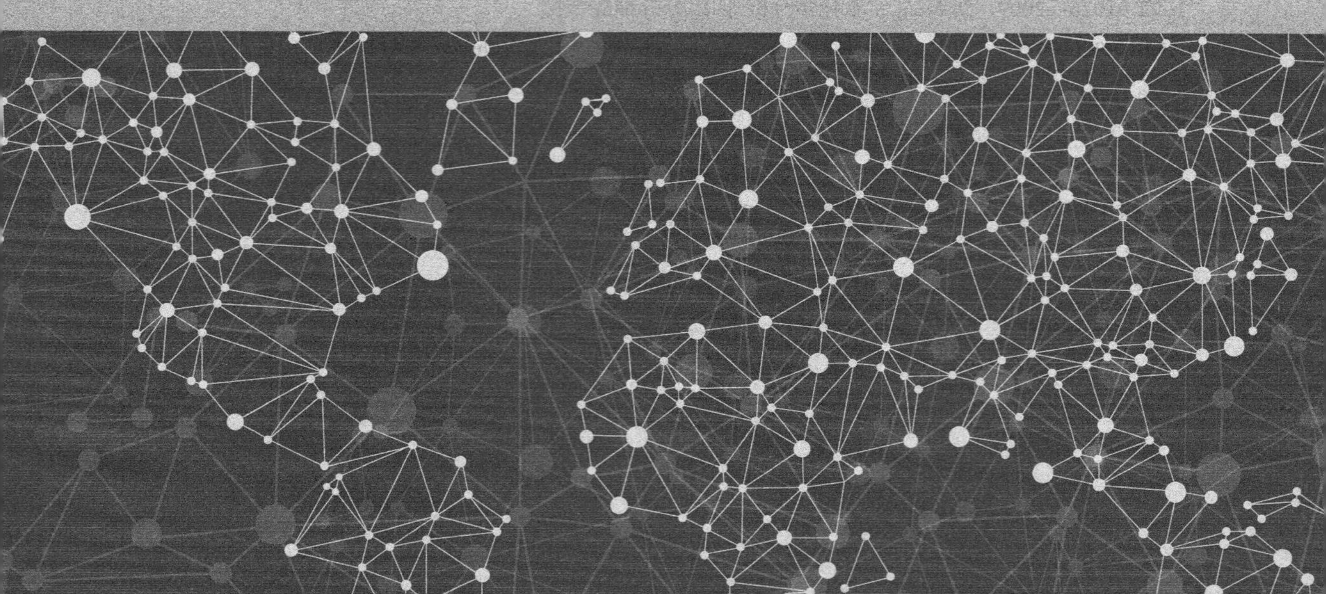

静电消除器是为消除带电体上的电荷而产生必要的正负离子的设备或装置的统称，在EPA 内主要用于中和绝缘体上的电荷。然而，静电中和并不能取代静电接地的防护措施，它仅仅是消除静电源的一种措施，是静电接地的一种补充方法，也是消除绝缘体上静电电荷或防止静电积聚的一种手段，主要通过残余电压和衰减时间两个技术指标来评价静电消除器的性能，见表 9-1。

表 9-1　静电消除器的技术要求

标准	ANSI/ESD S20.20—2014	IEC 61340—5—1—2016	GB/T 32304—2015	GJB 3007A—2009
衰减时间 T_d	用户自定义	<20 秒（1000V～100V，-1000V～-100V）	<20 秒（1000V～100V，-1000V～-100V）	<20 秒（1000V～100V，-1000V～-100V）
残余电压 V_{offset}	35V<V_{offset}<35V	35V<V_{offset}<35V	35V<V_{offset}<35V	50V<V_{offset}<50V（单台消除器）100V<V_{offset}<100V（EPA 环境整体）

9.1 工作原理

9.1.1 空气中的离子

“离子（Ion）”来源于希腊语，原为动词，是动作的意思，有旅行者的含义。最早作为术语使用是用来描述不同溶液的导电效果，此时分子将被电离成正离子、负离子或电子，并向与极性相反的电极移动。瑞典学者 S. A. Arrhenius 的理论认为移动的离子是带电荷的原子，这个理论在发现电子后被证实。

离子可以定义为失去电子或获得电子的原子或分子。当一个原子或分子具有相同数量的电子和质子时，它的电荷是平衡的，或者说是中性的。若失去电子，则该原子或分子带上正电荷，成为正离子；若得到电子则成为负离子。

空气是一种含有氢气、氮气、二氧化碳、水蒸气及其他一些微量气体的混合气体。空气在宇宙射线、自然射线等的作用下发生电离，一般而言，越高的地方宇宙射线越强。在大气层高的地方气压变低，空气密度变小，在高度为 13 千米左右的地方宇宙射线的电离作用最大，而地壳中的放射性物质的电离作用仅发生在地表面。此外，水流与海浪的摩擦、闪电等也会产生空气离子，当空气中一种或一种以上的气体分子获得或失去电子时，我们称这个过程为空气离子化。

空气离子由气体分子、水蒸气、尘埃等物质所形成的种类繁杂的“团”组成。按其大小可分为小离子、中离子、较大离子及大离子等。通常情况下，10 个中性气体分子包裹在一个带电的分子周围，形成一个小离子。小离子在空气中飘浮运动，遇到极性相反的离子或接地表面后，失去电荷，又恢复为中性分子。在洁净空气中，小离子的寿命极短，仅有几秒钟或几分钟，静电中和法的离子主要是小离子。小离子在适当的条件下会吸附在空气中的微粒或较大的分子团上，形成中离子、较大离子或大离子等。

在自然界的空气离子中，每立方厘米包含 2000～3000 个离子，其中正、负离子的数量比为 1.2∶1。在一个自然通风的建筑里，空气离子的数量会降至每立方厘米 500 个。在管道通风（空调通风）的建筑里，空气离子数更少，每立方厘米不超过 100 个。

9.1.2 空气的衰减特性

电场中的离子在电场力的作用下顺着或逆着电场方向移动，移动的离子形成了电流。离子迁移率为

$$\overline{U_i} = -u_i \vec{E} \tag{9-1}$$

其中，u_i 称为离子迁移率，$\overline{U_i}$ 是离子的运动速度，单位为 m/s，$\vec{E}$ 为电场强度。式（9-1）表明空气中离子的漂移速度与施加的电场成正比，比例系数为电子迁移率。空气中的小离子的迁移率为(1.0～2.0)cm^2/V·s，其单位含义是空气中的小离子在 1V/cm 的电场强度下以 1cm/s 的速度移动。实验表明，负离子的迁移率比正离子的迁移率高 15%左右。

若空气中的单位体积内有 N 个离子，并假设每个离子带电量的大小均为 e，则有

$$\vec{J} = Neu_i \vec{E} = \sigma \vec{E} \tag{9-2}$$

其中，$\sigma = Neu_i$，称为空气的电导率，电导率的单位是西门子每米（S/m），它表明空气中任意一点的电流密度与电场强度成正比，比例系数为空气的电导率。然而空气中的离子数量是在不断变化的，因此空气的电导率也在发生变化。

假设绝缘体上的初始电荷为 q_0，并假设空气的电导率保持不变，静电中和过程中的残留电荷 q 按指数规律衰减，则有

$$q = q^{-t/\tau} \tag{9-3}$$

其中，时间常数 τ 等于空气的介电常数除以空气的电导率，即

$$\tau = \varepsilon_0 / \sigma = \varepsilon_0 / Neu_i \tag{9-4}$$

将式（9-4）代入到式（9-3）中，可得

$$q = q^{-(Neu_i / \varepsilon_0)t} \tag{9-5}$$

由此可见，电荷的中和速度取决于离子的浓度和迁移率。事实上，空气中的悬浮微粒密度、带电体周围离子的损耗率、空气电离的多相性、不规则带电体产生的非均衡电场等诸多因素都影响着离子的浓度和迁移率，进而影响到衰减时间的计算，使得目前还无法精确计算衰减时间。在实践中，常通过静电电荷分析仪来检测离子发生器的中和特性。

9.1.3　电荷中和

空气中的小离子能够在静电场的作用下移动。静电源产生的静电场使空气中的小离子移动，与“源”异性的空气离子将移向“源”，与“源”同性的空气离子将远离“源”。由此导致相反极性的离子被吸引到“源”上，直到“源”上的电荷被中和，静电场消失为止，而与“源”同性的正离子远离“源”，形成了空气电荷的转移。同性离子直到接触接地导体表面，才完成电荷转移的过程，如图 9-1 所示。这就是使用空气离子控制静电的基本原理。

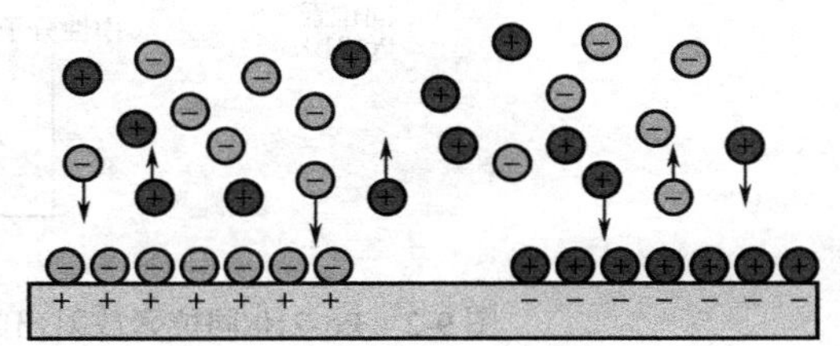

图 9-1　双极性空气离子中和表面电荷

控制静电的离子浓度通常要达到每立方厘米 100 000～1 000 000 个，这是自然界离子浓度的许多倍，因此自然空气中的离子不具有控制静电的能力。

9.1.4　放射电离

人工产生空气离子有两个基本途径：放射电离和电晕电离。

放射电离也称同位素电离，是利用放射性同位素发出的射线使空气电离，产生正负离子对，中和带电体上的静电。

放射性同位素的种类有很多，从它们的原子核中发出α、β、γ等射线。其中，α射线是高速α粒子流，它的电荷数是 2，质量数是 4，实际上是氦原子核，从放射性物质中射出时有很大的动能，速度可达光速的 1/10；β射线是高速的电子流，从放射性物质中射出时速度很大，可达到光速的 99%；γ射线不带电，它是能量很高的电磁波，波长很短，在真空中的速度与光速一样快。α射线的电离能力很强，一个α离子在空气中每厘米能产生 1 万个离子对，但是它的穿透能力不强，在空气中只能穿透 2.5cm～8.6cm，一层普通的复印纸即可吸收它。所以能够利用大量的射线源提高电离效果，但是不存在单纯放射α射线而不伴随γ射线的放射性同位素。γ射线的电离作用很弱，但穿透能力很强，当照射剂量超过人体允许剂量时，对人体有伤害。β射线的质量和电荷处于α射线和γ射线之间，能产生密度相当高的离子，容易选取单纯发出β射线、半衰期长的放射性同位素，实用性高。β射线的穿透力为中等，10mm 厚度的普通塑料板即可屏蔽β射线，这样容易减少对操作者的影响。但是，当β射线照射物质时，会产生二次发射，放射出 X 射线，X 射线很难屏蔽，对人体有害。

目前，常使用的同位素是钋（Po-210）和镭（Ra-226），主要发出α射线。α粒子与空气分子碰撞后会将电子撞离 3cm 远，气体分子失去电子成为正离子。游离的电子很快被中性的气体分子捕获，形成负离子，如图 9-2 所示。

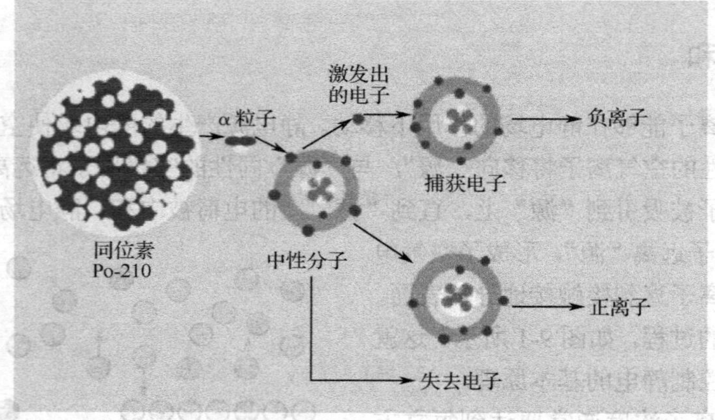

图 9-2　Po-210 同位素放射出的α射线使中性分子电离的示意图

α射线离子发生器产生的正、负离子数量总是相等的（每个被撞击出电子的分子形成一个正离子，捕获电子的分子形成一个负离子），这意味着离子发生器的平衡度为 0V，它可以将工作区内任何物体的静电消除到 0V，有利于静电控制。α射线离子消除器可以应用到易燃、易爆等危险场所，也可以应用到需要精确平衡度控制的环境中，但α射线离子消除器的处理成本相对昂贵，需要每年更换同位素源。虽然α射线离子发生器已经安全使用了许多年，但它们仍然是政府管控的产品，而且任何放射性物质都会引起人们的恐慌，因而α射线的离子化产品不像电晕电离的离子化产品一样得到广泛应用。

9.1.5　电晕电离

电晕电离是指在极不均匀的高压电场中，空气被局部电离，产生正负离子的过程。因空气中存在一些自由电子，在正极强电场的作用下，会吸引这些电子向电离尖端移动。当电子碰撞到空气分子后，会从空气分子中撞击出更多的电子，失去电子的分子成为正离子，正离子在电场力的作用下远离尖端。负电场从电离尖端推离自由电子，当电子碰撞到空气分子后，会从空气分子中撞击出更多的电子，撞击出的电子被电离尖端附近的中性分子捕获，形成负离子，负离子在电场力的作用下远离电离尖端。

电晕电离只能保证正负离子的数量大致相当，而不能区分离子不同的活性和每个电极所产生离子的速度。一些离子发生器（包括带有监测和反馈能力的离子化设备）可以提供长时间的离子平衡。

9.2　静电消除器的分类

根据空气电离方式的不同，可以将静电消除器（也称离子风机）分为放射源式静电消除器和电晕电离式静电消除器。由于放射源式静电消除器内含有放射源，国家的管控比较严格，一般不常用，如需了解可参照《静电消除器钚 238α源》（EJ/T 840—1994）和《钋-210 静电消除器》（EJ 661—1992）两个标准，在此不进行详细介绍。电晕电离式静电消除器还可分为无源自感应式静电消除器、交流高压式静电消除器、直流稳压式静电消除器和脉冲直流式静电消除器。

9.2.1　无源自感应式静电消除器

导体表面在电场中将产生感应电荷，导体表面曲率大的地方，感应电荷密度大，导体表面曲率小的地方，感应电荷密度小。若在带电体的附近安装一个接地的针电极，由于静电感应，则针尖附近形成很强的电场。当局部场强达到或超过起晕电场时，针尖附近的空气被电离，形成电晕放电，在电晕区产生大量的正、负离子。在电场力的作用下，与带电体极性相同的带电粒子向放电针运动，与带电体极性相反的带电粒子向带电体运动，到达带电体后，电荷被中和。与此同时，沿放电针的接地线流过电晕电流。若带电体上不断有静电产生，则电晕放电持续不断，电晕电流也持续不断，静电消除器可以不断中和带电体上的静电荷。这就是无源自感应式静电消除器的工作原理，如图 9-3 所示。

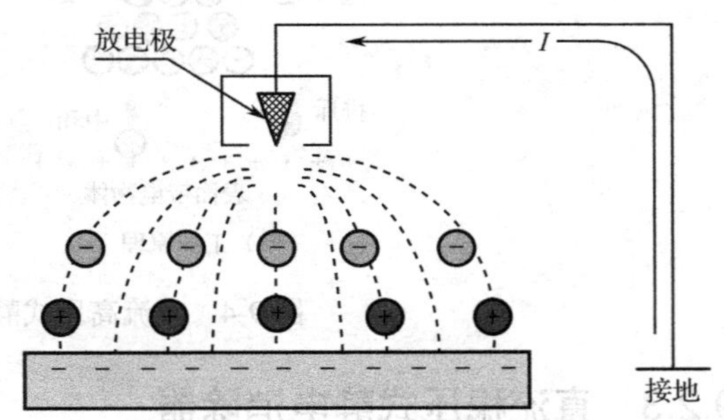

图 9-3　无源自感应式静电消除器的工作原理

由于针尖附近的电场依赖于带电体本身的静电电位，因此带电体的电位越高，针尖上感应出的电荷密度越大，针尖附近的电场越强，电离出的带电离子数目越多，消电效果越好。而当带电体上的电位降低到一定值后，针尖附近的电场将减弱到不能使空气发生电离，因而消电作用消失。可见，无源自感应式静电消除器对带电电位比较低的带电体起不到消电作用，而且，就带电电位很高的带电体，该静电消除器也不可能把带电体上的电荷全部中和掉，总是残留一定数量的电荷（或电位）。有时，当电荷密度比较大时，全部消电以后，还会进一步形成带相反极性电荷的情形，起始电位越高，反相电位也越高。

总之，无源自感应式静电消除器要完全消电是非常困难的，总存在某种程度的电荷残留。但是因为这种消电方法非常简单，所以将一般消电器的前段作为无源自感应式静电消除器的附加装置，或者将其应用到不能设置一般消电器的复杂场所。如在飞机上安装了自感应式静电消除器，降低了飞机电位，减少了放电噪声。

9.2.2　交流高压式静电消除器

交流高压式静电消除器是将市电（220V，50Hz）升压到 7kV～10kV，放电极以 50Hz 的频率交替为正电压和负电压，放电极和接地极之间产生强电场，空气分子被电离，放电极尖端交替产生正、负离子。当带电物体表面为正电位时，负离子将其中和。反之，当表面为负电位时，正离子将其中和，如图 9-4（a）所示。

交流高压式静电消除器并不是整个周期内都会产生离子，只有当放电极对地电压的绝对值超过某个电压值（如 3kV）时，才会产生离子，如图 9-4（b）所示，使得交流高压式静电消除器的工作效率降低。因为该静电消除器使用交流高压电源，正、负高压离子产生于同一个针尖，所以异性离子的复合使消电效果变差，消电速度较慢。离子的复合、重组导致粒子水平不高，不适用于洁净室内使用。但是交流高压式静电消除器因其结构简单，正、负离子的平衡度好，价格经济，所以它是电子工业中最常用的静电消除设备。

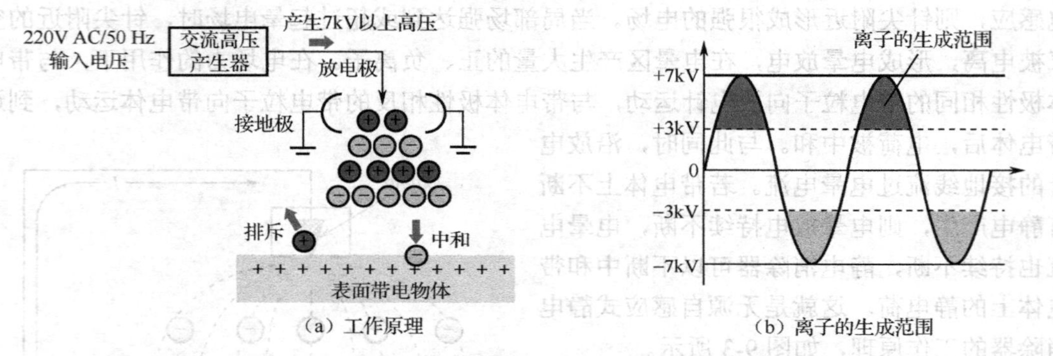

图 9-4　交流高压式静电消除器的工作示意图

9.2.3　直流稳压式静电消除器

直流稳压式静电消除器是将 220V 的输入电压升高并分别输出正电压和负电压，将正、负电压分别施加到正放电极和负放电极上，正、负放电极与带电体之间产生电晕放电，发出相反极性的离子，中和带电体上的电荷。当带电体带负电时，正放电极起作用，空气分子被电离，正放电极尖端产生正离子，中和带电体上的负电荷。当带电体带正电时，负放电极起作用，空气分子被电离，负放电极尖端产生负离子，中和带电体上的正电荷，如图 9-5 所示。

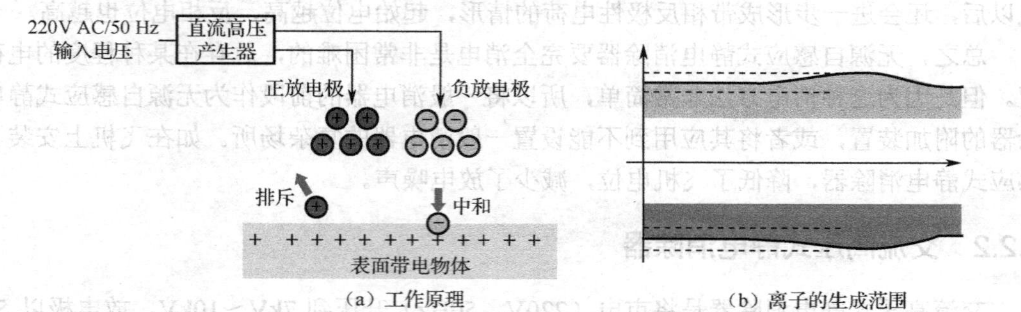

图 9-5　直流稳压式静电消除器的工作示意图

直流稳压式静电消除器无须接地即可高效地产生正、负离子。由于正、负高压电源可以分离使用，因此方便离子浓度监测和反馈控制装置，通过调节正、负电压的幅值，平衡度可以控制在 5V 以下。该静电消除器可以应用到对气流要求严格的室内和高速的网状结构上，也可以应用到离子风机和离子风枪上。直流稳压式静电消除器已经广泛应用到房间系统、净化间、工作表面、气流罩及设备中。

9.2.4 脉冲直流式静电消除器

脉冲直流式静电消除器将 220V 输入电压升高，并以 4～6 秒的周期轮流输出正电压或负电压，同时将正、负电压施加在放电极上，从而交替产生正、负离子，如图 9-6 所示。为了有效地消除静电荷，现已研制出可控脉宽和可控电压的脉冲直流式静电消除器（以下简称双控静电消除器）。当双控静电消除器的工作范围内没有带电物体时，双控静电消除器与普通的脉冲直流式静电消除器不存在明显区别。但是，当存在带电物体时，双控静电消除器会根据带电体的电荷极性和带电量的多少，自动调节脉冲宽度和电压幅值。如当带负电的带电体靠近时，双控静电消除器通过延长正离子生成的工作时间，减少负电压的幅值，生成更多的正离子，使带电体上的负电荷快速中和，如图 9-7 所示。

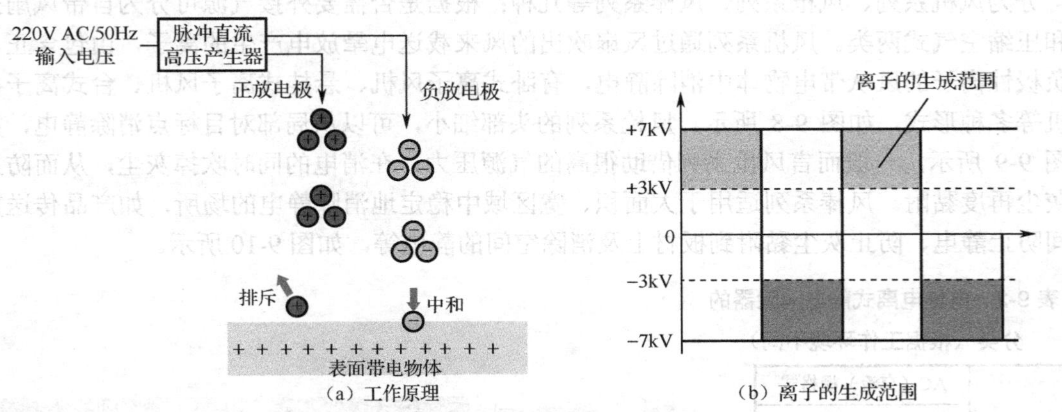

图 9-6 脉冲直流式静电消除器的工作示意图

由于双控静电消除器的正、负离子切换周期比工频交流电式静电消除器的正、负离子切换周期长 200～300 倍，因此不会出现正、负离子的自身中和，同时无须接地而损失正、负离子，且作用距离较远，例如，有的双控静电消除器允许放置在 5 米以上的天花板上。双控静电消除器具有周期可调、电压可调的特性，消除电荷速度快，适应于各种特殊环境，主要应用在低气流的室内和洁净室内。

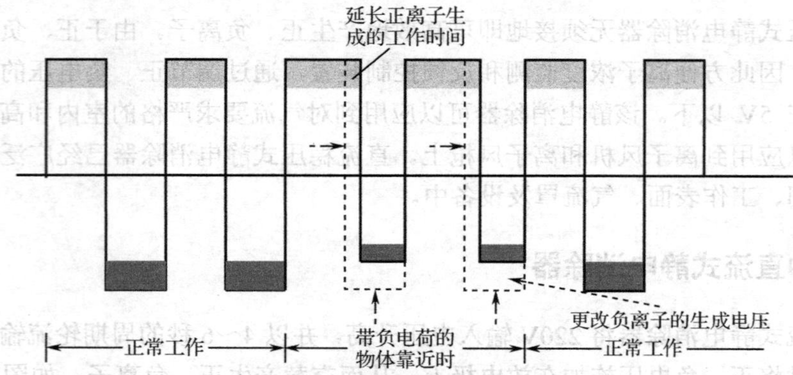

图 9-7 双控静电消除器的工作示意图

9.2.5 静电消除器的实物图片

电晕电离式静电消除器的分类方法有很多种，根据电离电源的不同，可分为无源自感应式、交流高压式、直流稳压式、脉冲直流式等几种；根据使用环境的不同，可以分为空间电离式、层流式、工作台面式和局部喷气式，具体分类见表 9-2。根据外观形成的不同，可分为风机系列、风枪系列、风棒系列等几种；根据是否需要外接气源可分为自带风扇式和压缩空气式两类。风机系列通过风扇吹出的风来载送电晕放电产生的离子，由包含正、负极性离子的风从带电物体中消除静电，有卧式离子风机、悬挂式离子风机、台式离子内机等多种形式，如图 9-8 所示。风枪系列的头部细小，可以从局部对目标点消除静电，如图 9-9 所示，一般而言风枪系列借助很高的气源压力，在消电的同时吹掉灰尘，从而防止灰尘再度黏附。风棒系列适用于大面积、宽区域中稳定地消除静电的场所，如产品传送期间防止静电、防止灰尘黏附到板材上及消除空间的静电等，如图 9-10 所示。

表 9-2 电量电离式静电消除器的分类（根据工作环境不同）

空气电离式	AC（交流）栅格式
	DC（直流）棒式
	单极发射式
	双极直流线式
	脉冲直流式
层流式	垂直层流式
	水平层流式
工作台面式	桌面式
	悬挂式
压缩空气式	喷枪及喷嘴

（a）台式离子风机

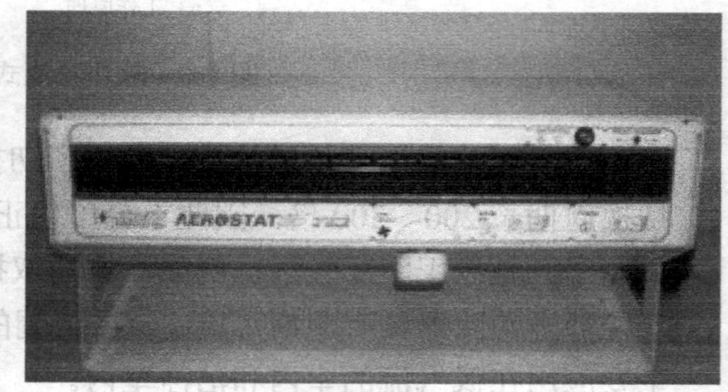

（b）卧式离子风机

图 9-8 离子风机

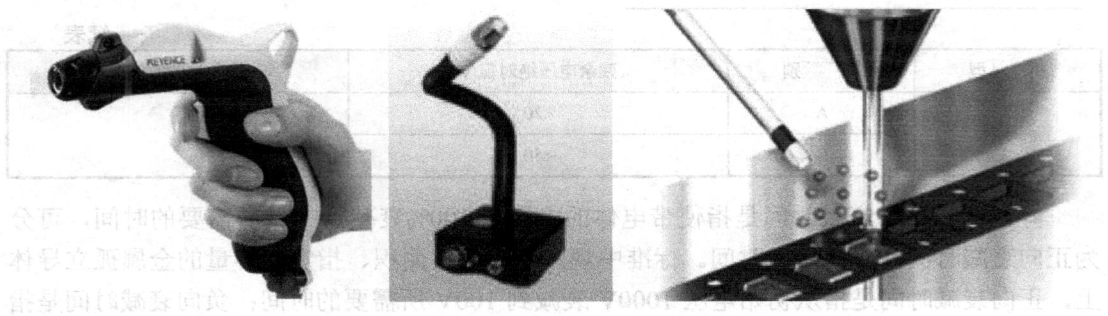

图 9-9　离子风枪

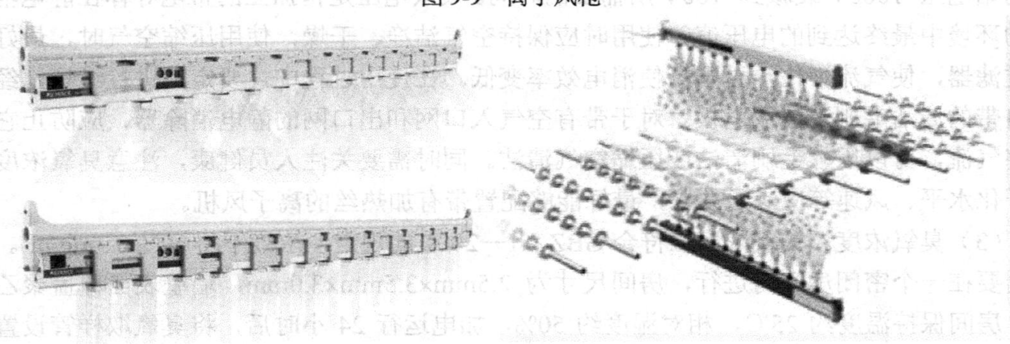

图 9-10　离子风棒

9.3　技术要求

静电消除器除衰减时间和残余电压外，还有一些其他的技术要求。本节主要参照《离子化静电消除器通用规范》（SJ/T 11446—2013），给出离子化静电消除器的通用规范。

（1）外观。外表面应无毛刺、破损、污物；涂、镀层应牢固，不应有褪色、剥落和锈斑，相同的涂、镀层颜色应均匀一致；装置的固定连接机构应紧固可靠；可转动、滑动和倾斜的部位应稳定可靠。在日光灯下，用目测方法，检查产品外观情况。

（2）电性能。静电消散时间和残余电压应符合表 9-3 的规定。

表 9-3　离子化静电消除器的电性能要求

类　型	级　别	残余电压绝对值/V	静电消散时间/s
离子风机	A	<5	<20
	B	<10	
	C	<50	
离子风枪或风嘴	A	<10	
	B	<50	

续表

类　型	级　别	残余电压绝对值/V	静电消散时间/s
离子棒	A	<20	
	B	<50	

静电消除器的衰减时间是指使带电体的电压从 100%衰减到 10%所需要的时间，可分为正向衰减时间和负向衰减时间。标准中规定，在指定面积、指定电容量的金属孤立导体上，正向衰减时间是指从初始电压 1000V 衰减到 100V 所需要的时间；负向衰减时间是指从初始电压-1000V 衰减到-100V 所需要的时间。残余电压是指孤立的带电导体在静电消除器的环境中最终达到的电压值。使用时应保持空气洁净、干燥，使用压缩空气时，最好使用过滤器，使气流净化，否则会使消电效率变低。在使用过程中，要定期进行维护，经常用自带的清洁毛刷清洁放电极。对于带有空气入口网和出口网的静电消除器，应防止它们阻塞气流，可以用软毛刷清洁或压缩空气清洁。同时需要关注人员健康，注意臭氧浓度、离子化水平、风速等应满足要求，最好能够配置带有加热丝的离子风机。

（3）臭氧浓度。臭氧浓度应符合 GBZ 2.1—2007 的规定，浓度不得超过 0.3mg/m^3。检测需要在一个密闭房间内进行，房间尺寸为 2.5mm×3.5mm×3.0mm，墙壁表面覆盖聚乙烯板。房间保持温度约 25℃，相对湿度约 50%，加电运行 24 小时后，将臭氧取样管设置在距离子风机出口 50mm 的位置进行测试。

（4）电磁骚扰限值。不同频段的电磁骚扰值应符合 GB 4842—2004 中 1 组 B 类设备的规定，见表 9-4，检测时也依据 GB 4842—2004 规定的方法进行。检测时利用固定频率的天线，分别在水平极化和垂直极化两种状态下进行测量。

表 9-4　离子化静电消除器的电磁骚扰限值

频段/MHz	骚扰限值/dB（μV/m）	
	在试验场	在现场
0.15～30	未要求	未要求
30～230	30	30
230～1000	37	37

（5）电气安全性。电气安全性应符合 GB 4793.1—2007 的规定，检测时也依据 GB 4793.1—2007 标准进行。

（6）噪声控制。噪声应符合 GB 50073—2001 的规定，不应大于 65dB（A），依据 GB 6882—2008 规定的方法进行测试。

（7）洁净性能。若静电消除器在各种洁净低等级的环境中运行，则产生的粒径大于或等于 0.5μm 的悬浮粒子数应满足以下要求：

在洁净度为 4 级（ISO Class 4）的环境中，受悬浮粒子数小于等于 352 粒/ m^3。

在洁净度为 5 级（ISO Class 5）的环境中，受悬浮粒子数小于等于 3520 粒/ m^3。

在洁净度为 6 级（ISO Class 6）的环境中，受悬浮粒子数小于等于 35 200 粒/ m^3。

在洁净度为 7 级（ISO Class 7）的环境中，受悬浮粒子数小于等于 352 000 粒/ m^3。

在洁净度为 8 级（ISO Class 8）的环境中，受悬浮粒子数小于等于 3 520 000 粒/ m^3。

检测时利用空气粒子读数器评估离子化静电消除器在运行状况下产生的悬浮粒子数。

9.4　检测仪器

评价静电消除器性能的两个关键参数是电荷的中和能力（衰减时间）和残余电压。衰减时间定量描述了静电消除器消散电荷的能力，衰减时间越短，静电消除器中和电荷的能力越强。残余电压反映了静电消除器的正、负离子的平衡度，其值越接近零越好。

对平板电容而言，电荷与极板间的电压满足 $Q = CU$ 。通过固定电容 C ，将对电荷的分析转化为对电压的分析。IEC 61340—5—1 和 ANSI/ESD STM 3.1—2006 均采用了这种方法，测试装置主要由导电平板、限流高压源、非接触式静电电压表、衰减时间计时器等几部分组成，如图 9-11 所示。其中规定充电平板电容最小为 15pF，包含支架、高压继电器、测试电路的总电容为(20±2)pF，平板电容的标准尺寸为 15cm ×15cm，间距为 1.875cm，如图 9-12 所示。对环境空气电离浓度和平板电容泄漏电阻的要求是：平板电容 5 分钟内的自然衰减不得超过初始值的 10%。按标准要求制作的仪器称为静电电荷分析仪（也称平板电荷分析仪、静电衰减测试仪、离子平衡分析仪、充电板检测器等），实物图片如图 9-13 所示。实际产品只要平板面积和电容值满足标准规定，那么平板间距离不一定是 1.875cm。以非接触式电压探测器的测量距离为准，为了达到 20pF 电容值的要求，可并联电容器。

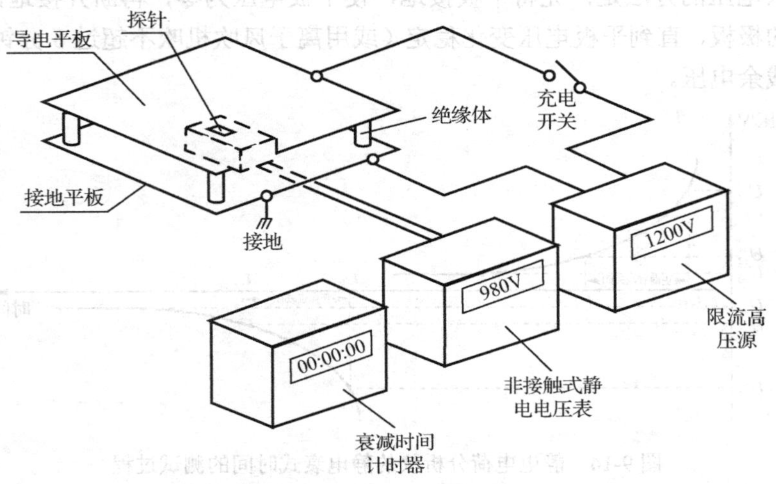

图 9-11　静电电荷的测试装置

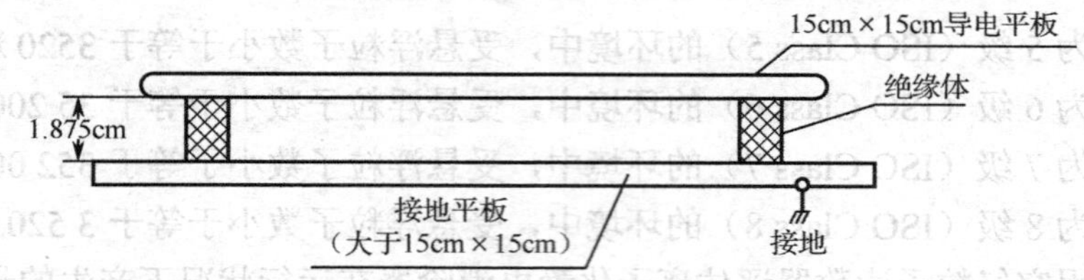

图 9-12　平板电容的结构

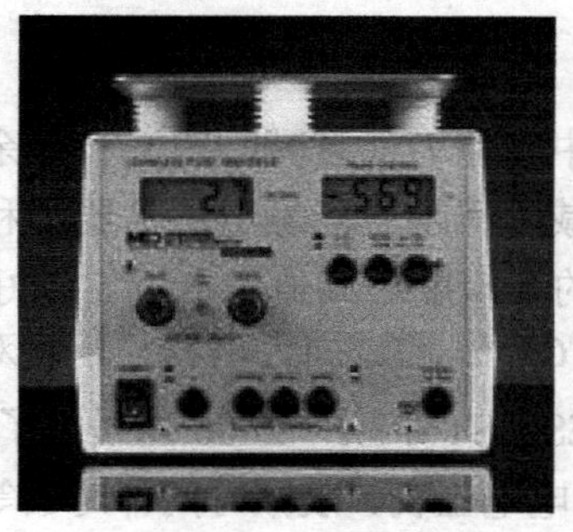

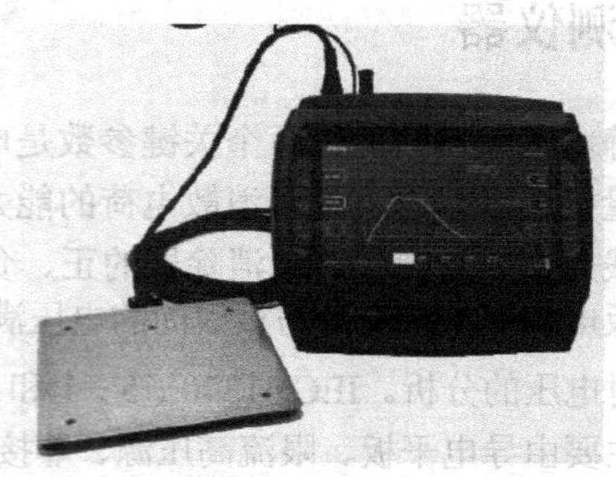

图 9-13　静电电荷分析仪的实物图片

静电电荷分析仪的静电衰减时间的测试过程如图 9-14 所示，首先闭合充电开关，利用高压源给平板电容充电，当充电电压超过上门限电压 U_{+1} 时，断开充电开关，用离子风机吹平板电容的极板，中和极板上的静电电荷，使电荷减少，电压降低。当电压曲线向下越过上门限正电压 U_{+1} 时，计时器开始计时，当电压曲线向下越过下门限正电压 U_{+2} 时，计时器停止计时，计时器的读数即为电荷正向衰减时间 $\Delta t_{+}=t_{+2}-t_{+1}$。负向衰减时间的测试过程同上。测试残余电压的方法是：先将平板接地，使平板电压为零，再断开接地，用离子风机吹平板电容的极板，直到平板电压变化稳定（或用离子风吹机吹不超过 5 分钟），平板电压的读数即为残余电压。

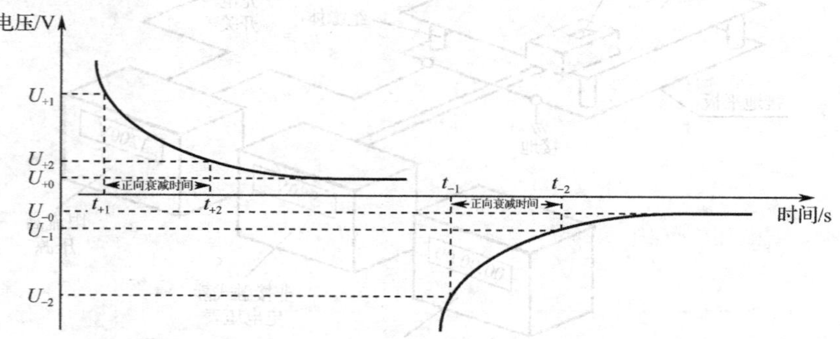

图 9-14　静电电荷分析仪的静电衰式时间的测试过程

9.5 检测方法

在测试时，根据静电消除器的不同类型，把充电平板置于规定的不同位置上进行检测。

9.5.1 验收测试

ANSI/ESD STM 3.1—2006 规定了静电消除器的检测方法，适用于生产厂商测试仪器的性能指标，用户进行验收测试。

1．空间电离式静电消除器的检测

在对空间电离式静电消除器进行检测时，要求在充电平板 1.5m 范围内无其他物品，静电消除器预热 30 分钟。测试人员应接地并距离充电平板 1.5m 以上，充电平板距静电消除器的风口 1.5m。不同种类空间电离式静电消除器的最少检测点数和检测位置分别如图 9-15、图 9-16、图 9-17、图 9-18 所示。残余电压的读数时间范围是 1～5 分钟。

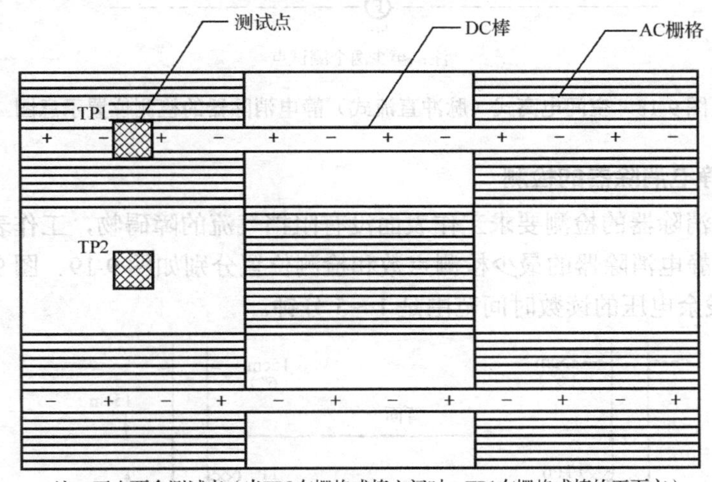

图 9-15　空间电离式（AC 栅格式和 DC 棒式）静电消除器的检测位置示意图

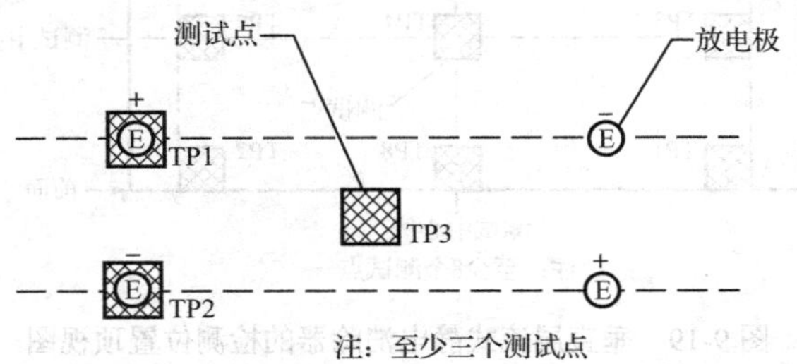

图 9-16　空间电离式（单极发射式）静电消除器的检测位置示意图

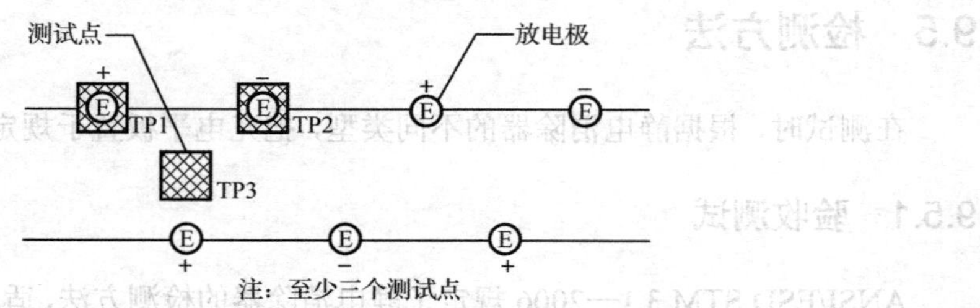

图 9-17　空间电离式（双极直流线式）静电消除器的检测位置示意图

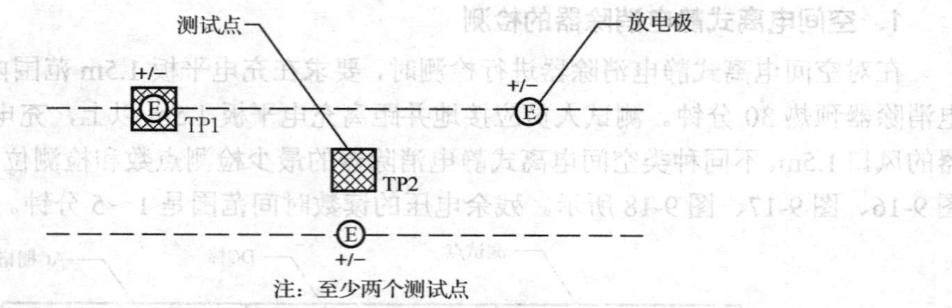

图 9-18　空间电离式（脉冲直流式）静电消除器的检测位置示意图

2．层流式静电消除器的检测

层流式静电消除器的检测要求工作表面没有阻挡气流的障碍物，工作表面良好接地。不同种类层流式静电消除器的最少检测点数和检测位置分别如图 9-19、图 9-20、图 9-21、图 9-22 所示。残余电压的读数时间范围是 1～5 分钟。

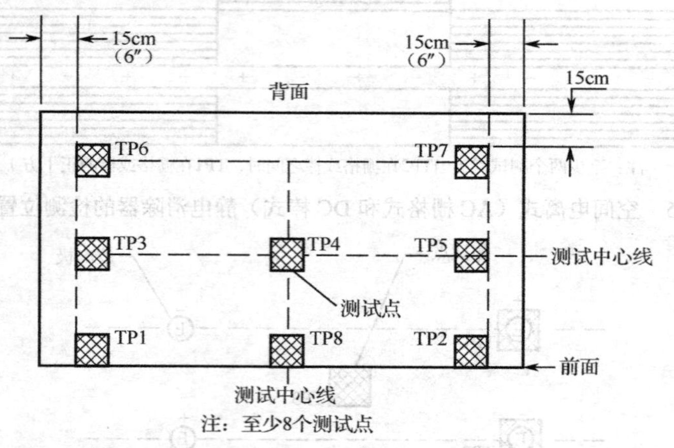

图 9-19　垂直层流式静电消除器的检测位置顶视图

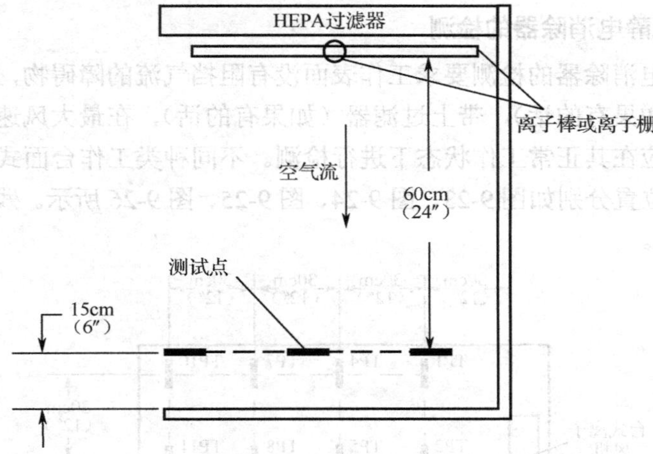

图 9-20　垂直层流式静电消除器的检测位置侧视图

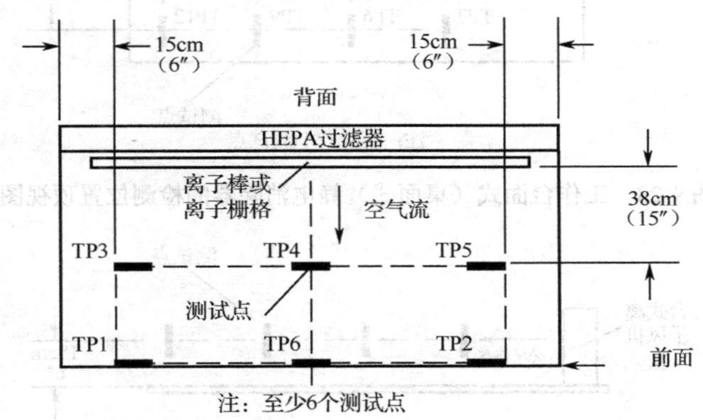

图 9-21　水平层流式静电消除器的检测位置顶视图

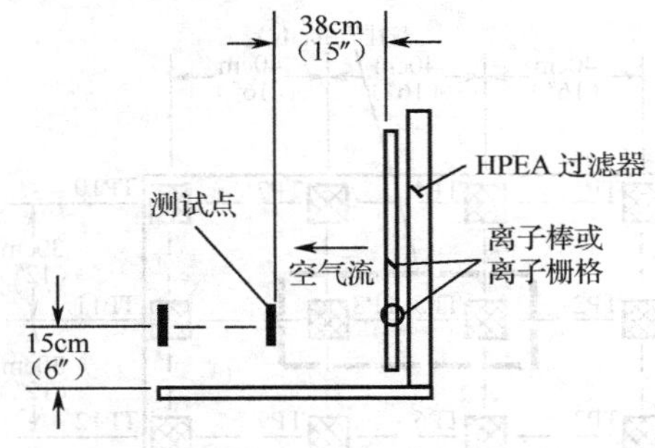

图 9-22　水平层流式静电消除器的检测位置侧视图

3. 工作台面式静电消除器的检测

工作台面式静电消除器的检测要求工作表面没有阻挡气流的障碍物，工作表面良好接地，关闭加热器（如果有的话），带上过滤器（如果有的话），在最大风速和最小风速下都要进行检测，用户应在其正常工作状态下进行检测。不同种类工作台面式静电消除器的最少测试点数和检测位置分别如图 9-23、图 9-24、图 9-25、图 9-26 所示。残余电压的读数时间范围为 1～5 分钟。

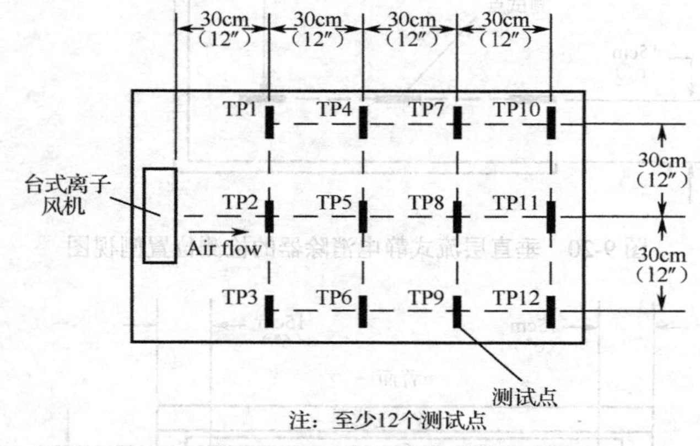

图 9-23　工作台面式（桌面式）静电消除器的检测位置顶视图

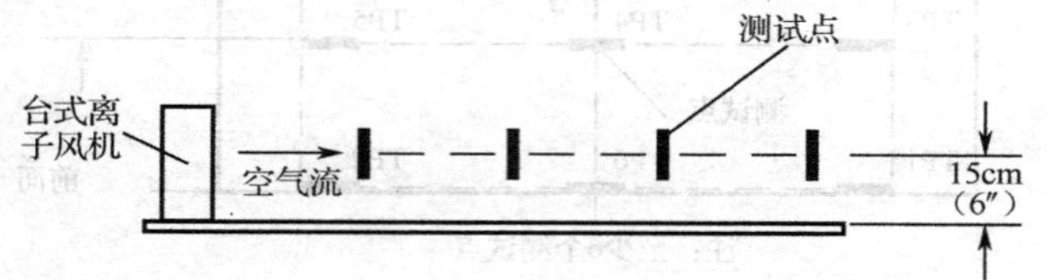

图 9-24　工作台面式（桌面式）静电消除器的检测位置侧视图

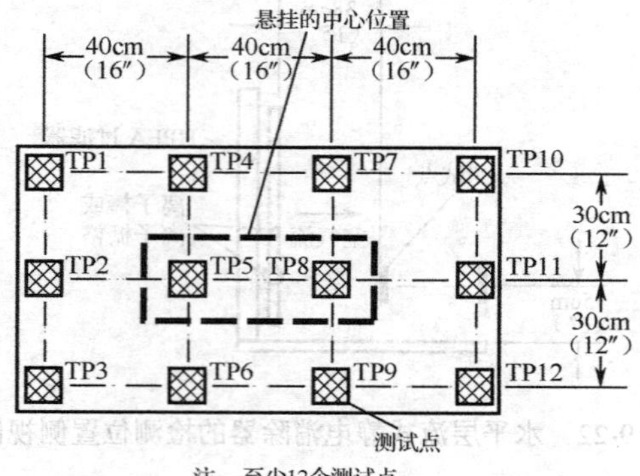

图 9-25　工作台面式（悬挂式）的静电消除器检测位置顶视图

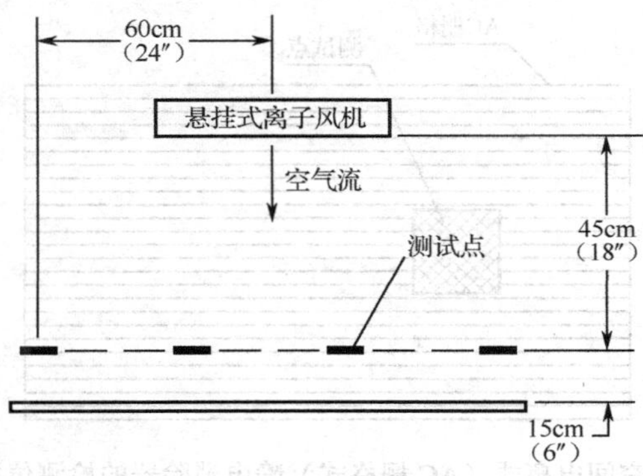

图 9-26　工作台面式（悬挂式）的静电消除器检测位置侧视图

4．压缩空气式静电消除器的检测

压缩空气式静电消除器的检测要求工作表面没有阻挡气流的障碍物，工作表面良好接地。无特殊要求时的测试气压为 0.2MPa，最终用户可以根据正常工作的气压和测试距离进行测试。压缩空气式静电消除器的最少测试点数和检测位置如图 9-27 所示。残余电压的读数时间范围是 10 秒～1 分钟。

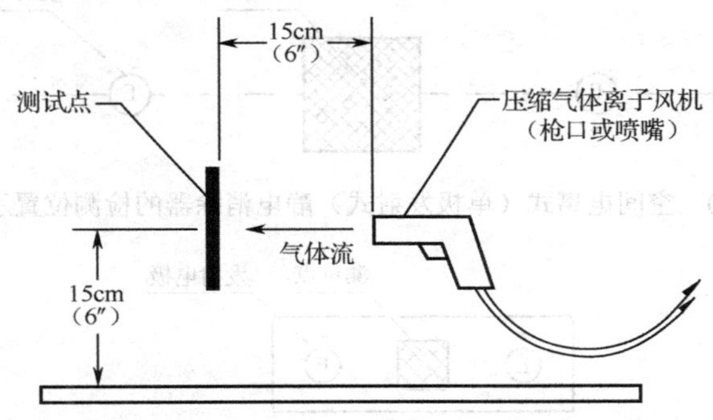

图 9-27　压缩空气式静电消除器的检测侧视图

9.5.2　周期验证

ANSI/ESD SP3.3—2006 规定了静电消除器的周期验证方法。

1．空间电离式静电消除器的周期验证

空间电离式静电消除器的周期验证要求在适宜的距离或高度（如 90cm）进行检测，不同种类的空间电离式静电消除器的检测位置分别如图 9-28、图 9-29、图 9-30、图 9-31、图 9-32 所示。残余电压的最长读数时间不超过 5 分钟。

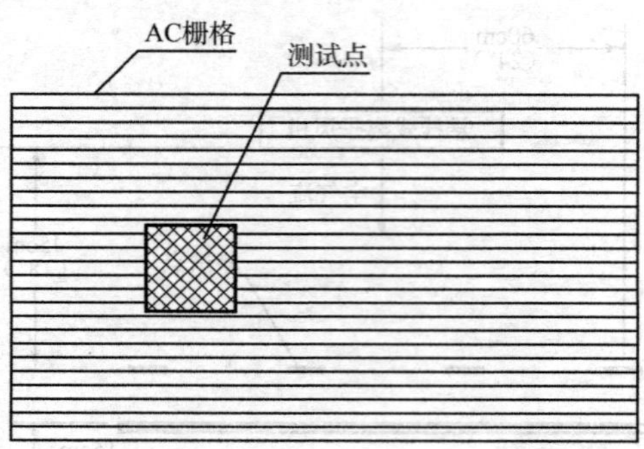

图 9-28　空间电离式（AC 栅格式）静电消除器的检测位置示意图

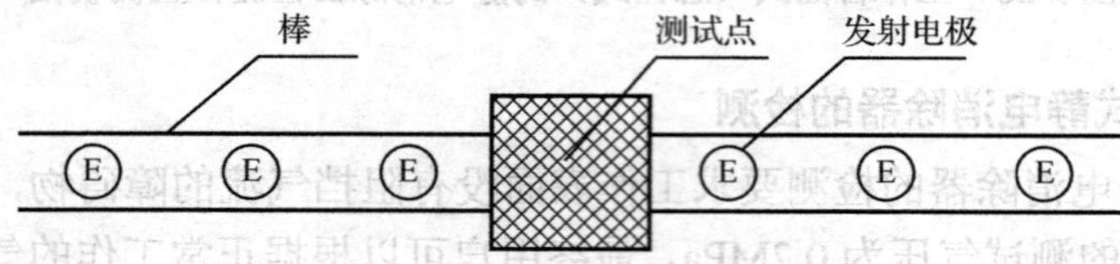

图 9-29　空间电离式（DC 棒式）静电消除器的检测位置示意图

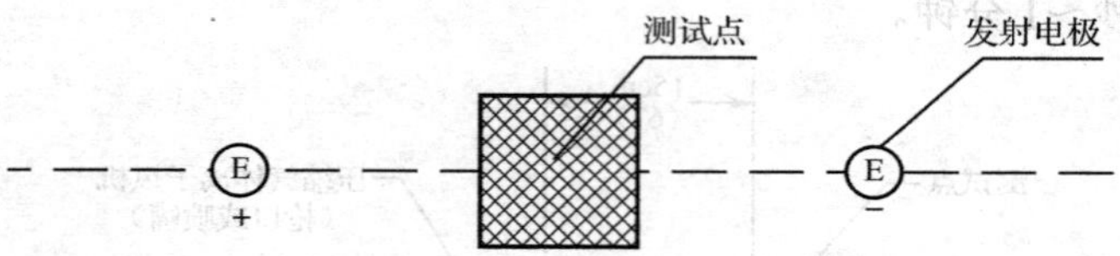

图 9-30　空间电离式（单极发射式）静电消除器的检测位置示意图

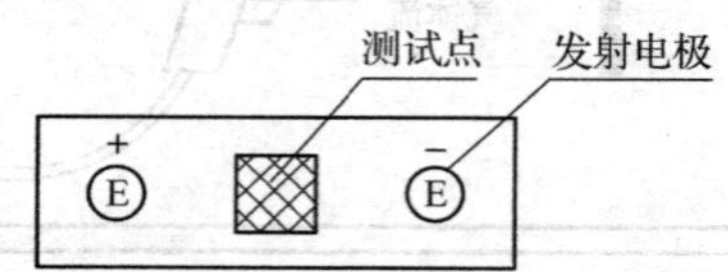

图 9-31　空间电离式（脉冲直流式）静电消除器的检测位置示意图

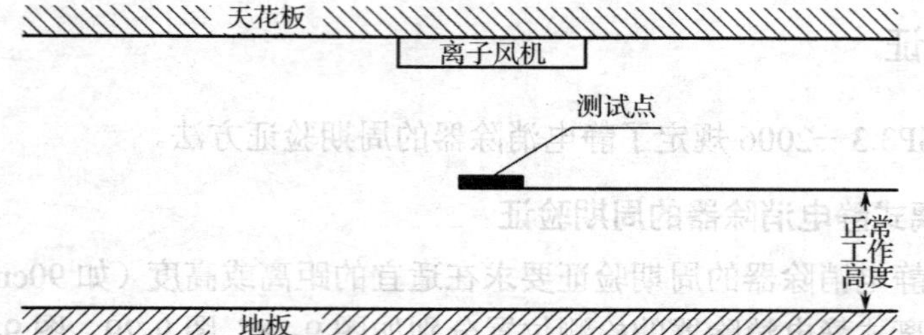

图 9-32　空间电离式静电消除器的典型检测位置侧视图

2. 层流式静电消除器的周期验证

层流式静电消除器的周期验证要求在距工作台适宜的距离或高度（如 15cm）、中心线上进行检测，不同种类层流式静电消除器的检测位置分别如图 9-33、图 9-34、图 9-35、图 9-36 所示。残余电压的最长读数时间不超过 1 分钟。

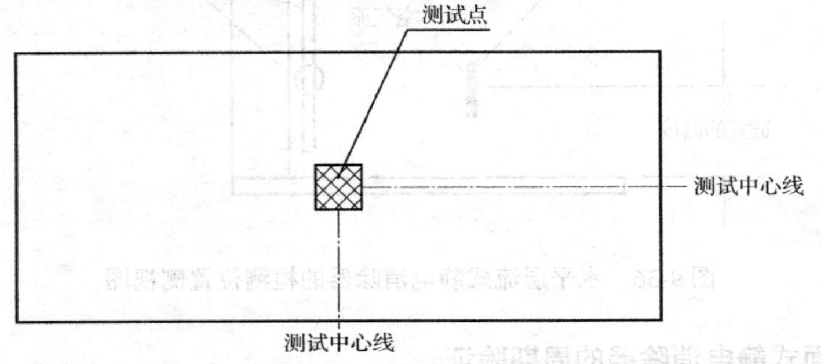

图 9-33　垂直层流式静电消除器的检测位置顶视图

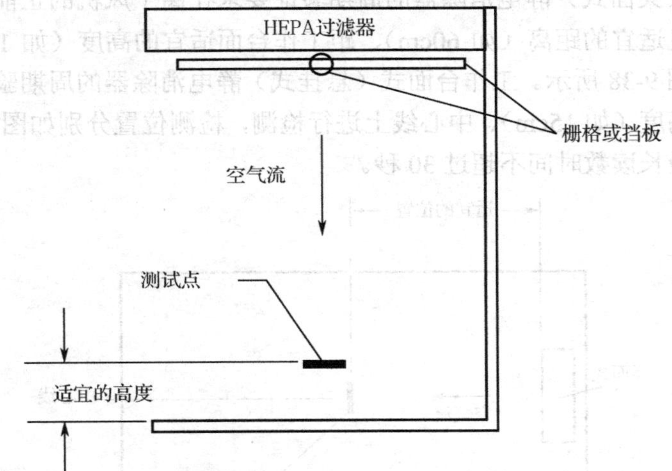

图 9-34　垂直层流式静电消除器的检测位置侧视图

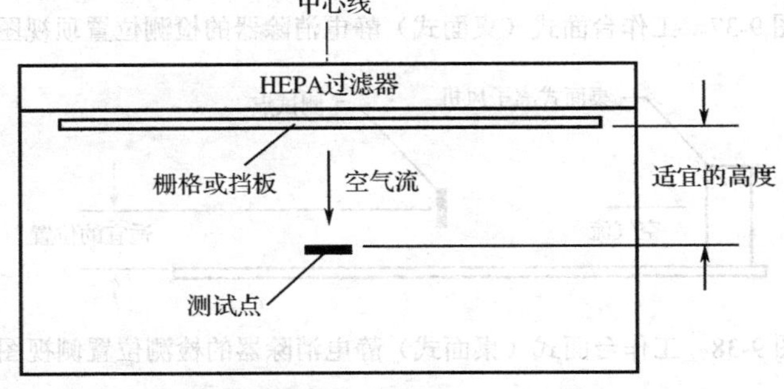

图 9-35　水平层流式静电消除器的检测位置顶视图

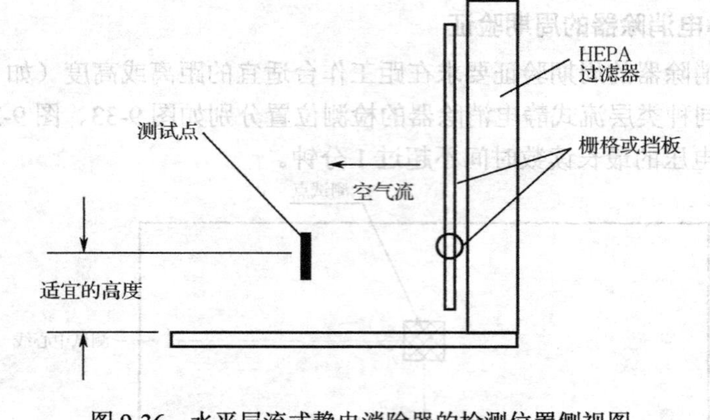

图 9-36　水平层流式静电消除器的检测位置侧视图

3. 工作台面式静电消除器的周期验证

工作台面式（桌面式）静电消除器的周期验证要求在离子风机的正前方进行测试，充电平板距离子风机适宜的距离（如 60cm）、距工作台面适宜的高度（如 15cm），检测位置分别如图 9-37、图 9-38 所示。工作台面式（悬挂式）静电消除器的周期验证要求在距工作台适宜的距离或高度（如 15cm）、中心线上进行检测，检测位置分别如图 9-39、图 9-40 所示。残余电压的最长读数时间不超过 30 秒。

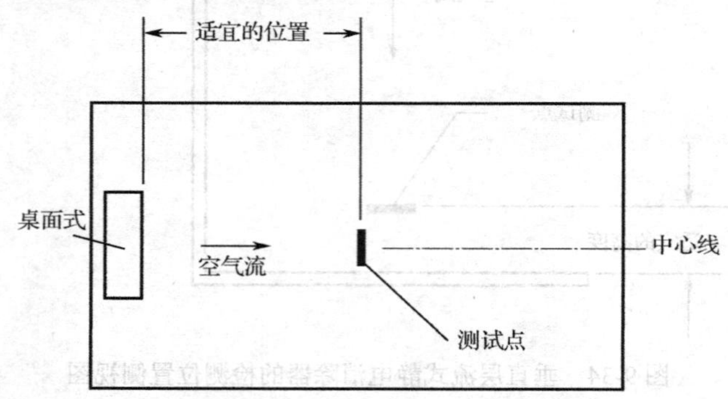

图 9-37　工作台面式（桌面式）静电消除器的检测位置顶视图

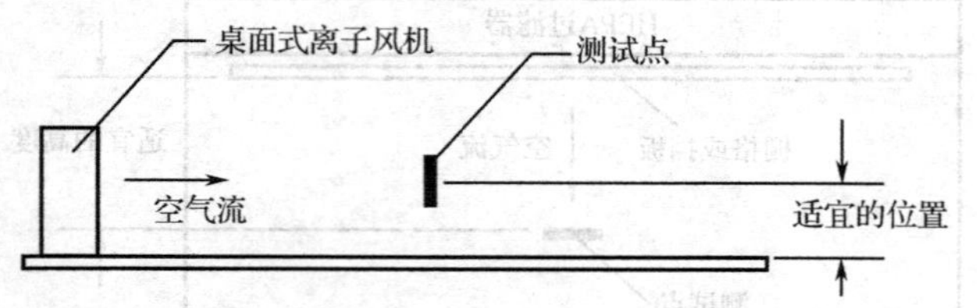

图 9-38　工作台面式（桌面式）静电消除器的检测位置侧视图

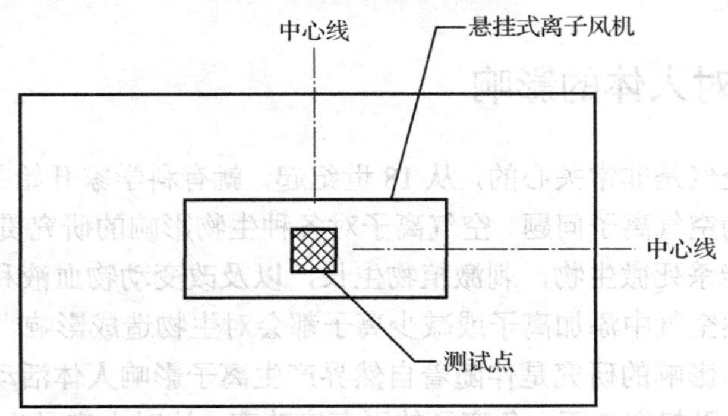

图 9-39　工作台面式（悬挂式）静电消除器的检测位置顶视图

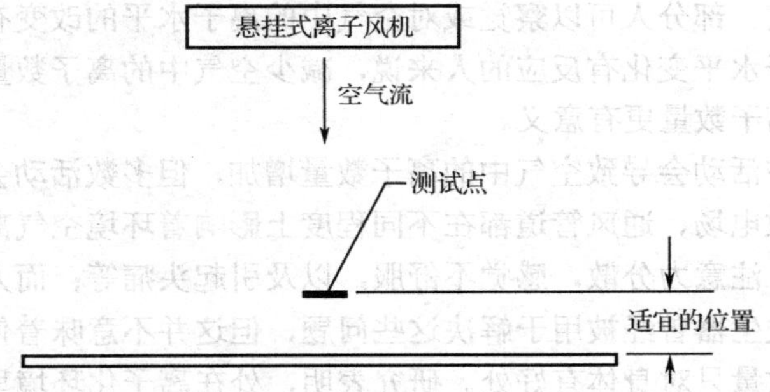

图 9-40　工作台面式（悬挂式）静电消除器的检测位置侧视图

4．压缩空气式静电消除器的周期验证

压缩空气式静电消除器的周期验证要求在离子风机的正前方进行测试，充电平板距离子风机适宜的距离（如 60cm），距工作台面适宜的高度（如 15cm），如图 9-41 所示。残余电压的最长读数时间不超过 10 秒。

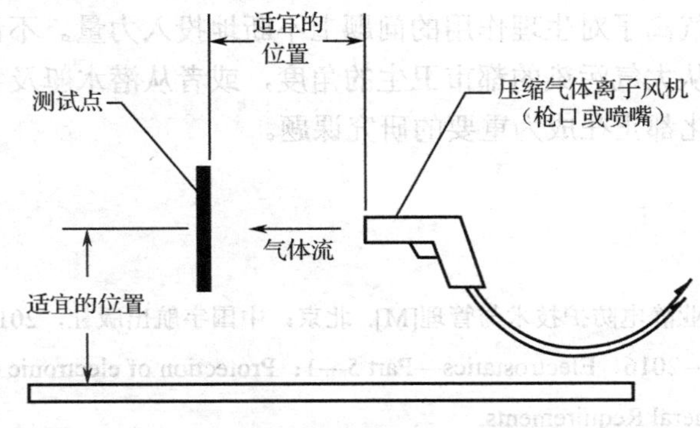

图 9-41　压缩空气式静电消除器的检测侧视图

9.6 空气离子对人体的影响

人们对呼吸的空气是非常关心的，从 18 世纪起，就有科学家开始关注空气问题，现在我们把这类问题称为空气离子问题。空气离子对各种生物影响的研究贯穿整个 20 世纪，研究发现，空气离子能杀死微生物，刺激植物生长，以及改变动物血液和脑组织的某些化学物的水平等。在自然空气中添加离子或减少离子都会对生物造成影响。

空气离子对人体影响的研究是伴随着自然界产生离子影响人体活动的研究开始的。例如，干热风的吹动会引起空气正、负离子的平衡度改变，这时人容易生病，情绪也会改变，这都是空气离子影响的缘故。尽管缺少临床试验的证据，但几种空气中的离子对人体影响的结论已经得到证实。部分人可以察觉或对空气中的离子水平的改变有所反应。更重要的是，对于那些对离子水平变化有反应的人来说，减少空气中的离子数量或减小正、负离子的比例，要比增加离子数量更有意义。

人类的一些科技活动会导致空气中的离子数量增加，但多数活动会消耗掉这些离子。工业气体污染、离散电场、通风管道都在不同程度上影响着环境空气离子的水平。离子浓度减小会让人困倦，注意力分散，感觉不舒服，以及引起头痛等；而人工增加离子浓度的效果则相反。离子发生器曾经被用于解决这些问题，但这并不意味着使用它们恢复和增加自然空气中的离子数量只对身体有好处。研究表明，处在离子化环境里的工人的表现有所改善，实质上这与工作在消耗离子的工作区有关。由于离子会影响人的行为和情绪，因此我们应该选择负离子多一些的环境。

研究发现，负离子具有镇痛、催眠、镇咳、止汗、增进食欲、降低血压、产生爽快感、防止疲劳、消除疲劳的作用。正离子的效果与此相反，一般认为正离子是刺激性的，具有失眠、头痛、不舒服、升高血压、热感等作用。研究表明，适当密度（以 10^4～10^5 个 / cm^3 左右为宜）的负离子浴对人体是有益的，而过量的负离子反而对人体有害。

总之，各国在空气离子对生理作用的问题上不断地投入力量。不论从住宅及工厂的环境卫生的角度，还是从大气污染的都市卫生的角度，或者从潜水艇及宇宙飞船中的健康管理的角度，空气离子化都正在成为重要的研究课题。

参考文献

[1] 袁亚飞. 电子工业静电防护技术与管理[M]. 北京：中国宇航出版社，2013.

[2] IEC 6140—5—1—2016，Electrostatics—Part 5—1：Protection of electronic devices from electrostatic phenomena—General Requirements.

相关标准

GB/T 15463—2008，静电安全术语

ANSI/ESD S20.20—2014，For the Development fo an Electrostatic Discharge control Program for —Protection of Electrical and Electronic Parts, Assemblies and Equipment (EVcluding Electrically Initialted EVplosive Devices)

GB/T 32304—2015，航天电子产品静电防护要求

GJB 3007A—2009，防静电工作区技术要求

EJ/T 840—1994，静电消除器钚 238α源

EJ 661—1992，钋—210 静电消除器

SJ/T 11446—2013，离子化静电消除器通用规范

GBZ 2.1—2007，工作场所有害因素职业接触限值 化学有害因素

GB 4706.45—2008，家用和类似用途电器的安全 空气净化器的特殊要求

GB 4824—2004，工业、科学和医疗（ISM）射频设备电磁骚扰特性 限值和测量方法

GB 4793.1—2007，测量、控制和实验室用电气设备的安全要求 第 1 部分：通用要求

GB 50073—2013，洁净厂房设计规范

GB/T 6882—2008，声学 声压法测定噪声源声功率级消声室和半消声室精密法

ANSI/ESD STM3.1—2006，For the Protection of Electrostatic Discharge Susceptible Items—Ionization

ANSI/ESD SP3.3—2006，For the Protection of Electrostatic Discharge Susceptible Items—Periodic Verification of Air Ionizers

第 10 章

防静电设备与工具

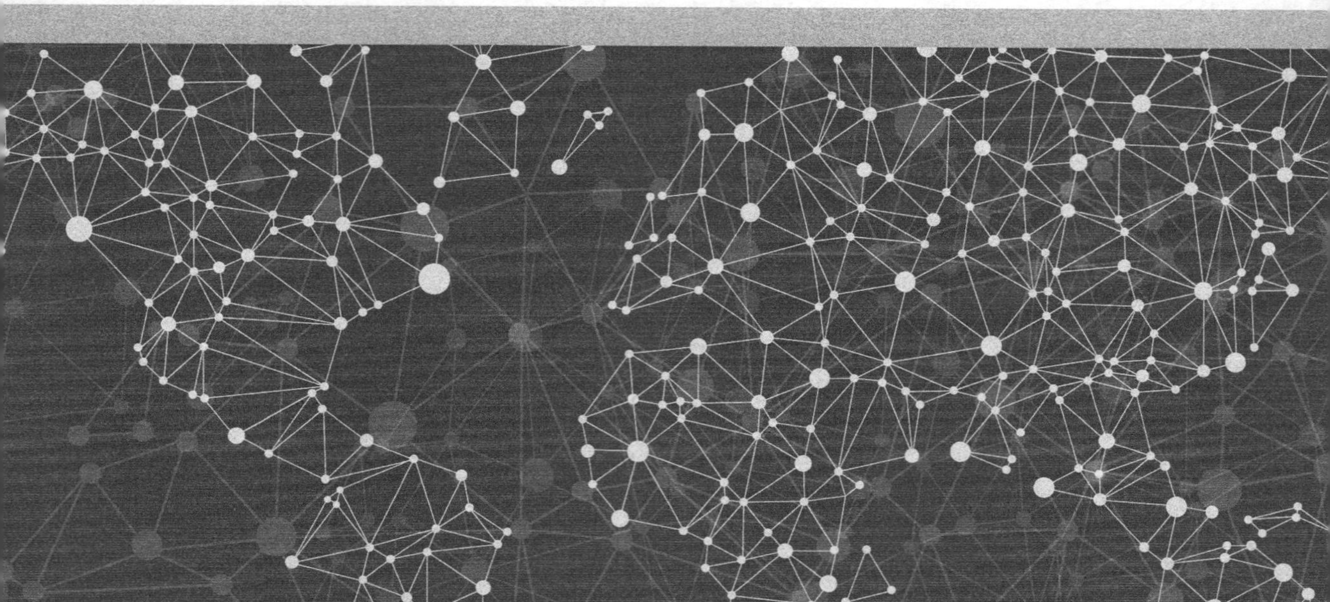

在 ESDS 产品的生产过程中，可能涉及众多的仪器、设备、工具等，但从静电接地的角度可分为通过保护地接地和通过人体接地两大类，通过保护地接地的要求是对地电阻小于 2Ω，通过人体接地的要求是对地电阻小于 $1.0\times10^9\Omega$，国内外标准对防静电设备工具的防静电性能要求见表 10-1。

表 10-1　国内外标准对防静电设备工具的防静电性能要求

标准	ANSI/ESD S20.20—2014	IEC 61340—5—1—2016	GB/T 32304—2015	GJB 3007A—2009
项目	手持工具： 对地电阻<2Ω 对地电压<20mV 泄漏电流<10mA	无要求	电烙铁、吸锡器、热剥器、拆焊等手持电装工具： 对地电阻<2Ω 对地电压<20mV 泄漏电流<10mA 镊子、毛刷、钳子、夹具等手持工具： 对地电阻<$1.0\times10^9\Omega$	电烙铁、焊接设备： 对地电阻<20Ω 工位器具（吸锡器、刷、气动工具等，存放架、传递用品等）： 点对点电阻<$1.0\times10^9\Omega$ 衰减期<2s（1000V～100V）

10.1　基本要求

1．通过保护地接地的设备

通过保护地接地的设备有贴片机、插装机、波峰焊机、温湿箱，以及空气压缩的喷雾、油漆、喷砂等生产、装联、焊接、检验、高低温处理等设备，设备中与 ESDS 产品接触的部位和金属机箱必须通过电源保护地线（PE）接地。无论从人员安全还是从静电防护的角度都要求设备的金属外壳必须接地正确、可靠，并定期检查。

通过保护地接地的电气工具有电烙铁、剥线器、吸锡器等，这些工具必须使用单相三线、接地型的电源插座，与 ESDS 产品直接接触的金属部分必须良好接地。新产品在通电情况下的对地电阻应小于 2.0Ω（或对地电压小于 2mV，泄漏电阻小于 10mA）。随着使用时间的增加，可能会出现连接部位接触电阻增大的情况，如烙铁头的氧化等，烙铁头的对地电阻应小于 10.0Ω。电烙铁在使用时应注意：① 使用可接地的电烙铁，采用单相三线制供电，烙铁头接地；② 电烙铁头与电热丝之间的绝缘电阻要足够高，日本工业标准规定，一般 ESDS 器件的焊接，绝缘电阻应在 $10^7\Omega$以上，MOS 电阻焊接，要求绝缘电阻在 $10^8\Omega$以上；③ 降低电烙铁的供电电压，使用 24V（36V）的电源供电；④ 更安全的办法是断电焊接，即电烙铁配备断电焊接控制装置。在装有 ESDS 产品的情况下，不可使用能产生瞬时尖峰干扰脉冲信号的电动改锥、电钻等电动工具。

2. 通过人体接地的设备

通过人体接地的设备有扁嘴钳、剥线钳、镊子等，这些设备通过ESD工作台面与使用工具的人员实现接地，所以关键还是人员的良好接地。金属手动工具的手握塑料外套通常不是ESD关注的重点，因为要在它的上面积聚足够的电压或产生ESD事件是非常困难的，但金属工具的塑料部分若使用黑色防静电塑料制作则更加安全。当人员手持工具操作时，通过人员接地。气动工具、电池供电的工具表面对地电阻应不大于$1.0\times10^9\Omega$。

固定夹具应由导电材料或静电耗散材料制作，若导电性夹具不是放在防静电工作台面上的，也不是由良好接地工作人员所持有的，则必须有分离的接地导线使其良好接地。用高温烘箱处理ESDS产品时，应将产品放在耐高温的静电防护包装袋内或接地良好的金属盒（箱）内进行。

10.2 防静电电烙铁

在通过保护地接地的工具中，选择最具代表性的防静电电烙铁进行分析，其他设备与工具可参照执行。

1. 技术要求

防静电电烙铁除具有防静电性能外，还应具备普通电烙铁的基本属性。本节主要参考《电烙铁》（GB/T 7157—2008）提出防静电电烙铁的技术要求。

电烙铁是具有电加热的烙铁头的器具，按有无温度控制可分为普通电烙铁和可控温电烙铁（如恒温电烙铁、焊台等）。普通电烙铁是指工作温度与工作电压成正比的电烙铁。恒温电烙铁是由电子电路或其他装置控制的，在额定工作条件下工作温度不受外界因素变化的影响，且温度能自动维持在设定值的电烙铁，常用于对焊接温度要求严格的焊接作业中。为提高电烙铁的性能，通常用一个独立装置控制电烙铁的工作，该装置的功能包括：控温、温度设定、休眠、密码锁、自动开关机、故障判断及报警等，这种具有一个独立控制装置且通过操作该装置可实现多种功能的电烙铁即为焊台。按受热结构电烙铁可分为内热式电烙铁和外热式电烙铁。内热式电烙铁是发热元件插入烙铁头空腔内加热的电烙铁；外热式电烙铁是烙铁头插入发热元件内加热的电烙铁。

(1) 安全性：电烙铁的安全要求应符合GB 4706.1—2005和GB 4706.41—2005的规定，在正常使用中能安全地工作，即使在正常使用中出现疏忽时，也不会引起对人员和周围环境的危险。

(2) 工作温度：对无负载的普通电烙铁施加额定电压，在20分钟内烙铁头工作面温度应达到稳定的状态，实测温度与标称温度的偏差应满足±10%的要求。对无负载的恒温电烙铁施加额定电压，在3分钟内烙铁头工作面温度应达到稳定的状态，实测温度与标称温度的偏差应满足±10%的要求。试验电压是额定电压的 90%～110%，这个电压是电烙铁工作的最不利的电压。标称温度包含电烙铁温度范围内的任意点。

（3）回温速度：无铅焊接电烙铁在正常工作过程中应有较快的回温速度，在规定的 PCB 板上采用规定的焊锡进行标准的操作，回温速度不大于 12 秒。回温速度是指在焊接过程中将烙铁头下降的温度恢复到设定值所需要的时间。

（4）热容量：对于普通电烙铁应有足够的热容量。在环境温度为(25±5)℃时，给电烙铁供以额定电压，温度达到 300℃后，立即将圆柱形工业纯锡柱以不超过 1N 的作用力垂直放在烙铁头的工作面上 2 分钟，然后测量 2 分钟内熔化的锡柱质量应符合表 10-2 的要求。

表 10-2 普通电烙铁 2 分钟内熔化的锡柱质量

功率/W	外热式	30	50	75	100	150	200	300	500
	内热式	20	35	50	70	100	150	200	300
圆柱形锡柱（工业纯锡）	直径/mm	3	4.2	6.5	7.5	9	12	12	12
	长度/mm	130	130	125	125	130	120	120	140
锡柱熔化质量/g		5	10	20	25	40	60	80	100

（5）外观与结构：电烙铁的外观应完整，组装正确；金属（有防锈能力的除外）部分应进行电镀、油淬及其他相应的防锈处理；烙铁头可更换，其电烙铁头的更换方式及结构应简单方便，并且组装紧凑；若有开关，则在开、关时可能产生电弧危险的部分应有耐性的电绝缘措施，可更换的发热元件及易损件应易于更换。电气连接应设在温度低的部位，装配在连接器部分的电缆中的各线芯应用热传导系数小的耐热绝缘材料进行保护。电源线与发热体之间的连接应能有效固定。带电部件之间及带电部件与非带电部件的接触部分之间不应发生松动现象。手柄的形状应保证握持舒适，表面应平整光滑，不应有毛刺、裂纹和凹痕等缺陷。另外，焊台应配有一个支架。

（6）电源线与电源插头：电烙铁所用的电源线应符合 GB/T 5013.4 和 GB/T 5023.5 的规定，导线截面积应符合 GB 4706.1—1005 的第 25.8 条的规定，长度应不小于 1.5m。

（7）合金烙铁头：在焊接过程中，合金烙铁头应有足够的润湿性。即烙铁头上锡完成后，将其安装到预期使用的电烙铁上进行测试，在额定电压下空烧 4 小时，温度至少为 400℃或最高标称温度（取两者中较不利的数值）。用清洁棉擦掉烙铁头上的氧化层，然后马上用焊锡上锡，烙铁头挂锡应流畅。合金烙铁头应有足够的耐久性，在累积达到 60 000 万个焊点前烙铁头不应出现孔洞或沙眼。

（8）电镀件：镀层不得有起层、剥落及局部无镀层等现象。镀件上的斑点、缺陷面积应不超过 $3mm^2$，单个斑点的面积应不超过 $1mm^2$。电烙铁经发热试验后，镀层不得起层、剥落。电镀件经盐雾试验后，镀层应无生锈痕迹，但在锐边 2mm 范围内的锈点和任何能够脱掉的淡黄色锈点可以忽略不计。

（9）发热芯的使用寿命：将电烙铁放在支架上，在额定电压下，以通电 4 小时、断电

1 小时的周期循环进行，额定功率小于 100W 的电烙铁的通、断电时间应达到 500 小时，额定功率大于等于 100W 的电烙铁的通、断电时间应达到 300 小时，在冷却到室温后，发热芯不应开路，手柄不应烧焦、熔化、变形或开裂。发热芯应能承受基本正统波及频率为 50Hz 的 1250V 交流试验电压。对发热芯进行历时 1 分钟的冷态电气强度试验，在试验期间不应出现击穿。

2. 防静电性能检测

（1）准备工作

ESD STM13.1—2000 规定了手动电烙铁和去焊器的头对地、头的电压和漏电流的检测方法。检测时要配备测试电极，测试电极可以在 2.4mm 厚的 FR-4 电路板（或等效材料）上敷铜 56.7g 制成，如图 10-1 所示。其中，接触区是与烙铁头接触的区域，在该区域内可进行镀锡等操作。测试电极应能方便清洗、更换。典型烙铁头的可接地点如图 10-2 所示。

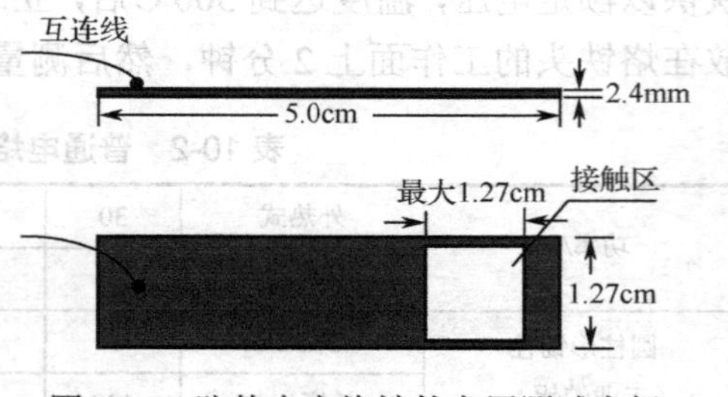

图 10-1 防静电电烙铁的专用测试电极

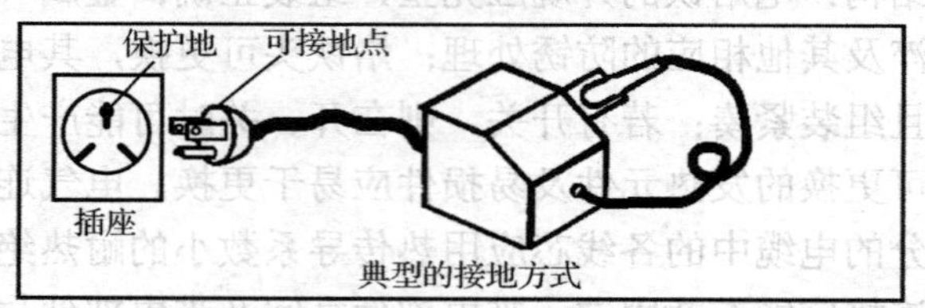

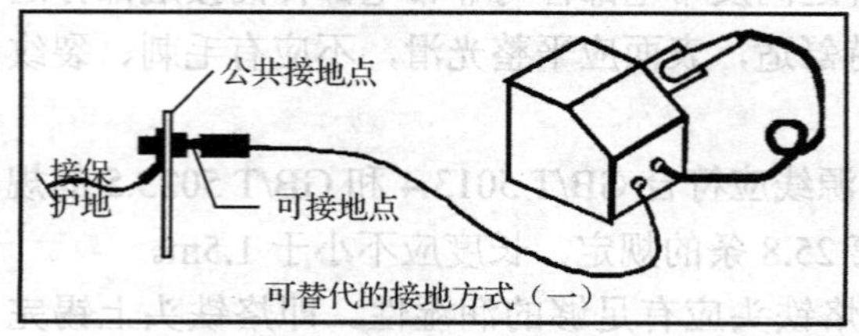

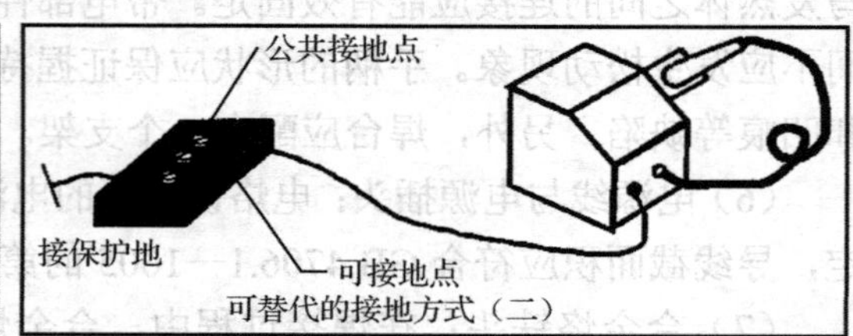

图 10-2 典型烙铁头的可接地点

（2）烙铁头电阻的测试方法一（热测试）

烙铁头电阻的测试采用加电流测电压的伏安法，如图 10-3 所示，恒流源能够提供 (10±0.1)mA 的直流电流，直流电压表的量程为 10mV～60mV。测试前烙铁头应清洗干净，预热到工作温度，也可采用焊锡保证烙铁头与测试电极有良好的接触。预热后，断开插头，快速地按图 10-3 中的接线图完成连线，加载电流源，待数据稳定后，读取测试电压值。假设电流源的电流为 I，电压表的读数为 U，则被测电阻的大小为 $R=U/I$。由于测试电流为 10mA，被测电阻要求小于 2Ω，因此电压表的读数应小于 20mV。

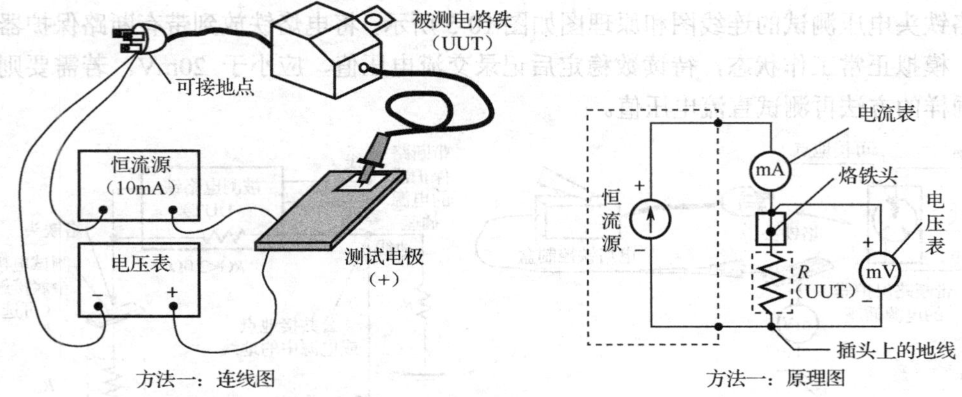

图 10-3　烙铁头电阻的测试方法一

（3）烙铁头电阻的测试方法二（冷测试）

冷测试是指在烙铁完全冷却后，利用万用表进行测试，如图 10-4 所示。测试时应拔下电源插头，待烙铁完全冷却，保证烙铁头与测试电极良好接触。测试过程中要交换万用表的表笔进行测试，两次的测试结果都应小于 2.0Ω。

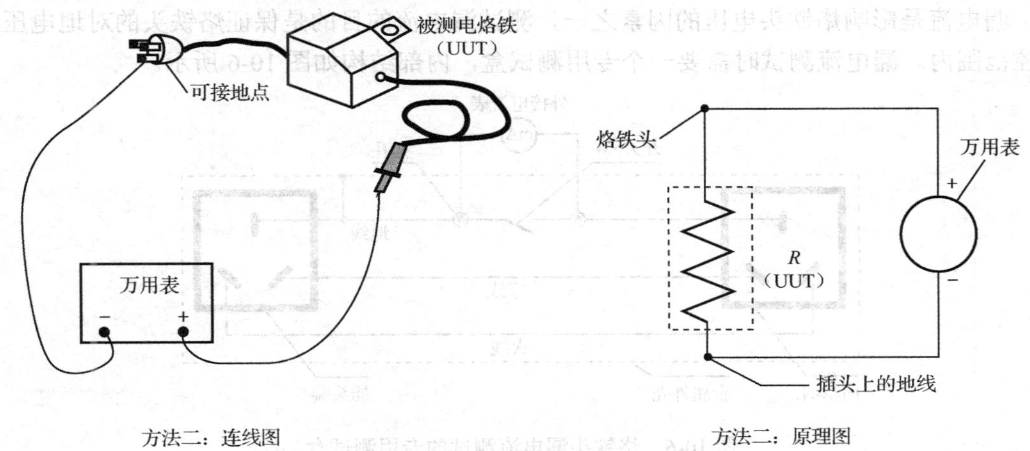

图 10-4　烙铁头电阻的测试方法二

（4）烙铁头的电压测试

在烙铁头的电压测试和漏电流测试时，因为电烙铁连接到交流电源上，并在加热状态下进行，所以一定要注意人员安全。为防止触电的危险，一定要保证供电电源上的可接地线上装有 4mA～6mA 的断路保护器（GFI）。

烙铁头电压测试的连线图和原理图如图 10-5 所示，将电烙铁放到带有断路保护器的插座上，模拟正常工作状态，待读数稳定后记录交流电压值，应小于 20mV。若需要则可以利用同样的方法再测试直流电压值。

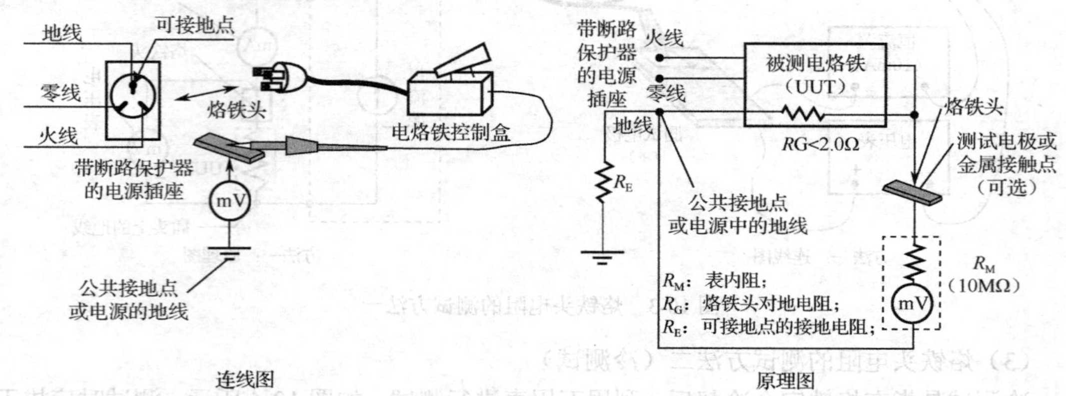

图 10-5　烙铁头的电压测试

（5）烙铁头的漏电流测试

漏电流是影响烙铁头电压的因素之一，测试漏电流的目的是保证烙铁头的对地电压在可控范围内。漏电流测试时需要一个专用测试盒，内部结构如图 10-6 所示。

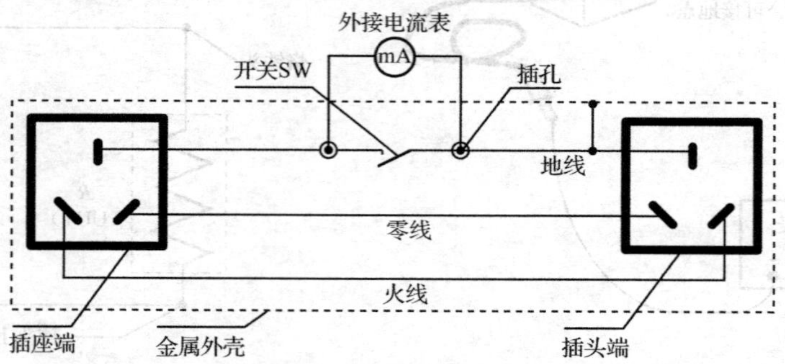

图 10-6　烙铁头漏电流测试的专用测试盒

测试时，按图 10-7 连线，待电烙铁正常工作后，测试开关 SW 拨到外接电流表这端，读取并记录交流电流值，其值应小于 10mA。

（6）日常检测

电烙铁的日常检测可采用万用表检测，也可使用专用的电烙铁综合测试仪，对地电阻的测试量程为 0Ω～90Ω，测量精度为±5%左右。电烙铁综合测试仪的实物图片如图 10-8 所示。

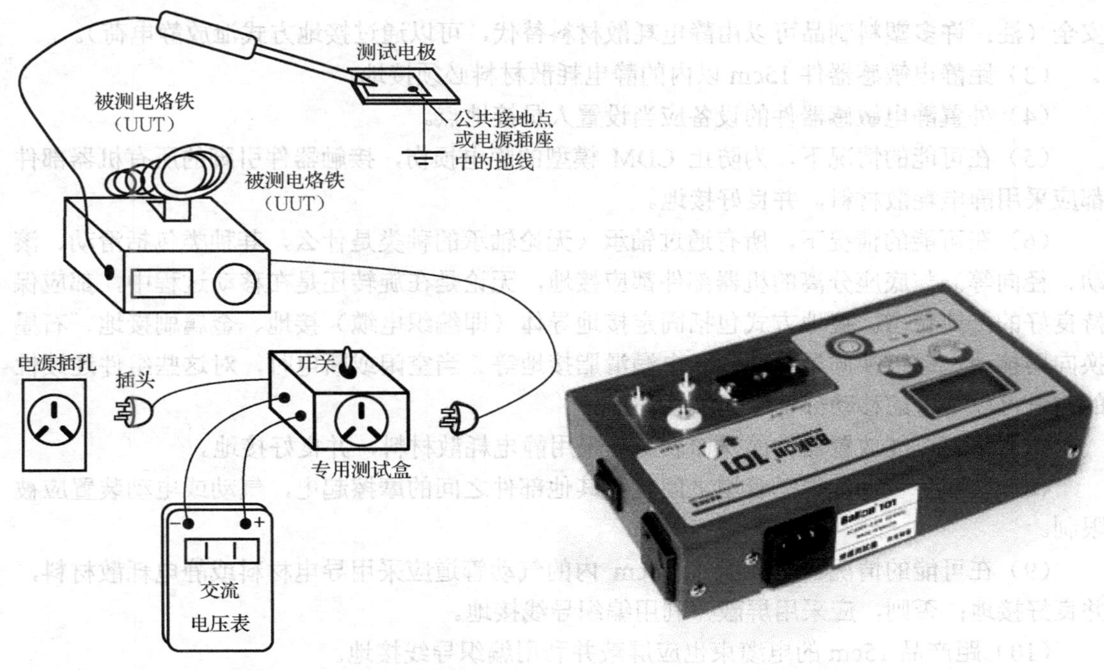

图 10-7　烙铁头漏电流测试的连线图　　　图 10-8　电烙铁综合测试仪

10.3　自动化设备

自动处置设备（Automated Handling Equipment，AHE）是指任何形式的按一定顺序自动处置产品的仪器或设备，包括晶片设备、倒装设备、传输设备、包装设备等，也包括自动测试设备（Automated Test Equipment，ATE）。关键路径组件（Critical Path Components）是指距产品传输通道一定距离内的组件，这个距离一般为 15cm，也可以由厂商和用户约定。为了在 AHE 中实现 ESD 控制，需要监视和验证当器件通过 AHE 时的静电荷。

ANSI/ESD SP10.1—2007 的附录 A 给出了利用测试自动处置设备上的静电压或静电场，进而判断其静电防护程度的一般方法，同时也给出了自动处置设备的设计、建造和测试的通用接地原则。

1. 接地原则

自动处置设备的设计、建造和测试的通用接地原则如下。

（1）关键路径 15cm 以内的静止或固定导电材料均应接机壳地，接地电阻应小于 1Ω（电阻 1Ω是通用的指导原则，但它不适用于大电流的操作模式（电机）和故障分析模式（基底短路），在故障分析模式下，可以通过控制电阻值将电压限制到一定水平）。

（2）关键路径 15cm 以内的绝缘材料应利用屏蔽、涂层、电镀或以其他方式保证静电安全（注：许多塑料制品可以由静电耗散材料替代，可以通过接地方式泄放静电荷）。

（3）距静电敏感器件 15cm 以内的静电耗散材料必须接地。

（4）处置静电敏感器件的设备应当设置人员接地点。

（5）在可能的情况下，为防止 CDM 模型的静电损伤，接触器件引脚的所有机器部件都应采用静电耗散材料，并良好接地。

（6）在可能的情况下，所有通过轴承（无论轴承的种类是什么，其种类包括滑动、滚动、径向等）与底座分离的机器部件都应接地，无论是在旋转还是在移动过程中，都应保持良好的接地状态。接地方式包括固定接地导体（即编织电缆）接地、金属刷接地、石墨换向器接地、铜铍换向器接地、导电润滑脂接地等。当空闲或断电时，对这些组件连续性的测量可以不考虑移动部件的间歇性连接。

（7）任何可能放置器件的操作表面应采用静电耗散材料，并良好接地。

（8）为减少气动和电动管道之间或与其他部件之间的摩擦起电，气动或电动装置应被限制。

（9）在可能的情况下，距器件 15cm 内的气动管道应采用导电材料或静电耗散材料，并良好接地；否则，应采用屏蔽并利用编织导线接地。

（10）距产品 15cm 的电缆束也应屏蔽并利用编织导线接地。

（11）设备的取放机构（如真空杯、吸嘴和夹具等）都应采用导电材料或静电耗散材料，并良好接地。为减少摩擦起电，在合理的范围内，取放机构应采用尽可能小的接触面积和取放速度。

（12）ESD 的接地点应该直接连接到设备地（Equipment Grounding Conductor，EGC）上，电阻应小于 1Ω。

（13）在可能的情况下，提供静电泄放通路的所有导体（导线和组件）都应可靠地连接到 EGC 上。连接方式应具有足够的强度，不会在无意中断开。另外，接地导体应采用编织电缆。

（14）经阳极处置过的表面，应确保导电基板可靠地连接到 EGC。

2．安装位置

由于测量的需求和目的不同，探针的安装位置也不相同，在本节中仅给出了探针的一般安装方式。一般而言，探针应安装在器件的取放处。在典型的自动处置设备中，探针的典型安装区域如图 10-9 所示，探针位置为：

（1）从托盘中取器件处；

（2）从内部滑动装置中的取放器件处；

（3）器件放置在测试座处；

（4）从外部滑动装置中的取放器件处；

（5）器件放置在外部托盘处；

（6）器件利用测试头进行测试处。

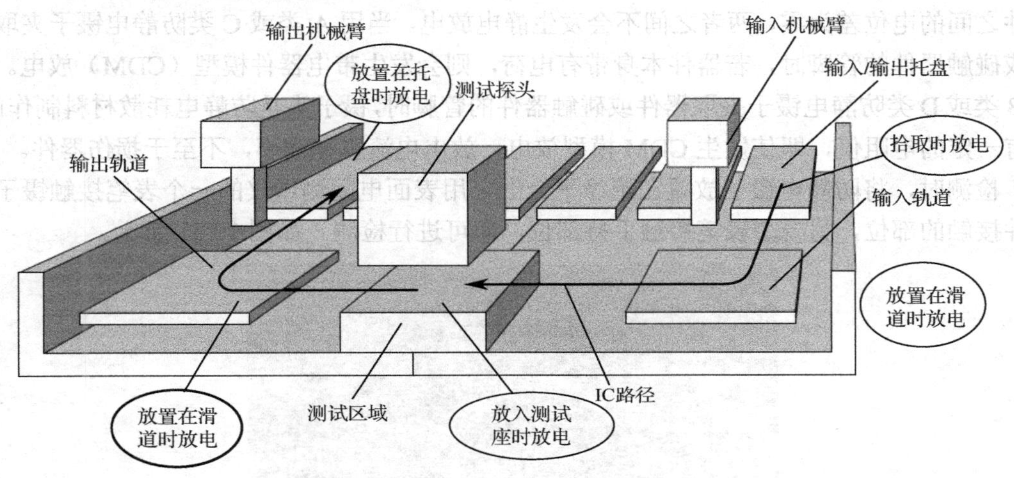

图 10-9　探针的典型安装区域

10.4　防静电镊子

防静电镊子用于夹取微小的器件，也可用于夹持导线、元件、集成电路引脚等，不同场合需要不同的镊子。防静电镊子从式样上可分为弯头镊子、直头镊子、扁平头镊子、尖头镊子等；从材质上可分为不锈钢镊子、塑料镊子、炭黑镊子、镀漆镊子等；从类型上可分为全金属镊子（A 类）如图 10-10（a）所示，全防静电镊子（B 类）如图 10-10（b）所示，头金属尾防静电镊子（C 类）如图 10-10（c）所示，头防静电尾金属镊子（D 类）如图 10-10（d）所示。

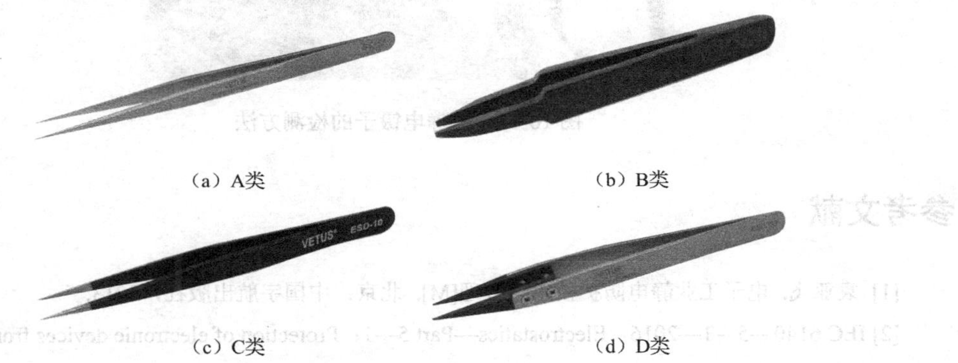

（a）A类　（b）B类　（c）C类　（d）D类

图 10-10　防静电镊子的类型

防静电镊子通常放置在防静电工作台上（通过工作台接地）或者通过人手夹取或碰触器件（通过人体、腕带系统或地板—鞋束系统接地），防静电镊子与地是等电位的，镊子与器件之间的电位差为零，两者之间不会发生静电放电。当用 A 类或 C 类防静电镊子夹取器件或碰触器件的管脚时，若器件本身带有电荷，则会发生带电器件模型（CDM）放电。而用 B 类或 D 类防静电镊子夹取器件或碰触器件的管脚时，镊子头是防静电耗散材料制作的，具有一定的电阻值，即使发生 CDM 模型放电，放电电流也非常小，不至于损伤器件。

检测时，将防静电镊子放置在绝缘平台上，用表面电阻测试仪的一个表笔接触镊子与器件接触的部位，另一个表笔接触手持部位，即可进行检测。如图 10-11 所示。

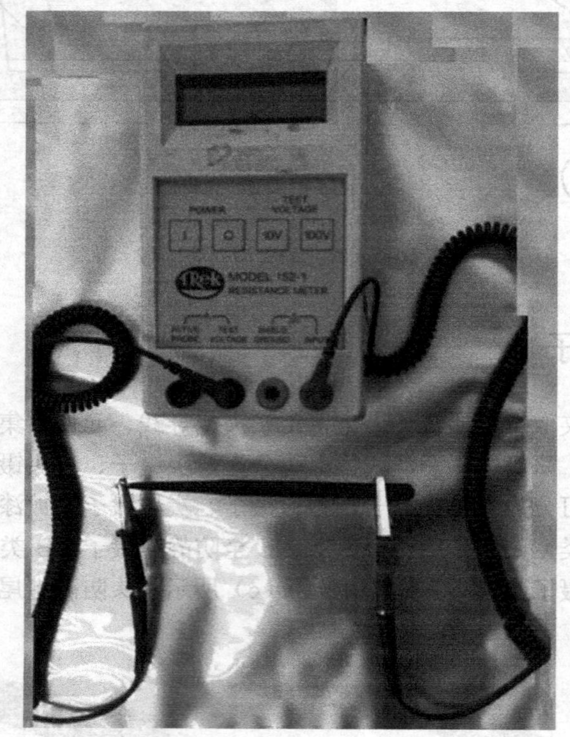

图 10-11　防静电镊子的检测方法

参考文献

[1] 袁亚飞. 电子工业静电防护技术与管理[M]. 北京：中国宇航出版社，2013.

[2] IEC 6140—5—1—2016，Electrostatics—Part 5—1：Protection of electronic devices from electrostatic phenomena—General Requirements.

相关标准

ANSI/ESD S20.20—2014，For the Development fo an Electrostatic Discharge control Program for—Protection of Electrical and Electronic Parts, Assemblies and Equipment (EVcluding Electrically Initialted EVplosive Devices)

GB/T 32304—2015，航天电子产品静电防护要求

GJB 3007A—2009，防静电工作区技术要求

GB/T 7157—2008，电烙铁

GB/T 4706.1—2005，家用和类似用途电器的安全 第 1 部分 通用要求

GB 4706.41—2005，家用和类似用途电器的安全 便携式电热工具及其类似器具的特殊要求

GB/T 5013.4—2008，额定电压 450V/750V 及以下橡皮绝缘电缆 第 4 部分 软线和软电缆

GB/T 5023.5—2008，额定电压 450V/750V 及以下聚氯乙烯绝缘电缆 第 5 部分 软电缆（软线）

ANSI/ESD STM 13.1—2000，For Measuring Electrical Potential from—Electrical Soldering/Desoldering Hand Tools

ANSI/ESD SP10.1—2007，For the Protection of Electrostatic Discharge Susceptible Items—Automated Handling Equipment (AHE)

第 11 章

防静电包材

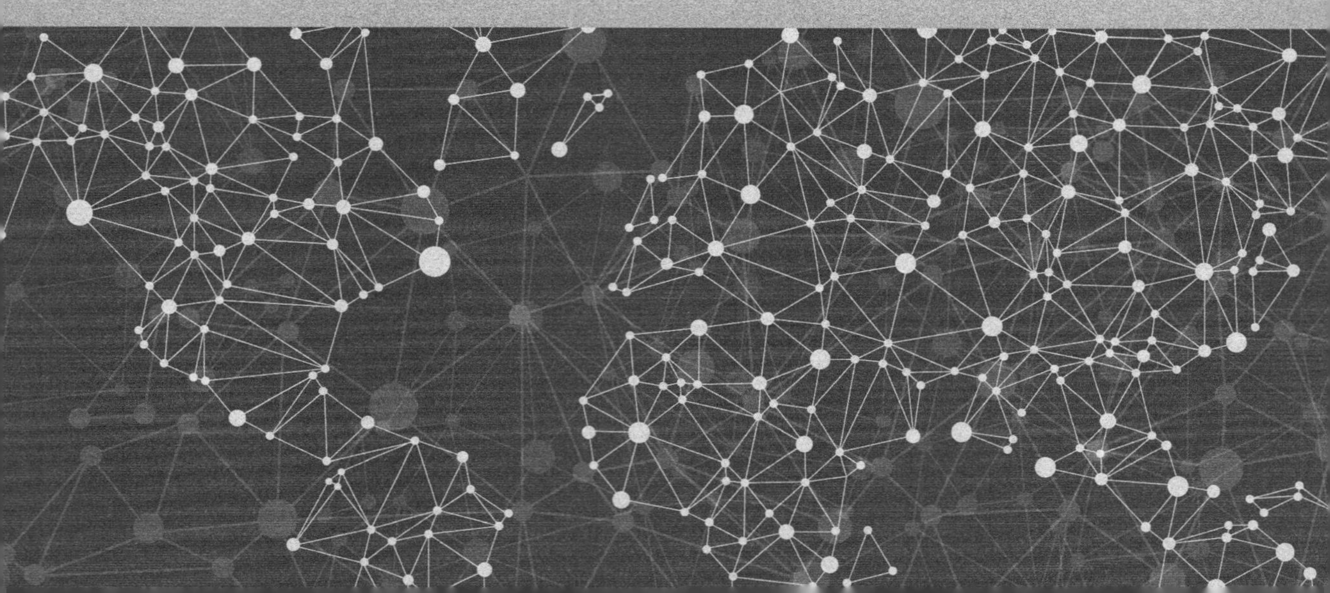

防静电包材是指通过安全地耗散静电电荷或屏蔽器件等途径，使其免受外界静电电荷的影响，并且能限制静电电荷聚焦的材料。防静电包装是指用防静电材料使 ESDS 产品受 ESD 损害的可能降至最小的包装，是用于包装 ESDS 产品以供运输或贮存的任何材料，包括内包装（与 ESDS 产品直接接触的材料）、间接包装（不与 ESDS 产品直接接触，但它包装着一个或多个产品）都应采用防静电材料，这些材料可以是袋、盒、箱、包装膜、软硬衬垫、泡沫材料、填充料等。国内外标准对防静电包材（包装）的防静电性能要求见表 11-1。

表 11-1　国内外标准对防静电包材（包装）的防静电性能要求

标准	ANSI/ESD S20.20—2014	IEC 61340—5—1—2016	GB/T 32304—2015	GJB 3007A—2009
项目	表面电阻率与体积电阻：$1.0×10^4Ω～1.0×10^{11}Ω$ 屏蔽能量：<50nJ	耗散材料表面电阻：$1.0×10^5Ω～1.0×10^{11}Ω$ 屏蔽能量：<50nJ	与 ESDS 接触面点对点电阻：$1.0×10^3Ω～1.0×10^{10}Ω$ 屏蔽能量：<50nJ	周转箱（盒、托盘、发泡海绵）： 衰减期：≤2 秒（1000V～100V） 耗散型表面电阻：$1.0×10^5Ω～1.0×10^{11}Ω$ 柔韧性包装类： 衰减期：≤2 秒（1000V～100V） 静电屏蔽性能：≤30V 内表面电阻：$1.0×10^6Ω～1.0×10^{11}Ω$ 外表面电阻率：$<1.0×10^{12}Ω$ 集成电路包装管： 摩擦电压：≤50V 带电量：≤0.05nC

11.1　材料特性

在电学中，根据物质导电性能的强弱将静电场中的物质分为导体、半导体和绝缘体（电介质）三类。把容易导电的物质称为导体，如金属、石墨、人体、大地及酸、碱、盐的水溶液等。把不容易导电的物体称为绝缘体，如橡胶、玻璃、塑料、陶瓷等。把导电性能介于导体和绝缘体之间的材料称为半导体，如锗、硅、砷化镓等。导体、绝缘体与半导体实质上的区别在于构成它们的物质的微观结构不同。

11.1.1　导体

导体之所以容易导电在于其内部拥有大量的可自由移动的电荷。在金属的晶格空间中，每个原子都有一个、两个或三个价电子，这些电子在正常状态下离开原子核而成为自由电子。在酸、碱、盐的水溶液中，酸、碱、盐在水中发生电离，产生能够自由移动的正、负离子，如 NaOH 溶液中 Na^+和 OH^-都是以离子状态存在的。这些自由电荷在电场力的作用下将会发生定向移动，从而形成了电流。当导体中的自由电荷不产生宏观电流运动时，我们就说该导体处于静电平衡状态。导体静电平衡时，具有以下特点。

（1）导体内部任意一点的电场强度等于零。我们把一个孤立导体放入电场中，如图 11-1 所示。导体内的自由电子在电场力的作用下逆着电场 $\vec{E}$ 的方向移动，最终到达导体的表面，被表面势垒所束缚。于是，导体的一面带负电，另一面带正电。因为这些电荷的产生并不与其他物体有任何的直接接触，所以把这样分离的电荷称为感应电荷。这些感应电荷在导体内部产生了一个电场，若感应电场与外加电场的大小不相等或者方向不相反，则自由电子继续移动，将会有新的感应电荷和新的感应电场产生。直到最后，感应电场与外加电场的大小相等、方向相反。也就是说，当达到静电平衡时，导体内部的合成电场为零，即

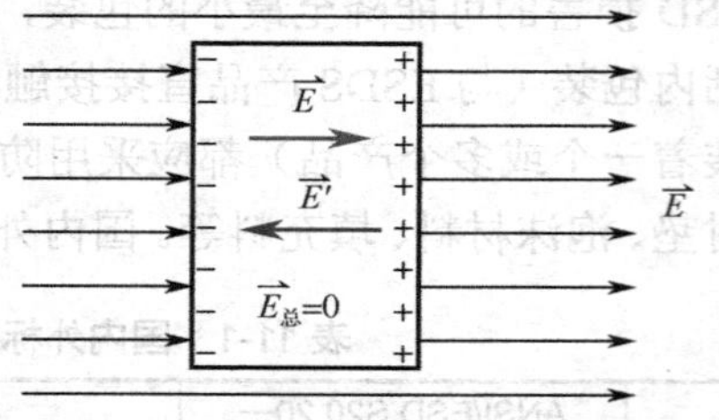

图 11-1　静电场中的孤立导体

$$\vec{E}_{总}=0 \tag{11-1}$$

（2）导体是等位体，导体表面是等位面，即导体内任意两点间的电位差等于零。因为导体内部的电场为零，沿任何路径的积分也必然为零，即 $\int_a^b \vec{E}\cdot \vec{d}l=0$，由式（11-1）可知，$U_{ab}=0$，即导体内任意两点的电位差等于零，所以导体是等位体，导体表面是等位面。

（3）导体表面上任意一点的场强必定垂直于导体表面。若场强不垂直于导体表面，则可将电场强度分解成法向分量和切向分量，导体表面的电荷将在切向分量的作用下继续移动，直到达到平衡状态为止。

（4）过量电荷都分布在导体的表面上，导体内部任意一个小体积元的净电荷等于零。若导体内部存在着过量电荷，则因为同性电荷之间存在着相互排斥力，所以它们将由于排斥力的作用而不断远离，直至它们的排斥力被表面势垒力所平衡。换句话说，过量电荷将从导体内部消散而在孤立导体表面上重新分布，如铜这样的良导体，这个过程仅需 10 秒～14 秒即可完成。于是，我们可以说在静电平衡导体内部的净电荷为零。

（5）表面电荷的分布不一定是均匀的。一般来说，表面曲率大的地方，电荷密度大；表面曲率小的地方，电荷密度小。这是因为导体表面的过量电荷之间存在着库仑力 $\vec{F}$，$\vec{F}$ 可分解为垂直于表面的力 $\vec{F}_{垂直}$ 和沿表面的切向力 $\vec{F}_{切向}$。垂直于表面的力 $\vec{F}_{垂直}$ 由表面的势垒力所平衡，切向力 $\vec{F}_{切向}$ 使过量电荷之间相互远离。曲率越大的地方，切向力 $\vec{F}_{切向}$ 越小，电荷就向曲率大的地方移动，直到切向力达到平衡。结果就导致曲率大的地方，电荷密度大；曲率小的地方，电荷密度小，如图 11-2 所示。这就导致具有尖端的带电导体在尖端处电荷

密度特别大，场强也特别强，位于尖端附近的空气特别容易被电离而发生放电现象，称为尖端放电。导体的静电平衡有许多实际应用，我们将在随后的章节中陆续介绍。

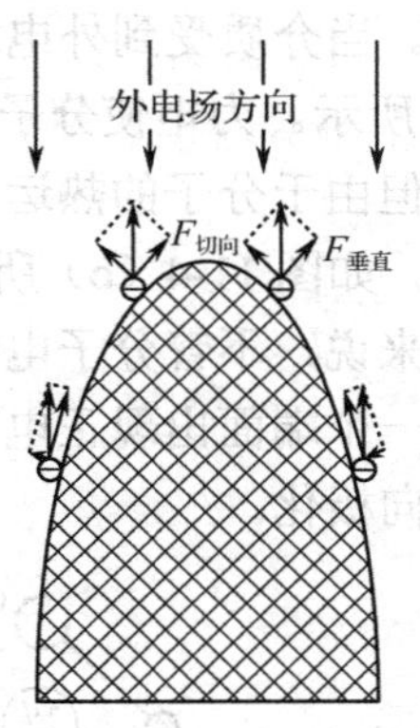

图 11-2　导体表面电荷作用力的分解

11.1.2　电介质

理想的电介质（绝缘体）是不存在的，但有些物质的电导率约为良导体的 1/1020 倍，当外加电场低于一定数值时，这些物质产生的电流可以忽略不计，从实际应用的目的上来说，这些物质就可认为是电介质。电介质中的正、负电荷束缚得非常紧，致使它们很难分开，内部的自由电荷极少，导电能力很弱。

1. 电介质极化

由于电介质内部结构不同，因此可以把它们分成两大类，即无极性分子电介质和有极性分子电介质。分子的正、负电荷中心在无电场存在时是重合的，这类分子称为无极性分子，如 H_2、N_2、CCl_4 等；相反，分子的正、负电荷中心即使在无电场存在时也是不重合的，这类分子称为有极性分子，如水分子。

无极性分子在没有外电场时整个分子没有电矩，如图 11-3（a）所示。在外电场的作用下，分子中的正、负电荷中心发生了相对位移，形成一个电偶极子，它们的等效电偶极矩的方向都沿着电场的方向，如图 11-3（b）所示。在整块介质中，相邻偶极子的正、负电荷互相抵消，因此介质内部仍呈现电中性，只有与外电场方向垂直的两个介质端面上出现了电荷，一端出现负电荷，另一端出现正电荷，如图 11-3（c）所示，这个过程称为介质的极化。无极性分子电介质的这种极化方式称为位移极化。

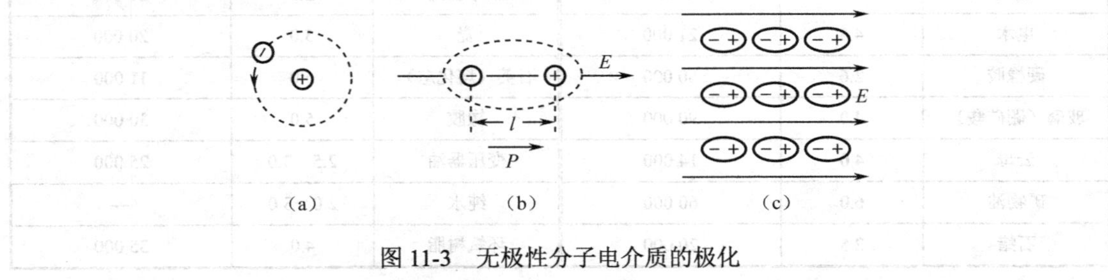

图 11-3　无极性分子电介质的极化

有极性分子电介质极化则是另一种情况。在这类介质分子中，正、负电荷的中心本来就不重合，每个分子具有固定的电矩，但由于分子的不规则热运动，在任何一块介质中，所有分子的固有电矩的矢量和，平均来说是互相抵消的，在宏观上呈现出电中性，如图 11-4

（a）所示。当介质受到外电场作用时，每个分子的电偶极矩都受到一个力矩的作用，如图11-4（b）所示。力矩使分子电矩转向外电场方向，这样所有分子固有电矩的矢量和就不等于零了，但由于分子的热运动，这种转向并不完全，即所有分子电矩不是都沿电场方向排列起来的，如图 11-4（c）所示。电场越强，分子电矩沿着电场方向排列得越整齐。对于整个电介质来说，不管分子电矩排列的整齐程度如何，在与电场方向垂直的端面上都出现了电荷，即一个端面出现正电荷，另一个端面出现负电荷。有极性分子电介质的这种极化方式称为转向极化。

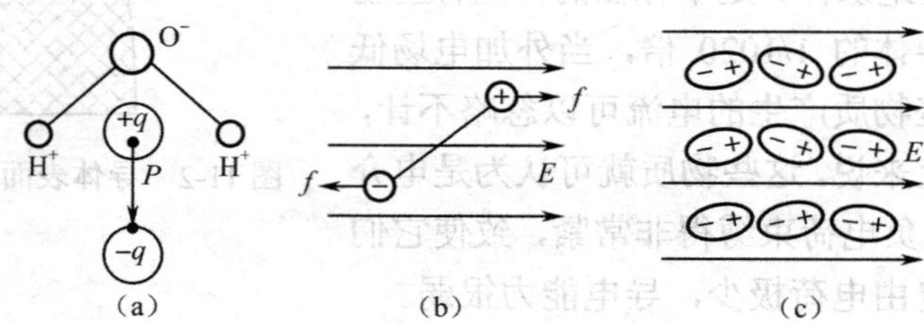

图 11-4　有极性分子电介质的极化

无极性分子和有极性分子这两类电介质极化的微观过程虽然不同，但宏观的效应是相同的。因此，若只从宏观上描述极化现象，则没有必要分两种电介质来讨论。

2．绝缘强度

当外加电场 $\bar{E}$ 足够强时，电介质的正、负电荷将完全分离，电介质将发生击穿，此后，它的性能将与导体一样。电介质在击穿前所承受的最大电场强度称为该物质的绝缘（电介质）强度。表 11-2 列出了一些电介质的相对电容率和绝缘强度（也称电气强度）。

表 11-2　电介质的相对电容率和绝缘强度

电介质	相对电容率	绝缘强度/（kV/m）	电介质	相对电容率	绝缘强度/（kV/m）
空气	1.0	3 000	聚苯乙烯	2.2	29 000
电木	4.5	21 000	瓷	5.0	20 000
硬橡胶	2.6	60 000	石英（熔化态）	5.0	11 000
玻璃（硼硅酸）	4.0	90 000	橡胶	5.0	30 000
云母	4.0	14 000	变压器油	2.5～3.0	25 000
矿物油	6.0	60 000	纯水	2.0～3.0	—
石蜡	2.5	20 000	环氧树脂	4.0	35 000

11.1.3　半导体

在一些物质中，如硅和锗，价电子总数的一小部分可在晶格空间内自由地随机运动，这些自由电子赋予了物质一些导电特性，这种类型的物质称为半导体（Semiconduction），它是一种不良导体。若在半导体内部放置一些多余电荷，则它会由于排斥力的作用移动到外表面上，但是这些电荷比在导体内的移动速度慢。然而，当达到平衡状态时，半导体内部没有多余的电荷留下。

若把一块半导体单独放入电场中，则自由电子的运动最终将产生一个电场从而抵消外加电场。也就是说，在平衡状态下，孤立半导体内净电场为零，这样，静电场中半导体与导体的表现没有区别。因此，从静电场的观点来看，可以把所有物质分为两类：导体与电介质（绝缘体）。

11.1.4 静电工程学中的材料分类

在静电工程学中，根据材料表面电阻率或体积电阻率的不同，将材料分为静电屏蔽材料、静电导电材料、静电耗散材料和静电绝缘材料，表 11-3 给出了 ANSI/ESD 541—2003 和 IEC 61340—5—1—2016 根据材料体电阻率对材料的范围界定。

表 11-3 ANSI/ESD 541—2003 和 IEC 61340—5—1—2016 根据材料体电阻率对材料的范围界定

按常规分		静电分类	
	电阻率/（Ω · m）	按静电分	按材料分
导体<10^{-9}Ω·m	10^{-9}	静电导体<10^{4}Ω·m	静电屏蔽材料<10^{3}Ω·m
10^{-9}Ω·m<半导体<10^{6}Ω·m	10^{-6}		
	10^{3}		
	10^{4}		10^{3}Ω·m<静电导电材料<10^{4}Ω·m
	10^{6}	10^{4}Ω·m<静电亚导体<10^{11}Ω·m	10^{4}Ω·m<静电耗散材料<10^{11}Ω·m
绝缘体>10^{9}Ω·m	10^{9}		
	10^{11}		
	10^{12}	静电非导体>10^{11}Ω·m	静电绝缘材料>10^{11}Ω·m

11.2 包材特性

11.2.1 周转过程

防静电包装可以保护 ESDS 产品在周转过程中免受静电损伤，是静电防护链条中最重要的一环，图 11-5 为电子厂的防静电包装材料的周转过程，这些过程包括来料检验、材料分供、产品生产、返工、品管、测试、装配、存储、运输等多个环节。

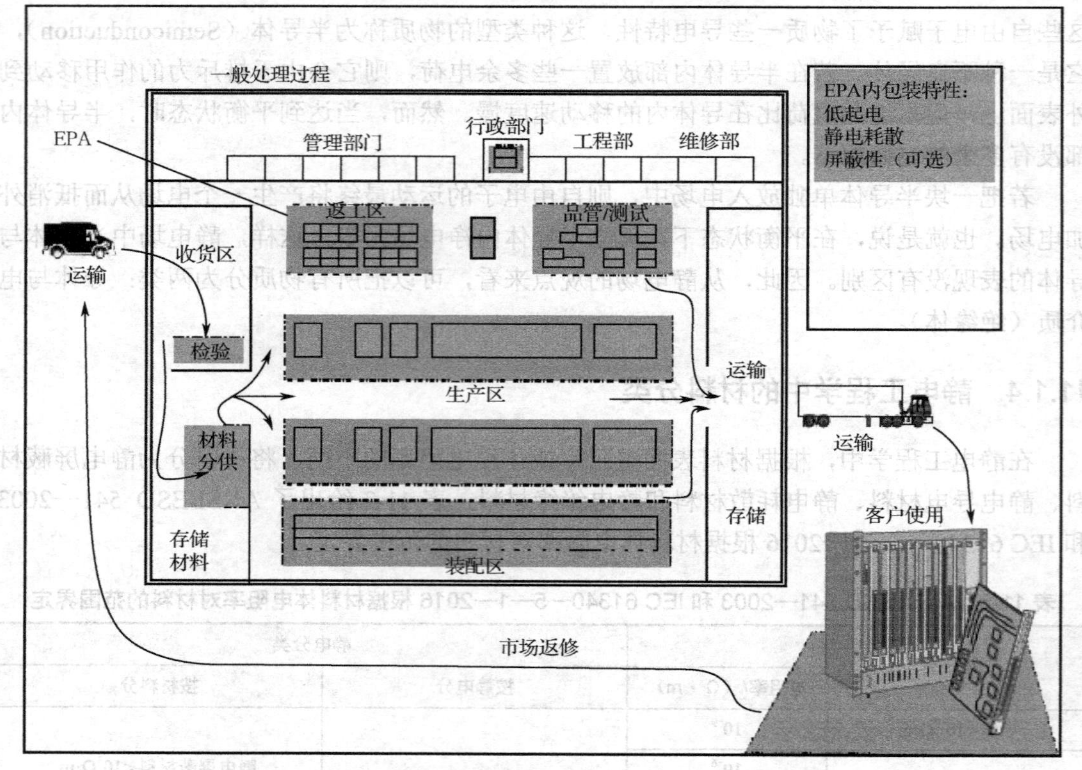

图 11-5 电子厂的防静电包装材料的周转过程

在 EPA 内使用的防静电包材应具有低起电、静电耗散等特性，屏蔽性能作为可选项由用户决定。在 EPA 外使用的防静电包材应具有低起电、静电耗散、屏蔽等特性。

11.2.2 分类

1996 年，我国发布并实施中国军用标准《可热封柔韧性防静电阻隔材料规范》（GJB 2605—1996），该标准等效采用美国军用标准 MIL-B 81705C，将包装材料分为三类。

I 类：防水蒸气、防静电、静电和电磁屏蔽。

1 型——无使用限制；

2 型——仅用于自动制袋机上。

II 类：透明、防水、防静电、静电耗散。

1 型——无使用限制；

2 型——仅用于自动制袋机上。

III 类：透明、防水、防静电、静电屏蔽。

1 型——无使用限制；

2 型——仅用于自动制袋机上。

根据防静电包材性能的不同大致可以分为两类：一类是以耗散静电为主要目的的材料；另一类是既具有静电耗散性能又具有屏蔽性能的材料。根据材料的加工工艺不同，又可分为均质防静电材料、单层但外表面喷涂防静电剂的材料及多层层压材料。多层层压材料包括含金属薄层的层压材料和不含金属薄层的挤压耗散聚合物材料。

图 11-6 为均质的防静电包装材料，主要以耗散静电为目的，内含有防静电添加剂，相比之下，这类材料的屏蔽性能不太理想。图 11-7 为多层挤压的防静电复合包装材料，它由 5 层材料挤压复合而成，各层均含有抗静电添加剂，其中最中间层为聚烯烃塑料/超低密度聚乙烯高分子聚合物，内外表面的各两层为聚烯烃塑料/低密度聚乙烯材料，其静电耗散及密封、隔热、防潮、防湿等性能均较好。

图 11-6　均质的防静电包装材料（黑色聚乙烯）

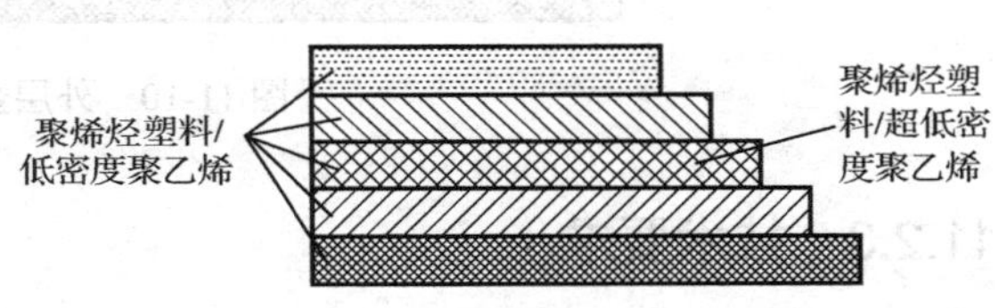

图 11-7　多层挤压的防静电复合包装材料

图 11-8 为表面光滑的挤压复合的层压包装材料。由于这种材料内、外表面均为无其他填料的高密度聚乙烯，因此表面比较光滑，其性能与图 11-7 的材料相同。

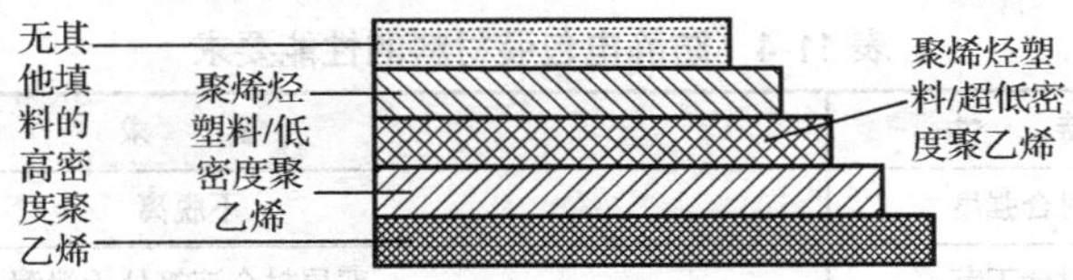

图 11-8　表面光滑的挤压复合的层压包装材料

既具有较好的静电耗散性能又具有良好的静电屏蔽性能的阻隔层压包装材料是当今国际上应用较为广泛的包装材料，图 11-9 就属于这类材料。它由 6 层材料挤压复合而成，其中有两层为双屏蔽高导电率镀铝层，里面还有一个层压添加剂层和一个聚酯层，内外表面为防静电耗散层。由于这种材料有两个金属屏蔽层，因此具有良好的静电和电磁屏蔽性能，加之内外表面均为防静电耗散层，因此具有良好的静电耗散能力，内层还有抗静电添加剂层，因而该材料是一种较为理想的、能够满足要求的防静电屏蔽包装材料。

图 11-10 所示的层压复合材料与图 11-9 所示材料的不同之处在于它只有一个金属层，此层为真空镀铝层，且位于外表面。为了防止材料在使用过程中磨损镀铝层进而影响其屏

蔽性能，故在真空镀铝层的表面加上一个保护层，并且由于此保护层很薄，因此不会影响其静电耗散性能。

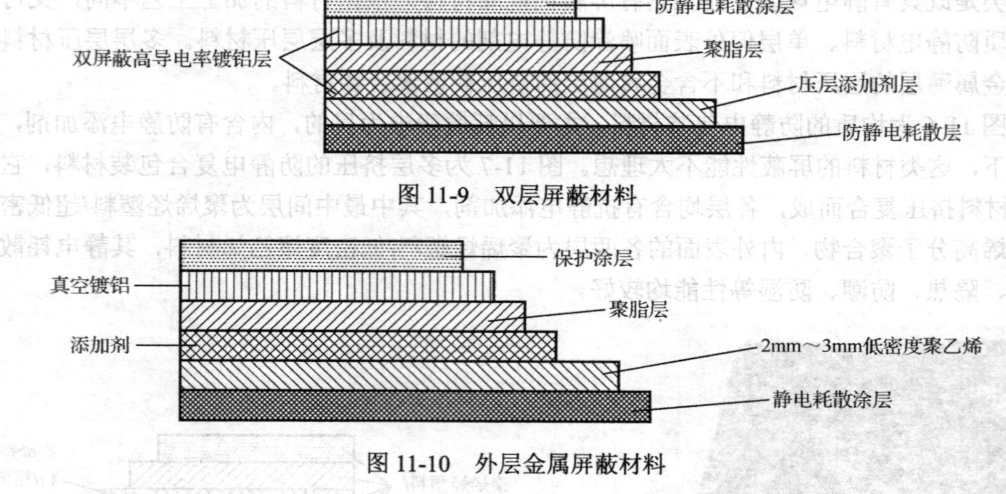

图 11-9　双层屏蔽材料

图 11-10　外层金属屏蔽材料

11.2.3　技术要求

防静电包装材料的生产工艺应保证提供结构均匀，无洞、撕裂、切口、明显折皱或其他影响预期用途缺陷的材料。边缘应修饰整齐，无毛刺，成品的性能应符合表 11-4 中的规定。

表 11-4　防静电包装材料的性能要求

序　号	特　性	要　求
1	封合强度	不脱离
2	封合工艺	双层封合连接处无泄漏
3	抗卷曲	不大于 5%或者能自己恢复
4	抗黏结性	无黏结、胶层或撕裂
5	接触腐蚀性	接触区域中无腐蚀、蚀刻或凹点
6	耐老化性	无分层
7	标志耐水性	标志清晰、可辨
8	标志耐磨性	不抹污或变糊
9	耐水性	无分层
10	透明性	可辨认材料背面 75mm 处的标志（透明材料）
11	耐油性	不泄漏、膨胀、剥离或脆裂

续表

序　号	特　性	要　求
12	耐戳穿	≥45N（I 类） ≥27N（II 类、III 类）
13	静电衰减	≤2.00 秒
14	表面电阻率	$10^5\Omega$≤内表面<$10^{12}\Omega$；外表面<$10^{12}\Omega$
15	静电屏蔽	≤30V

（1）封合强度：按一定要求制备样品，经环境处理后，夹住样品的一端，另一端挂一定质量的重物自由悬落，持续 5 分钟，随后卸下重物并检查样品的封合区域是否分离。

（2）封合工艺：将含 1%磺化琥珀酸二辛基钠和足以染色作用的颜料的水溶液或类似溶液倒入每个试验袋，液面要高出底部封合顶处 50mm，然后将该袋垂直悬挂，在室温下放置 15 分钟后检查袋的双封合处，即检查除袋角外垂直封合缝插入底部封合处的部位是否有颜料泄漏的现象。

（3）抗卷曲：将试样水平放置在平台上，让试样围绕着平面的水平轴自由转动，直至试样形成的卷曲稳定为止，通过测量，计算出卷曲百分率。

（4）抗黏结性：将经环境处理过的试验袋放置于两个弹性垫板之间，施加一定的压力，在恒温箱中放置 24 小时后取出样品。肉眼检查袋子内表面的黏结程度，分离层有无胶层或撕裂。

（5）接触腐蚀性：电镀或涂覆的试验表面不应做研磨处理，均依据《包装材料对金属的接触腐蚀试验方法》（HB 5206—1982）进行试验。

（6）耐老化性：将样品在温度 40℃，相对湿度 90%～95%的潮湿箱中放置 8 小时，在温度 70℃的循环空气烘箱中 16 小时，不间断老化 14 天。老化期间样片应松散地折叠、悬挂，松散地卷起或平放在试验箱里，在老化期结束时，样片应恢复到室温并检查是否有经老化处理引起的分层，特别需要检查所有边缘是否有分层，但不能用撕、撬层间之类的辅助方式来促使材料分层。本试验仅适用于层压的材料。

（7）标志耐水性：将试样浸入室温的循环水中 2 小时后，取出样片，除去多余的水分，在试样尚处于潮湿状态时，检查试样标志图案和字迹的清晰度，并用手指轻轻地擦拭检查是否有被擦去的迹象，记录所有标志产生的不良影响。待试样在室温下干燥后，再次检查试样并记录所有对标志产生的不良影响。本试验仅适用于印制标志。

（8）标志耐磨性：利用规定的铝管对有印制标志或模压标志的面接触试验棒，按一定要求进行摩擦后，检查标志是否清晰和有无抹掉或玷污的现象。

（9）耐水性：对耐水性的测定不是测定材料的透水性、吸水性、漏水性及其他与水接触后任何特征的变化程度，而是测定层压材料对水接触后的抗分层能力。将试样浸入水中 48 小时，悬挂于烘箱中 24 小时后，检查样品是有分层现象。分层是指伸展到距边缘 12.5mm

以上且长度超过 25mm 的分离。本试验仪适用于层压的阻隔材料。

（10）透明性：在白标签纸和冷轧钢板上打印 10 个汉字、10 个数码字和 26 个印制体英文小写字母（深度不大于 0.08mm），将其放在距离试样背面 75mm 处，透过试样观察并记录材料是否有足够的透明度，能否准确读出白标签纸和钢板上的印字（正常视力）。

（11）耐油性：向每个试验袋中注入 5ml 癸二酸二辛酯或类似的合成油，并尽可能减少封入空气，然后将试验袋的开口热封。放入烘箱，24 小时后取出，检查试验袋有无漏油。

（12）耐戳穿：将试样固定于试样夹具中，使摆锤式薄膜冲击试验机的冲头在一定的速度下冲击并穿过塑料薄膜，测量冲头所消耗的能量。以此能量评价塑料薄膜的抗摆锤冲击性能。

（13）静电衰减：静电衰减时间是指试样充电到 5000V 衰减到 99%所需的时间。检测时试样先在 70℃的烘箱内处置 12 天，水平淋水 24 小时，干燥 24 小时后，对试样进行充电后测试。

（14）表面电阻率：试样在低湿环境（温度(23±2)℃，相对湿度(12±3)%）中处置 48 小时后，进行 20 周期的柔折试验处理后，在低湿环境中测试计算内、外表面的电阻率。

（15）静电屏蔽：将试样置于试验装置上、下金属板之间，充电 1000V 后放电，测试静电屏蔽电压值。5 个测试样品中任意 1 个样品的峰值电压高于 30V 即为不合格品。

11.3　包装屏蔽性能

静电屏蔽感应峰值电压的测试根据国家军用标准《可热封柔韧性防静电阻隔材料规范》（GJB 2605—1996），其测试装置图如图 11-11 所示。

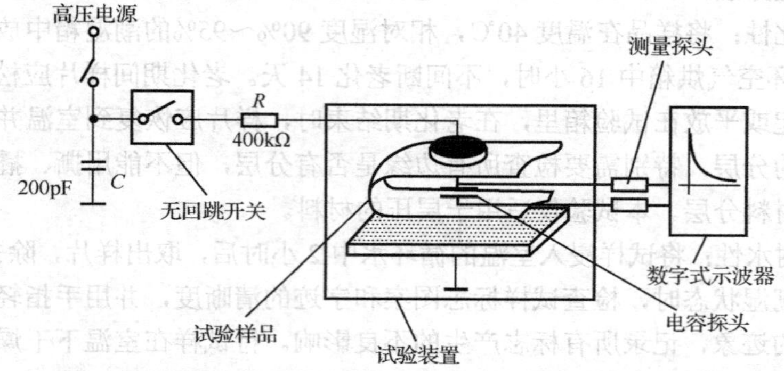

图 11-11　GJB 2605—1996 静电屏蔽感应峰值电压测试装置图

静电屏蔽感应峰值电压测试装置包括由 200pF 充电电容和 400kΩ 放电电阻组成的 ESD 模拟器、电极极板、电容探头、测量探头和示波器。测量探头应具有高阻抗（$\geq 1\times10^7\Omega$）和低电容（<5pF），电容探头是镶在一块绝缘材料上的厚度为 1.5mm 的金属板；试验装置包括一块 22mm～38mm 的金属接触板和一块用于支撑被试样品与电容探头的适当尺寸的

接地金属板。置电容探头于试验袋内，其中心约在试验袋开端内侧 50mm 处，并将它们放置在试验装置的上、下金属板之间，试验装置的夹具应设计成使得被测试部分在足够的夹紧力作用下得到充分的平行接触。试验电压 1000V，使电容充电，然后利用转换开关经由电阻器通过被试材料放电，以测试的峰值电压不高于 30V 为合格标准。

电极极板随着 ESD 模拟器的放电电流产生一个变化的电场，在电容探头感应放电电极与地电极之间静电放电过程中，静电屏蔽包装袋内部的感应电压发生变化，该感应电压被测量探头检测并传输至示波器进行采集，根据示波器采集的电压波形得到该感应电压峰值。该静电感应电压测试装置中的测量探头测得的感应电压信号为示波器两个通道之间的差值，即电容探头的两个探头之间的信号之差。但随着波形衰减越快，相应的两个信号的差值（感应电压信号）会变小，从而使测得的感应电压不易确定；而且该装置中的 ESD 模拟器静电放电脉冲的测试要求示波器的带宽为 50MHz，并不能全面反映防静电屏蔽包装袋在静电放电 ESD 脉冲宽频带（1Hz～1GHz）情况下的屏蔽效果。因此，此测试方法具有一定的局限性和不完整性。

为了全面、准确地衡量防静电屏蔽包装袋的性能，出现了静电感应能量测试方法。美国标准 ANSI/ESD STM11.31—2006 和中国航天科技集团标准《航天电子产品防静电屏蔽包装袋检测方法》（Q/QJA 122—2013）提供了一种防静电屏蔽包装袋测试方法，其所描述的装置能够准确测量并计算防静电屏蔽包装袋内感应能量，利用感应能量来评价防静电屏蔽包装袋性能的优劣。测试原理图如图 11-12 和图 11-13 所示。

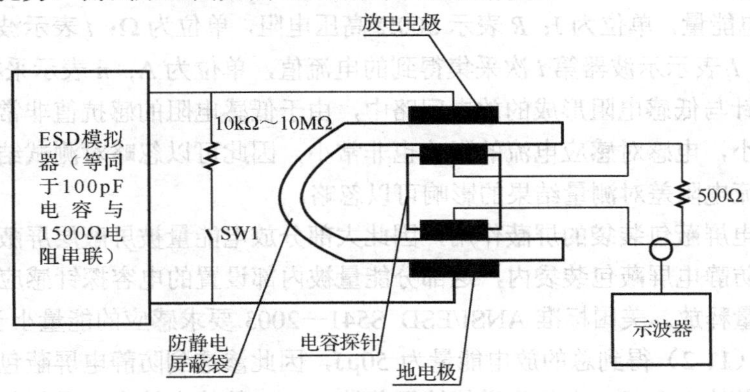

图 11-12　感应能量法测试系统装置的原理图

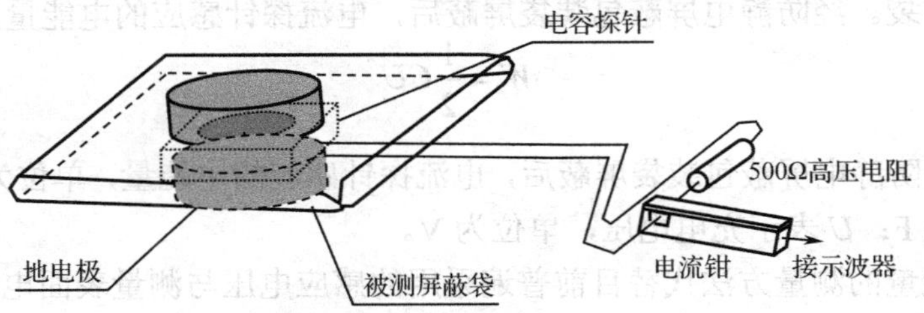

图 11-13　感应能量法测试装置的局部放大图

测试装置包括 ESD 模拟器（100pF、1.5kΩ）、放电电极、地电极、8pF 电容探针、500Ω 低感电阻和电流探针，所谓“低感电阻”就是电感分量较小的电阻器。低感电阻与电容探针的上、下两平行极板形成放电回路，即电容探针并联低感电阻，电流探针在放电回路中与示波器相连。当 ESD 模拟器充电 1kV，模拟实际静电放电时，电极极板随着 ESD 模拟器放电电流产生变化电场，防静电屏蔽包装袋内的电容探针感应到放电电极与地电极之间的感应电压的变化，在电容探针感应电压的变化过程中，电容探针与低感电阻形成放电回路，回路中的电流变化过程被电流传感器检测到，电流传感器输出电压到示波器中，示波器采集到电流波形数据，可以进一步利用能量计算公式（11-2）计算得到感应的能量值。上述过程中包装袋材料起到两个作用：一是，表面的静电耗散材料将放电电极的电荷传输到地电极；二是，屏蔽材料通过近场耦合将 ESD 能量传输到地电极，出现位移电流—传导电流—位移电流的变化过程。这个近场耦合过程与包装袋内部的电容探针和低感电阻回路感应能量过程相似。若屏蔽材料电阻远小于 500Ω 低感电阻，则大部分的 ESD 能量被屏蔽材料分散到旁路，而穿透到内部的 ESD 能量较少，起到了静电放电屏蔽作用。反之，若屏蔽材料电阻大于 500Ω 低感电阻，则穿透包装材料进入内部的 ESD 能量较多。电能量的表达式为

$$E = R \times t \times \sum_{i=1}^{n} I_i^2 \qquad (11\text{-}2)$$

其中，E 表示电能量，单位为 J；R 表示 500Ω 高压电阻，单位为 Ω；t 表示波器采样时间间隔，单位为 s；I_i 表示示波器第 i 次采集得到的电流值，单位为 A；n 表示采样总次数。

在电容探针与低感电阻形成的放电回路中，由于低感电阻的感抗值非常低，使得其电感部分的影响小，电感对感应电流的影响也非常小，因此可以忽略对测试结果的影响，低感电阻的交直流电阻差对测量结果的影响可以忽略。

由于防静电屏蔽包装袋的屏蔽作用，因此大部分放电能量被屏蔽层屏蔽，只有很小一部分能量穿透防静电屏蔽包装袋内，这部分能量被内部设置的电容探针感应到，并通过低感电阻进行能量释放。美国标准 ANSI/ESD S541—2003 要求感应的能量小于 50nJ 为合格标准。根据式（11-2）得到总的放电能量为 50μJ，因此渗透到防静电屏蔽包装袋内部的能量大概占总能量的 1/1000，也就是说能够屏蔽掉 99.9%的静电放电能量的包装袋是合格的防静电屏蔽包装袋。经防静电屏蔽包装袋屏蔽后，电流探针感应的电能量为

$$W = \frac{1}{2} C U^2 \qquad (11\text{-}3)$$

其中：W 表示经防静电屏蔽包装袋屏蔽后，电流探针感应的电能量，单位为 J；C 表示充电电容值，单位为 F；U 表示充电电压，单位为 V。

采用感应能量的测量方法代替目前普遍采用的感应电压与测量表面电阻的方法，避免了感应电压测量方法与测量表面电阻方法的局限性，具体区别如下。

（1）使用的 ESD 模拟器采用的是国内外通用标准人体模型（HBM，电容 100pF 和电阻 1.5kΩ），而感应电压测试方法使用的是电容 200pF 和电阻 400kΩ。

（2）使用的电流探针能够克服电压探针带来的干扰误差，电压探针测得的感应电压信号为示波器两个通道之间的差值（即平板电容探头两探针的信号之差），这种方式由于通道不同会导致测量误差。

（3）在感应电压方法中，人体模型静电放电脉冲的测量要求示波器的带宽为 50MHz，不能全面反映测量材料在静电放电 ESD 脉冲宽频带（1Hz～1GHz）情况下的屏蔽效果。而此方法使用的是 200MHz 以上带宽和 500M 以上采样率的示波器，测量范围得到了加强，加大了频率覆盖范围，提升了采样点，减小了测量误差。

（4）危害静电敏感器件的是能量，用能量评价静电屏蔽性能的优劣是比较客观科学的。

11.4　防静电包装管

《集成电路防静电包装管》（SJ/T 10147—1991）明确了防静电包装管的技术要求与规则等，其技术要求与试验方法如下。

（1）外观：防静电包装管表面应光滑、清洁、无凸起筋、气泡、裂纹、夹杂物等，采用目测法检测。

（2）透明度：要求包装管透明（无透明要求除外）。将标有高度为 2.5mm 的白色阿拉伯数字的黑色硬片插入包装内，透过包装管应清晰可见阿拉伯数字。

（3）封塞配合：要求端口封塞与管口内径配合良好，封塞不得脱落松动。检测时在包装管内装入相应的一块瓷封集成电路，装好封塞，手持包装管中部将包装管垂直旋转 180°，往返运动三次，检查封塞与管口的配合情况。

（4）翘曲与侧弯：要求翘曲与侧弯不大于 0.4%，检测时将包装管置于平面上，分别测试包装管的底面、侧面与平面间的最大距离 H。翘曲与侧弯等于最大距离 H 除以包装管的长度 L 乘以百分数，即 $H/L\times100\%$。

（5）高低温性能：将包装管平铺放入烘箱内，升温至 50℃，保持 24 小时，取出后直接放入-10℃低温箱内，保持 24 小时，取出擦去表面结霜，自然升至室温。若测试其翘曲与侧弯不大于 0.4%，则防静电性能符合要求。

（6）静电电压：要求静电电压不大于 50V。在中湿度环境（温度(23±2)℃，相对湿度(50±2)%）下，将包装管平铺在木质台面上，用绸布往返摩擦包装管内表面 5～7 次后，立即用静电电位计测量静电电压值。

（7）静电电荷量：要求静电电荷量不大于 0.05nC。用绝缘镊子将 5 个器件放入包装管内，用手将包装管转动 90° 算一次，转动 6 次后，将器件倒入法拉第筒，测量其电荷量，如图 11-14 所示。将管转动 90° 的时间为 1～2 秒/次。也可利用标准的器件模块测量静电电荷，将器件置于 45° 倾斜包装管的顶部，让其自由滑下，直接滑落到法拉第笼杯内，测试带电电荷量。如图 11-15 所示。

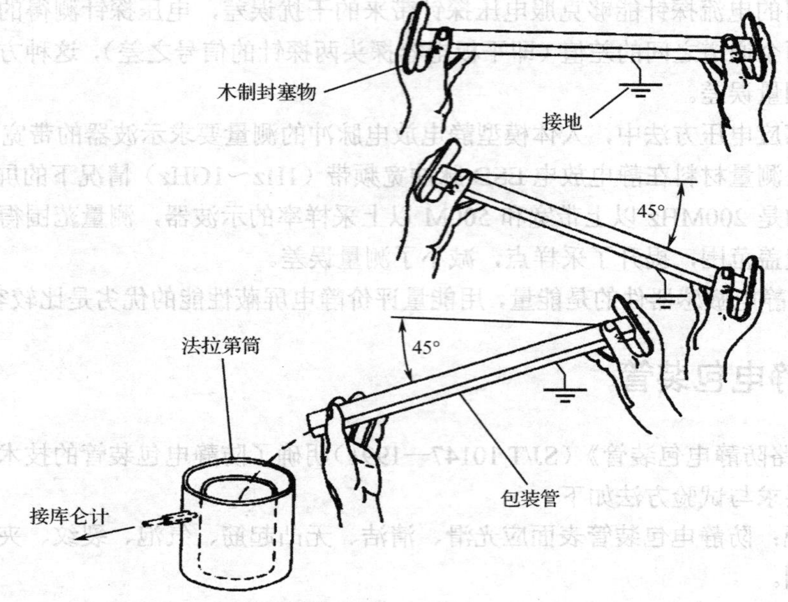

图 11-14　检测包装管静电电荷量的方法

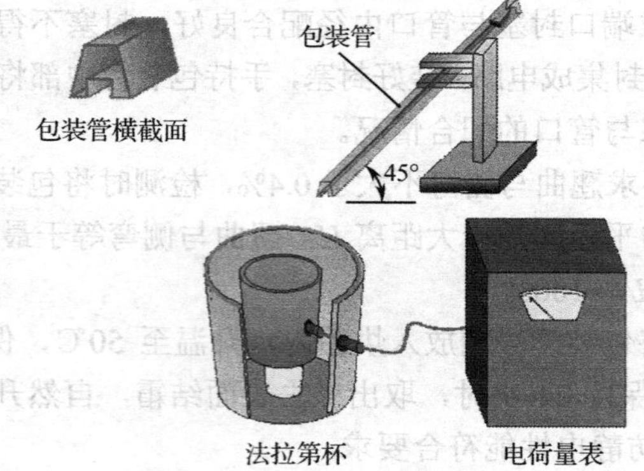

图 11-15　利用标准模块检测包装管静电电荷量的方法

（8）电阻值：要求电阻值小于 $1.0\times10^{10}\Omega$。若器件包装管比较大，则可以利用非接触式静电电压表的表针通过两个夹子分别夹住包装管的两端，读数电阻值，如图 11-16 所示。若器件包装管比较小，则通过 mini 探头直接测试与器件接触的部位，如图 11-17 所示。对于防静电托盘，也是利用 mini 探头直接测试与器件接触的部位，如图 11-18 所示。

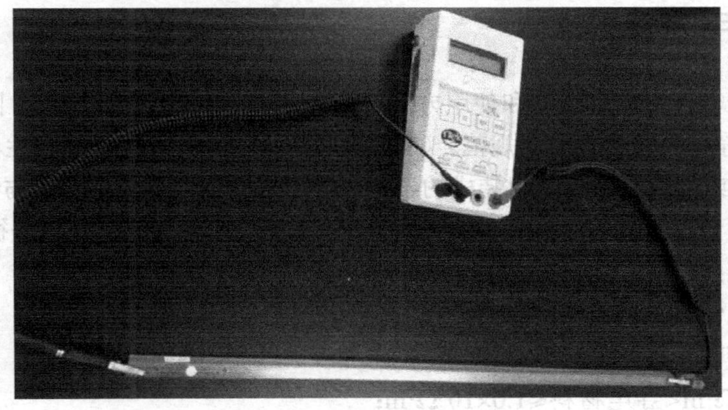

图 11-16　利用非接触式静电电压表检测包装管的电阻（包装管比较大）

图 11-17　利用 mini 探头检测包装管的电阻（包装管比较小）

图 11-18　利用 mini 探头检测防静电托盘的电阻

11.5 防静电周转容器

防静电周转容器根据其结构和使用方式可分为元器件（盘）、周转箱、固定式和可移动式转架等。《防静电周转容器通用规范》（SJ/T 11277—2002）规定的热塑性、热固性防静电塑料材料经注塑或热成型加工或组装成的各种防静电周转容器的技术要求与试验方法如下。

（1）外观质量：周转容器表面应光滑、无裂缝、无气泡，但允许有轻微的波纹和脱膜剂造成的轻微斑痕。

（2）防静电性能：

① 屏蔽材料$\leqslant 1.0\times10^{3}\Omega\cdot m$；

② $1.0\times10^{3}\Omega\cdot m<$导电材料$\leqslant 1.0\times10^{4}\Omega\cdot m$；

③ $1.0\times10^{4}\Omega\cdot m<$耗散材料$\leqslant 1.0\times10^{10}\Omega\cdot m$。

原标准要求按照《硫化橡胶抗静电和导电制品电阻的测定》（GB/T 11210—1989）的方法利用 500V 电压测试表面电阻率，按照《固体绝缘材料体积电阻率和表面电阻率试验方法》（GB/T 1410—2006）测试体积电阻率。目前防静电工程业界比较趋同的认识是：在防静电工程领域，采用材料的表面电阻值或体积电阻值作为材料分类标准比表面电阻率或体积电阻率作为材料分类标准更符合实际应用。实际验收测试时直接利用非触式静电电压测试点对点电阻，符合 GB/T 32304 即可，如图 11-19 所示。

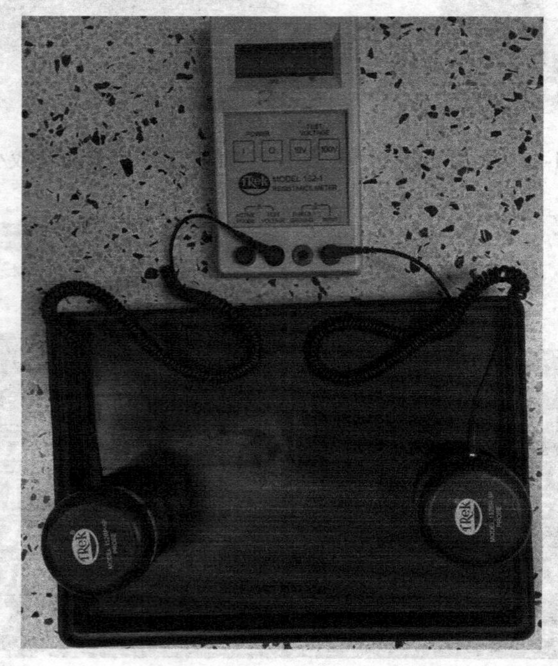

图 11-19 测试防静电周转容器点对点电阻的方法

（3）表面电阻均匀度：在同一类、同一批产品中随机抽取产品不同部位 3～5 处的点对点电阻，若差值在一个量级内，则定义为 A 级；若差值在两个量级内，则定义为 B 级；若差值在三个量级内，则定义为 C 级。

（4）静电全衰期：静电全衰期是指周转容器的静电电位衰减到 10%所用的时间。耗散类材料的静电全衰期应小于 10.0 秒，导电类材料的静电全衰期应小于 2.0 秒。测试时将试样置于测试基板上，充电到 1000V 后，测试放电到 100V 的时间。

（5）防静电周转容器的物理机械性能见表 11-5。

表 11-5　防静电周转容器的物理机械性能

项目		单位	要求
冲击强度（缺口冲击试验）		kJ/m^2	≥5.0
耐热性能（尺寸变化率温度(80±2)℃下）	纵向	%	±3
	横向		
维卡软化温度	普通系列	℃	≥80
	高温系列		≥120
耐老化要求	防静电性能	防静电性能符合要求	
	外观	不出现裂纹或变形，表面无析出物	

冲击强度（缺口冲击试验）：可依据《塑料简支梁冲击性能的测定第 1 部分：非仪器化冲击试验》（GB/T 1043.1—2008）中的方法进行试验，将摆锤升至固定高度，以恒定的速度单次冲击支撑成水平梁，冲击线位于两支座间的中点上。对成型的箱、盒（盘）类周转容器，将箱体（盒、盘）的底平面距混凝土地面 1m 的高度自由跌落，箱体不得出现碎裂。

耐热性能尺寸变化率：取 120mm 的正方形试样，分别沿板材纵、横向作线长为 100mm 的垂直平分线 *AB*、*CD*，在温度为 80℃的恒温箱内放置 3 小时后取出，并在室温下冷却至少 2 小时，然后分别测量 *AB*、*CD* 的距离，尺寸变化率等于尺寸变化值除以测量前的尺寸再乘以百分数。

维卡软化：当匀速升温时，在某个负荷条件下，标准压针刺入热塑料试样表面 1mm 深时的温度，这个过程称为维卡软化。

耐老化要求：将试样放入温度为 60℃的恒温箱内 168 小时后，取出在常温下恢复 72 小时，其外观和防静电性能仍能符合要求。

11.6　包装的使用

为保证静电防护得以维持，包装材料的选用要根据产品的静电防护原理、产品特点和使用方法的不同而有所侧重。

（1）电荷耗散和摩擦起电的预防：与 ESDS 产品接触的包装材料及填充料应是静电耗散类材料，或是不易产生静电的材料，如图 11-20 所示。包装材料可以是单一薄膜或有缓冲厚度的衬垫，也可是多层复合结构为 8 层的平面膜式或缓冲垫式，还可以是袋式结构。

（2）静电屏蔽的措施：当在 ESD 防护工作外搬运和贮存产品时，ESDS 产品应封装在静电屏蔽的包装容器内。外包装箱一般应是屏蔽良好和表面导电的金属箱，壳体可以是实芯型或非实芯型（如金属网），如图 11-20 所示。

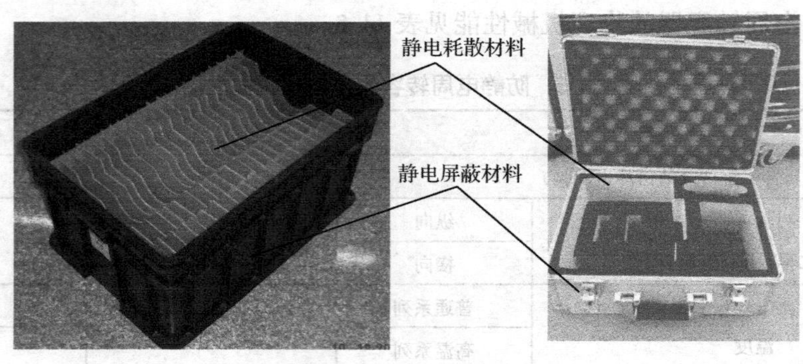

图 11-20　外包装箱的包装材料及结构

（3）使包装件接地：包裹或封装 ESDS 产品的所有间接包装材料应能在 ESD 防护工作区内泄放静电电荷，即要放置在接地良好的防静电工作台、储物（柜）架或手推车上。

（4）保持材料的防静电性能：ESDS 产品在传递、包装、贮存和运输阶段，使用或重复利用的包装材料应经常检查防静电性能，如防静电性能不符合要求时要及时更换包装。崭新的包装袋其电阻为 $5.43\times10^{9}\Omega$，符合要求。当使用一段时间，发生折皱后，其电阻为 $2.43\times10^{11}\Omega$，不符合要求，如图 11-21 所示。

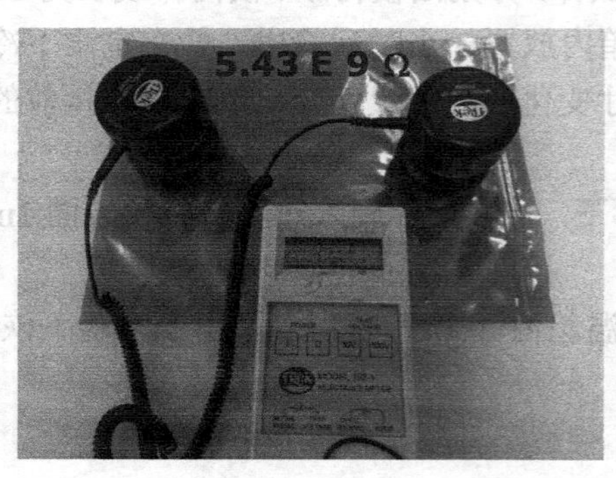

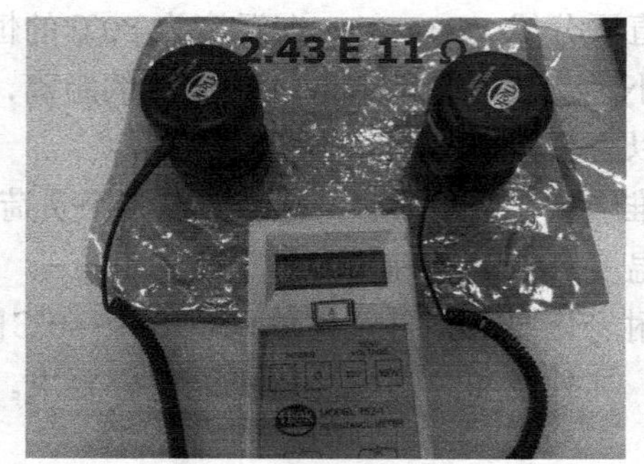

图 11-21　新旧包装袋电阻值的检测

（5）有 ESD 防护包装标志的包装件应在拆去包装材料前拿进 ESD 防护工作区，未经防护的 ESDS 产品只能由经过培训能有效地使用且具有被提供的防护器材和设备的人员在

ESD 防护工作区操作。当启封使用胶粘带密封的包装时，胶粘带不准扯下，只准采用切割方式打开。

（6）使用限制：所有静电电荷的发生源（如未经处理的塑料薄膜、泡沫塑料、合成纤维、胶粘带）都应禁止作为直接或间接包装材料使用，不准带入 ESD 防护工作区。

（7）任何不是防静电的包装材料、设备或工具（包括非静电敏感器件），在进入 ESD 防护工作区前，应使用不易产生静电的材料或静电耗散的材料包装起来。

参考文献

[1] 袁亚飞. 电子工业静电防护技术与管理[M]. 北京：中国宇航出版社，2013.

[2] 谭志良. 防静电阻隔包装材料发展动态及其防静电机理探讨[J]. 包装工程，2000，21(1).

相关标准

GJB/Z 86—1997，防静电包装手册

ANSI/ESD S20.20—2014，For the Development fo an Electrostatic Discharge control Program for —Protection of Electrical and Electronic Parts, Assemblies and Equipment (EVcluding Electrically Initialted EVplosive Devices)

IEC 6140—5—1—2016，Electrostatics—Part 5—1：Protection of electronic devices from electrostatic phenomena—General Requirements

GB/T 32304—2015，航天电子产品静电防护要求

GJB 3007A—2009，防静电工作区技术要求

ANSI/ESD S541—2008，For the Protection of Electrostatic Discharge Susceptible Items，Packaging materials for ESD Sensitive Items

GJB 2605—1996，可热封柔韧性防静电阻隔材料规范

MIL—B—81705C，Military Specification，Barrier Materials，Flexilbe，Electrostatic Protective[S]，1989

HB 5206—1982，包装材料对金属的接触腐蚀试验方法

GB/T 8809—2015，塑料薄膜抗摆锤冲击试验方法

GB 6844—1986，片基表面电阻测定方法

GB/T 1410—2006，材料体积电阻率和表面电阻率试验方法

ANSI/ESD STM11.31—2006，For Evaluating the Performance of Electrostaic Discharge Shielding Material—Bags

Q/QJA 122—2013，航天电子产品防静电屏蔽包装袋检测方法

SJ/T 10147—1991，集成电路防静电包装管

SJ/T 11277—2002，防静电周转容器通用规范

GB/T 11210—1989，硫化橡胶抗静电和导电制品电阻的测定

GB/T 1410—2006，固体绝缘材料体积电阻率和表面电阻率试验方法

GB/T 1043.1—2008，塑料 简支梁冲击性能的测定 第 1 部分：非仪器化冲击试验

GB/T 1633—2000，热塑性塑料维卡软化温度（VST）的测定

GJB/Z 86—1997，防静电包装手册

第12章

湿度控制

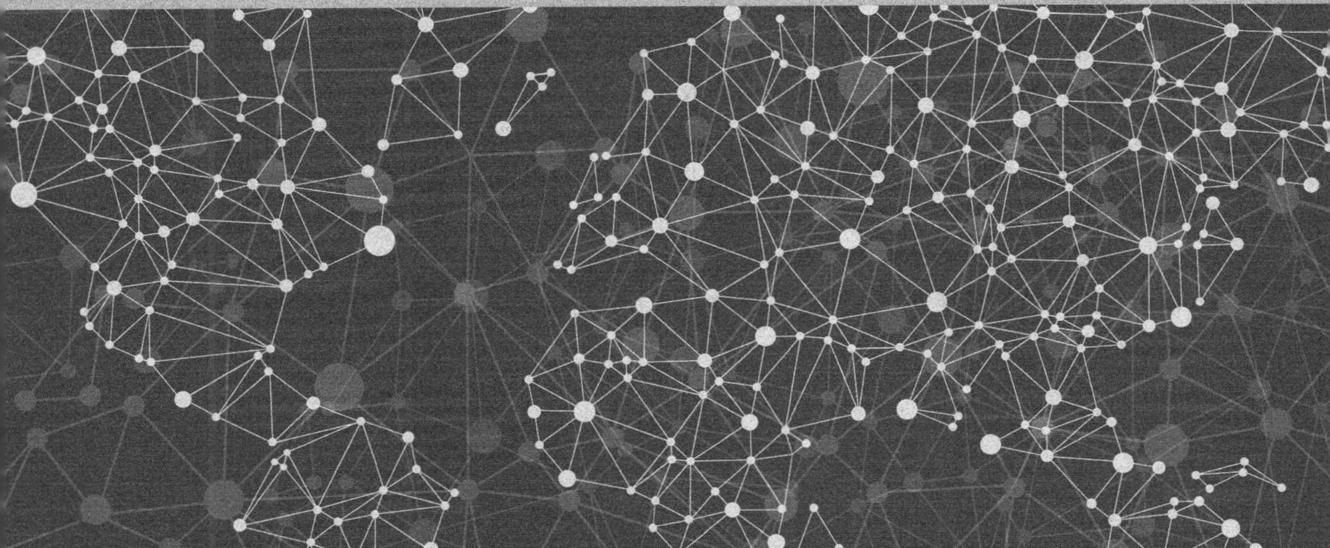

在北方干燥的冬季里，经常会出现静电现象，如摸门把手或开车门时经常会被静电电击，夜晚更换衣服时经常会看到静电放电的火花，相互握手时也会被静电电击等。然而，在潮湿的夏季，静电现象却很少发生。这说明静电现象与湿度有着密切的关系，认识并掌握静电现象与湿度的规律，并将其应用到生活和生产中具有重要的意义。早在20世纪初，棉纺厂就认识到调节湿度的必要性，此时，还不是因为静电而进行湿度调整，而是根据湿度与纺出情况之间具有特别关系的经验而采取的措施。随后，人们开始探讨湿度与产量、成品率之间的关系，进而探讨产品带电量与温度和湿度的关系，探讨物体表面的固有性质对水分子的吸附作用，吸附量与导电性之间的关系等科学问题。

12.1 湿度影响静电的机理

当介质物体处在潮湿的空气环境中时，将发生水分吸附现象。吸附介质物体表面的水分子，当吸湿量不太多时，以水分子层的形式存在；当吸湿量极多时，以近似于液体状态的形式存在。但不论哪种形式，这些吸附水分将导致介质物体表面的电导率提高，从而使静电泄漏能力增强，使静电荷的衰减速率大大加快，因此有效地限制了静电荷积累的发生。

12.1.1 吸湿作用的数学模型

水分的吸收及其对介质物体导电性的影响，与介质物体的自身结构有关。对玻璃、陶瓷等质地坚硬密实的介质物体，水分子吸附于介质物体的表面；而对于一些高分子薄膜材料，水分子可渗进物体内部形成吸附。上述两种现象可以用不同的数学模型描述。

1．介质物体的水蒸气表面吸附

在吸附量不太多的情况下，由于受到来自固体表面的力的作用，因此吸附分子不发生迁移。这里，根据以往的测定结果来看，因吸附而产生表面传导的变化表示为

$$\lg(i/i_0)=\beta\cdot\theta \tag{12-1}$$

其中，i 表示吸附层为 θ 时的传导电流，i_0 表示未吸附时的传导电流，θ 表示吸附层的数目，β 表示比例常数。这里所说的吸附层的数目就是被测定的吸附量除以单分子吸附层所需要的吸附量所得的值，也称被覆率。这种水分不太多的吸附情况发生在低相对压的条件下，故称低相对压范围吸附，一般 θ 在2～3以下。所谓相对压，是指空气中的水蒸气压力与饱和压力之间的比值。

在吸附量很多的情况下，参与传导的是在上层的吸附分子，由于不受来自固体的相互作用，因此吸附量能够发生迁移。这时，随着吸附量不同而引起的导电性能的变化可近似地表示为

$$i/i_0\propto\theta \tag{12-2}$$

注意，作为一般的情形，也可用$i/i_0 \propto \theta^{\alpha}$，$\alpha$是比例常数。

在这种水分吸附量极多的情况下，吸附层很厚，且只能发生于高相对压范围内。此时，介质物体表面的精细结构对吸附的水分子影响不大，参与传导电流的是上层近似于流体状态的吸附水分子，由于它们不受来自介质物体表面的力，而只是受到吸附层内的水分子间的相互作用，因此能够产生迁移。

川崎等人用玻璃和绝缘体的测定结果如图 12-1 所示，从该图中可以看出，吸收层被定域时用式（12-1）表示，迁移时用式（12-2）表示。也就是说可以认为式（12-1）→式（12-2）表示出这种吸附状态的转移。

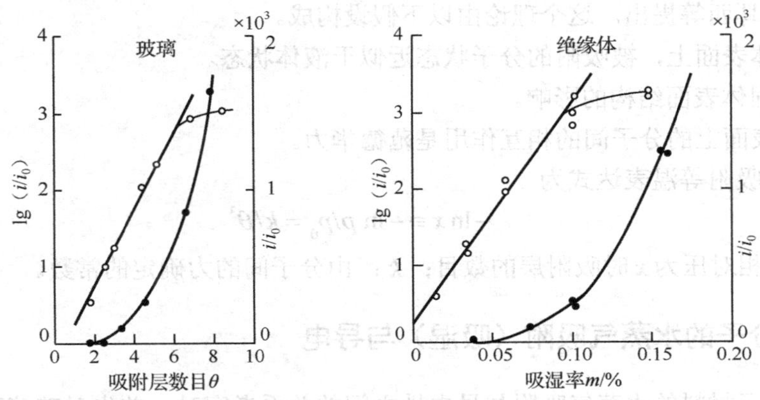

图 12-1　不同介质的水蒸气吸附引起传导电流的变化

2. 水蒸气的吸附状态和导电

就表面吸附状态而言，以理论的观点来看，特别是在以下两个范围中存在着问题。即低相对压范围的吸附（2～3 层以下的吸附）和高相对压范围的吸附（在多分子层中，近似于流体状态的吸附）。上述两种范围内的物理差异为下述两方面，即对于低压范围的吸附，必须看成是吸附分子和固体表面间的相互作用；对于高压范围的吸附，必须看成是在吸附层内的吸附分子间的相互作用。

（1）低相对压范围的吸附。在吸附量不多的范围内有非常多的理论，其中使用最多的是 B.E.T 理论。这是布隆诺、埃米特和特勒提出的多分子层吸附理论。表示形式为

$$\theta = \frac{m}{m_0} = \frac{cx}{(1-x)(1+(c-1)x)} \tag{12-3}$$

其中：m为吸附率（%）；m_0为单分子层所需的吸附率（%）；x为相对压（等于p/p_0c，p为压力，p_0为饱和压力）；c为与吸附热有关的常数。但是式（12-3）中包含如下粗糙的近似。

① 忽略吸附层内存在的分子间的水平力。

② 除第一吸附层外的所有层的吸附能与液化热相等。

注意考虑以上两点，可提出修正的理论公式，而完全等温的吸附式用数学方式来表达并不困难。

低压范围的吸附是与吸附点的性质有直接关系的，所以这是一个很有趣的问题。因此就更有必要进行结构化学的研究（红外线吸收、核磁共振吸收）。

（2）高相对压范围的吸附。当高压范围的吸附层极厚时，吸附分子具有如下性质。

① 对吸附固体表面的精细结构的影响不太显著。

② 吸附分子的分子状态被认为是处于整体的液体状态。这部分的理论计算由弗伦克耳、希耳、哈耳西等提出。这个理论由以下假设构成。

a．在固体表面上，被吸附的分子状态近似于液体状态。

b．没有固体表面结构的影响。

c．固体表面上的分子间的相互作用是范德华力。

由此得到吸附等温表达式为

$$-\ln x \equiv -\ln p/p_0 = k/\theta^3 \tag{12-4}$$

其中，θ：当相对压为x时吸附层的数目；k：由分子间的力确定的常数。

12.1.2 高分子的水蒸气吸附（吸湿）与导电

在对高分子材料的水蒸气吸附与导电性之间的关系考察时，首先对玻璃和水相互作用时的情况进行比较，它们的特点如下。

（1）玻璃与水分子的吸附相反，有材料的形变。

（2）水分子能够被吸附到玻璃体积内（也就是吸湿）。

因此，在高分子材料的情况下，必须考虑到水分子被扩散到固体内部的情况。在这种吸湿情况下，表面的吸附水和内部的吸附水是不同的。然而，由高分子的吸湿所引起的导电变化与玻璃的情况是没有差别的。通常在高分子薄膜的情况下，吸湿会导致沿着薄膜方向传导电流发生变化，表达式为

$$\lg(i/i_0) = \beta \cdot m \tag{12-5}$$

在吸湿量不太多的情况下，传导电流按照式（12-5）变化。若吸湿量极多，则传导电流的变化就不符合式（12-5）。因此，在由该材料决定的吸湿量值以上时，可用式（12-6）表示传导电流的变化，即

$$i/i_0 \propto m \tag{12-6}$$

12.1.3 半导体表面的水蒸气吸附与导电

关于固体表面吸附气体而形成电子传导的代表例子，首先就半导体加以叙述。

将锗切成薄的单晶片，使其表面显露在空气中，当改变空气的条件时，可直接测定出表面电导率的变化，这就是莫里森结果。这里表明使用 n 型和 p 型锗试样交替放入干氧气和湿氧气中进行实验，当干氧气变成湿氧气时，表面能级相对费米能级趋向于降低的方向。即若 n 型锗的表面能级降低，传导性能提高，则可预期到会产生图 12-2（a）中的表面电阻下降的结果；相反，对于 p 型锗，表面能级的降低会使电阻增大，如图 12-2（b）所示。n 型和 p 型及 n 型氮化钼由于表面吸附水蒸气而产生表面电阻的变化如图 12-3 所示。

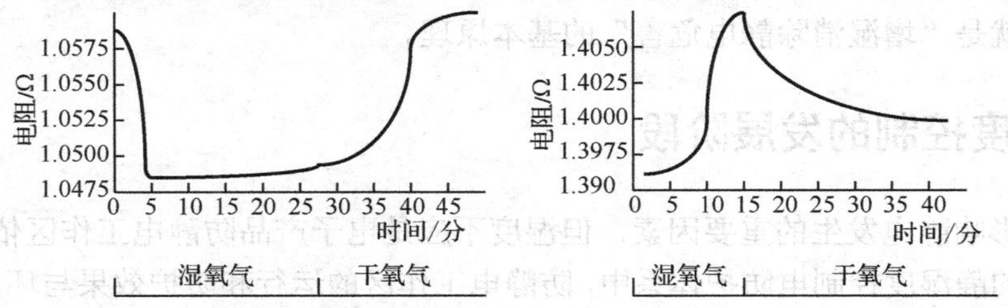

图 12-2　由于空气引起的锗表面的电阻的变化

通常，氧、二氧化氮是负离子吸附（电子的移动是从固体移向吸附气体）；水、氨等是正离子吸附（电子的移动是从吸附气体移向固体）。例如，由于吸附水蒸气和氧气产生的导电性的变化如图 12-4 所示。

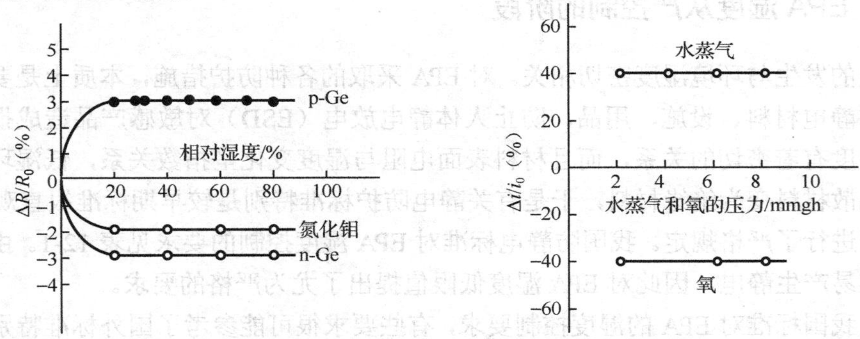

图 12-3　由于半导体表面的水蒸气吸附产生的电阻的变化　　图 12-4　由于吸附水蒸气和氧气产生的导电性的变化

12.1.4　小结

由于高分子材料中含有—OH、—NH_2、—SO_3H、—COOH、—OCH_3 等亲水基和 C=O 键，因此该材料很容易吸收空气中的水分子。另外，高分子材料的表面缺陷、悬挂键的存在都有吸附空气中水分子的倾向。当相对湿度提高时，空气中的水分子做热运动撞击到物质表面的概率增大，水分子容易被物体吸收或附着在表面，形成一层很薄的水膜（该水膜的厚度约为 10^{-7}m）。由于水分子的强极性和高电容率，以及具有溶解在水中的杂质（如二氧化碳）的作用，而这些特点都可以大大降低物体的表面电阻率，显著改善其表面导电性能，因此就可以迅速地使电荷导电，达到消除静电危害的目的。

由于相对湿度提高到 70%以上时，大多数物体表面都显出较好的导电性，因此由静电起电原理可知，这时由摩擦（或接触分离）产生静电的概率大大降低，即静电起电率减小很多。换句话说，当空气中的相对湿度增大时，绝大多数材料的表面电阻率大大下降，以至于物体由静电非导体性质向类似静电亚导体或静电导体的表面特性过渡，这样，一般的物体都与大地形成电阻的连接。实验研究表明，当普通楼房墙壁的空气相对湿度由 10%变化到 60%时，静电泄漏电阻由 $10^{10}\Omega$下降到 $10^{7}\Omega$，物体的静电泄漏率大大提高，使静电难以形成。这就是“增湿消除静电危害”的基本原理。

12.2 湿度控制的发展阶段

湿度是影响静电发生的重要因素，但湿度不应是电子产品防静电工作区依赖的条件。在一个先进的静湿度控制电防护体系中，防静电工作区的运行和防护效果与环境湿度无关。

由于环境湿度是影响静电发生的重要因素，因此有关静电防护标准对 EPA 的湿度控制提出了各种要求。概括起来，对湿度的控制经历了三个发展阶段，包括：① 对湿度从严控制的阶段；② 放宽湿度控制要求的阶段；③ 湿度控制从测量抓起的阶段。

12.2.1 EPA 湿度从严控制的阶段

静电的发生与环境湿度密切相关。对 EPA 采取的各种防护措施，本质上是要保证使用合格的防静电材料、设施、用品，防止人体静电放电（ESD）对敏感产品造成损伤。人体带电与湿度有着密切的关系，而且材料表面电阻与湿度变化呈指数关系，低湿环境有可能使静电耗散材料变为绝缘材料，于是有关静电防护标准特别是较早期标准很直观地对 EPA 湿度控制进行了严格规定。我国防静电标准对 EPA 湿度控制的要求见表 12-1。由于低湿度环境更容易产生静电，因此对 EPA 湿度低限值提出了尤为严格的要求。

关于我国标准对 EPA 的湿度控制要求，有些要求很可能参考了国外标准特别是美国有关标准，这些标准规定了 20 世纪 90 年代美国分布的有关老一代防静电标准对 EPA 的湿度控制的要求（见表 12-2）。

表 12-1 我国防静电标准对 EPA 湿度控制的要求

	标准号	标准名称	相对湿度控制范围
我国军用标准	GJB 3007A—2009	防静电工作区技术要求	45%～75%
电子行业标准	SJ/T 10533—1944	电子设备制造防静电技术要求	不低于 50%
	SJ/T 10630—1995	电子元器件制造防静电技术要求	不低于 60%（否则须建立防静电操作系统）
航天行业标准	QJ 2177—1991	防静电案例工作台技术要求	40%～60%
	QJ 2245—1992	电子仪器和设备防静电要求	

续表

	标准号	标准名称	相对湿度控制范围
航天五院标准	Q/W 1303—2010	防静电工作区配置要求	一般 EPA 40%～60% 可放宽至 30%～70% 特殊要求可另行规定

表 12-2　美国老一代防静电标准对 EPA 湿度控制的要求

行业	标准号	颁布时间	标准名称	相对湿度控制范围
美国国家标准/电子行业标准	ANSI/EIA 625	1994 年	静电放电敏感器件处置要求	需要时控制湿度：建议低限 40%
	ANSI/EIA 625A	1999 年		
美国国家标准	ANSI/ESD S20.20	1999 年	建立电子产品静电放电控制方案	任选 建议 30%～70%
美国军用标准	采纳 ANSI/ESD S20.20	1999 年		
美国航天标准	NASA-NHB 5300.4（3L）	1993 年	静电放电控制	30%～70% 建议 40%～60%
	NASA-STD 8739.7	1997 年		

比较表 12-1、表 12-2 可知：

(1)我国电子工业防静电标准对 EPA 湿度控制的要求比美国电子工业的要求更加严格，相对湿度低限值更高。美国电子工业旧标准（也是美国国家标准）规定，可根据需要控制湿度，相对湿度低限建议值为 40%。我国电子工业有效（推荐）标准确定的相对湿度低限值更高，相对湿度建议低限值为 50%甚至是 60%。

我国航天防静电标准对 EPA 的湿度控制要求与美国较早期航天标准的要求一致，相对湿度建议低限值均为 40%～60%，但美国航天标准允许放宽至 30%～70%。中国航天五院的最新标准放宽了要求，规定一般 EPA 保持在 40%～60%范围内，极限范围为 30%～70%，特殊 EPA 可另行规定。为什么中国、美国航天标准不把相对湿度高限放宽至 75%？因为有研究认为，当环境相对湿度高于 70%时，有可能影响电子产品的焊接质量。

（2）美国旧版国家标准 ANSI/ESD S20.20—1999 颁布后即被美国军方采纳，也属于美国军用标准，规定：EPA 的湿度控制由各单位决定、自己选择，相对湿度推荐范围为 30%～70%，并声明“仅为建议值”。我国 1997 年版军用标准《防静电工作区技术要求》(GJB 3007)规定的相对湿度控制范围为 45%～75%，相对湿度低限值高，不同于我国航天标准的要求，在实施中给航天有关单位带来了困难。例如，在质量体系认证时往往受到责问：“为什么不执行国家军用标准的规定？”，并认定存在“不合格项”。

（3）各单位为 EPA 湿度控制付出了很大努力，特别在冬季供暖季节，北方 EPA 依靠增湿措施维持航天标准要求的 30%、40%已经很困难，更不用说 45%、50%甚至 60%的相对湿度了。标准是用于执行的，并非越严越好。既然经过努力，付出很大代价，仍难以达到规定的要求，那就需要从技术上进行研究，探讨标准规定的合理性和改进办法。

12.2.2 放宽 EPA 湿度控制要求的阶段

国际电工委员会（IEC）标准没有对 EPA 的湿度控制进行硬性的规定或规范，多年来，美国对 EPA 的湿度控制进行了研究。美国静电放电协会（ESDA）专家认为：湿度对物品和人员静电荷的产生、滞留和消散，起着众所周知的重要作用，但湿度作为静电控制的机理是不可靠的。相对湿度 10%比 90%更容易产生静电，但即使在大于 90%的高湿环境中，仍可能产生相当量的静电，而且严格地湿度控制并没有使防护效果获得明显改善。所以，在 2007 年颁布的新版美国国家标准《建立电子产品静电放电控制方案》(ANSI/ESD S20.20）中，不再对湿度控制提出要求。IEC 颁布的新版国际标准《电子元器件静电防护规范：通用要求》（IEC 61340—5—1—2007）与美国新版标准 ANSI/ESD S20.20 协调一致，也没有提出对湿度的控制要求。另外，2012 年颁布的美国电子工业新版标准《静电放电敏感器件处置要求》（EIA 625B 625A—1999 修订版）确认，按该标准建立的静电防护体系不依赖于湿度控制，若单位的 ESD 管理者确认需要，则可对湿度采取控制措施。

美国航空航天局（NASA）参加了 ANSI/ESD S20.20—1999 的编研工作。后经过长时间评估、认证与比较，于 2002 年宣布接受美国国家标准 ANSI/ESD S20.20 作为 NASA 航天标准，同时废止原来的航天标准《静电放电控制》（NASA-STD 8739.9—1997）。2007 年以后，NASA 也不再从静电防护角度对 EPA 湿度标准控制提出要求。

2009 年修订的我国新版军用标准《防静电工作区技术要求》（GJB 3007A—2009）沿用 1997 版的规定，一般 EPA 相对湿度控制范围仍确定为 45%～75%。

由表 12-3 可知，除中国国家军用标准 GJB 3007—2009 外，2007 年以后颁布的国内外的主要最新静电防护标准都放宽了对 EPA 湿度控制的要求，不再对湿度范围进行硬性规定。

表 12-3　概述当前最新防静电标准对 EPA 湿度控制的要求

标准类型	标准编号	颁布时间	EPA 相对湿度控制范围
IEC 国际标准	IEC 61340—5—1	2016 年	没有规定
美国国家标准	ANSI/ESD S20.20	2014 年	没有规定
美国军用标准	执行 ANSI/ESD S20.20	1999 年	按 ANSI/ESD S20.20 的规定
美国航天标准		2002 年	没有规定
美国电子工业标准	EIA/JESD 625B	2012 年	没有规定；如需要由各单位自行规定
中国航天五院标准	Q/W 1165	2008 年	没有规定：如需要由各单位自行规定
	或 Q/W 1301	2010 年	
中国军用标准	GJB 3007	2009 年	一般 EPA：45%～75%；军用另定

12.2.3　EPA 湿度控制从测量抓起的阶段

表 12-3 所列的 IEC 61340—5—1、ANSI/ESD S20.20 和 EIA 625 是世界上最著名的三大静电防护基础标准或顶层标准，三者都强调从体系上进行防护，新版标准都不要求湿度控制。

环境湿度对防静电材料物品技术性能的影响是客观因素，为什么最新标准没有对湿度控制提出要求？主要原因在于这些标准的出发点，最新静电防护标准的出发点是：建立一个可实施、实用有效的静电防护体系，在预期的实际最低湿度环境下，保证 EPA 能正常工作。标准提出了技术、管理全面控制措施，其中包括接地系统、人员接地和防静电材料物品的符合性验证要求。EPA 使用的所有防静电材料物品都应在预期的实际极限湿度范围内，特别是实际最低湿度环境下，应符合规定的技术要求，通过接地系统与大地保持等电位，避免发生 ESD 事件。再加上绝缘物的有效控制和必要的离子中和措施，可确保对 ESD 敏感器件的安全处置。

当然，环境湿度的影响是客观因素。特别是对高阻材料，随着相对湿度的降低，电阻增加，相对湿度从 30%降到 20%，电阻可增加两个量级。因此最新标准特别强调符合性验证测量，即对 EPA 使用的防静电器材的技术特性监测；要制定符合性验证计划；要按标准要求规定、监测所依据的标准、设备和方法；若选择另外的测量标准和测量方法，则应按“剪裁”对待，需进行认证。IEC 61340—5—1—2007 和 ANSI/ESD S20.20—2007 规定的支持性标准（规范性引用标准）要求，对 EPA 使用的所有静电耗散材料特性（电阻、衰变时间）的实验室测量都必须在规定的高、低湿度环境或在预期的实际最低湿度条件下进行评定。对防静电服、工作表面（桌面、地面等）、防静电包装袋等的实验室检测，规定的温度和高（中）、低湿条件是：低湿条件，相对湿度(12±3)%，温度(23±3)℃；高（中）湿条件，相对湿度(50±5)%，温度(23±3)℃。

为使测量结果准确、可靠，测量前试验样品应在规定的高（中）、低湿度环境中，分别放置规定的时间，如防静电服、包装袋、手套、指套等至少放置 48 小时，工作表面、鞋等至少放置 72 小时。在低湿度环境中，技术特性发生严重变化的材料物品不能用于 EPA，这就对进入 EPA 的防静电材料物品的质量从测量上进行了严格控制，检测成本高，但以高质量的防静电检测换来 EPA 的运行成本。

此外，国内外最新标准还要求：EPA 使用中应对防静电物品的技术特性进行定期的符合性（现场）验证，确保不使用不合格的防静电物品，保证静电防护效果。

12.2.4　更新静电防护理念

我国现有的静电防护理念与国外最新标准的出发点存在差异。我国有关防静电标准对

EPA 湿度控制的要求过严；而相关的配套或支持标准（产品标准、测量方法标准等）的要求却较宽，对防静电材料物品，一般只检测其在实验室标准温度、相对湿度下的性能。

例如，对于防静电地板产品，有的标准只规定在相对湿度(45±55)%、温度(23±2)℃条件下的产品电气性能测试。有关防静电材料用品的检测标准，也仅规定在相对湿度(40±60)%、温度 20℃～25℃实验室标准条件下的检验、检测和试验。虽然也有相关标准对个别防静电产品规定了低湿（如 12%或更低）环境，所用的防静电材料物品能满足使用要求吗？这并不清楚，因为没有测量数据支持。因此不得不要求采取强制增湿措施，严禁 EPA 进入低湿环境，严禁以低成本的防静电检测换来昂贵的 EPA 运行成本。

第一，改变静电防护理念，需要更新思维。建立静电防护新理念，研制国家层面标准，引领、指导并规范我国各行业、各部门、各层次防静电标准的制（修）定。从管理技术上实施全面的静电防护，放宽 EPA 湿度控制要求，树立 EPA 静电防护不应依赖环境湿度的新概念。

第二，修订完善静电防护支持标准（如产品标准、检测标准等）。应规定防静电材料物品在预期实际极限湿度，特别是实际最低湿度条件下的技术特性及其评定，满足 EPA 实际全湿度范围的使用要求。

第三，加强防静电检测实验室能力建设。建立温度、湿度长时间精确可控的防静电检测实验室（检测试验舱），在符合国际标准规定的温度和高（中）、低不同湿度条件下，有能力对防静电材料物品（样品）进行防静电性能的正规、全面地检测。

12.3 结论

湿度影响静电产生，但对 EPA 控制的影响不大；湿度对高导电性材料（表面电阻小于 $10^7\Omega$）的技术性能影响不大；湿度不影响接地技术；湿度也不影响人员接地技术。EPA 工作必需的绝缘物品不会因为控制湿度而不产生静电，仍需采取离子中和措施。若确保所用的防静电材料物品在预期实际最低湿度条件下满足使用要求，则 EPA 的运行和防护效果可不依赖于湿度控制（仅指电子产品）。至于对其他工业产品（爆炸、烟火、军械等）制造环境的控制要求，不在本书讨论之列。有的 EPA 也许需要控制湿度，但非静电防护的要求。例如，电子装联、调试 EPA 的相对湿度不应高于 70%，否则有可能影响焊接质量；电子元器件制造 EPA 需要控制湿度，这是因为洁净的生产环境和制造工艺有要求；准确电子测量 EPA 的过程中，若湿度超限则有可能影响数据准确性和可靠性；高湿度环境虽然有利于抑制静电的产生，但有可能使仪器设备结露、锈蚀，进而造成绝缘性能降低。因此采取必要的除湿措施是安全生产、仪器使用和其他规范的要求。

总之，不同性质、不同工作任务的 EPA，对湿度控制的要求不同。在防静电标准中规定统一的湿度控制范围，容易让人误以为是静电防护的要求。

12.4 湿度利用

当湿度增大时，材料表面吸收了一定的水分，电阻率降低，一方面不易产生静电，另一方面即使产生了静电也容易泄放。利用这个原理，有人将可控的水蒸气输送到易产生静电电荷的区域，并使其不对周围环境产生影响，为了避免材料表面生锈、腐蚀或损坏，制成了新型湿度静电消除器，其工作原理如图 12-5 所示。

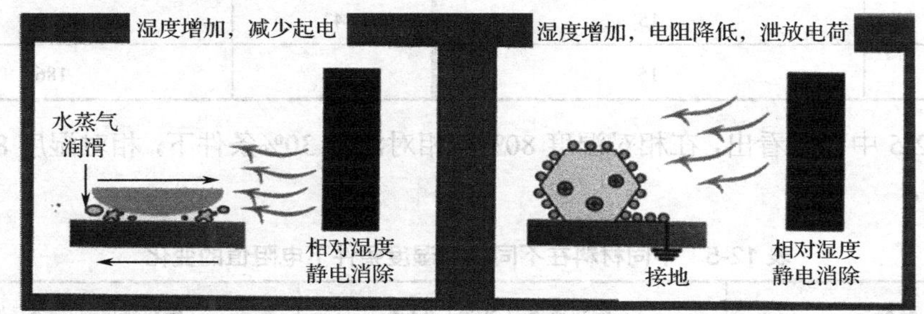

图 12-5　新型湿度静电消除器的工作原理

因为湿度增加，所以起电量减少，当采用离子风机中和静电时，静电电压的最大峰值为 100%，但使用湿度静电消除器时，静电电压的最大峰值仅为 30%，如图 12-6 所示。

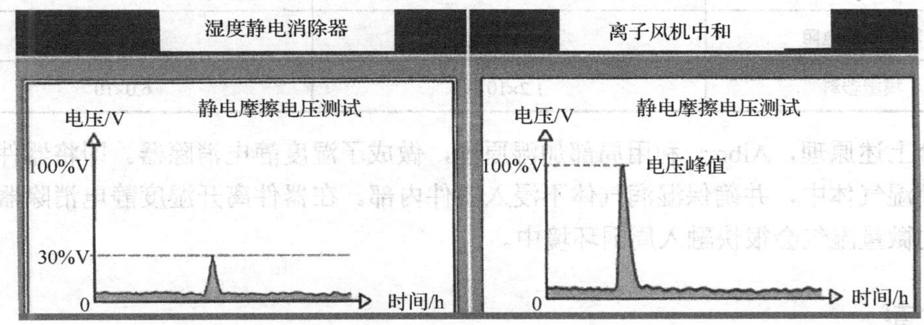

图 12-6　湿度静电消除器的静电电压的最大峰值

从表 12-4 中可以看出，当湿度静电消除器的相对湿度变化时，瞬时摩擦电压明显比在相对湿度 42%时采用离子风机时要小得多。

表 12-4　湿度静电消除器在不同湿度环境时的瞬时摩擦电压

相对湿度/%	湿度静电消除器的瞬时摩擦电压/V	相对湿度/%	离子风机的瞬时摩擦电压/V
60	134	42	199
65	71	42	210
70	45	42	182

续表

相对湿度/%	湿度静电消除器的瞬时摩擦电压/V	相对湿度/%	离子风机的瞬时摩擦电压/V
75	32	42	180
80	23	42	191
85	18	42	186
90	15	42	212
95	15	42	186

从表 12-5 中可以看出，在相对湿度 80%与相对湿度 30%条件下，相对湿度 80%环境中的电阻更大。

表 12-5　不同材料在不同相对湿度条件下电阻值的变化

材料	相对湿度（30%）/Ω	相对湿度（80%）/Ω
电路板（PCB）	7.2×10^{8}	5.1×10^{10}
塑料柱	7.7×10^{8}	5.7×10^{10}
继电器室	2.0×10^{7}	6.1×10^{10}
环氧压敏电阻	1.1×10^{10}	7.3×10^{10}
模塑塑料	1.2×10^{10}	6.0×10^{10}

结合上述原理，Albert 利用局部加湿原理，做成了湿度静电消除器。即将器件外面暂时置于潮湿气体中，并确保湿润气体不浸入器件内部。在器件离开湿度静电消除器后，表面存留的微量湿气会很快融入周围环境中。

参考文献

[1] IEC 6140—5—1—2016，Electrostatics—Part 5—1：Protection of electronic devices from electrostatic phenomena—General Requirements.

[2] 袁亚飞. 电子工业静电防护技术与管理[M]. 北京：中国宇航出版社，2013.

[3] Albert Kow Kek Hing，Relative Humidity（RH）Control is better than Ironizer in ESD Control，Technical Papers Presented in Singapore ESDA Symposium in 2012 and at the Germany ESD Symposium in 2014.

相关标准

ANSI/ESD S20.20—2014，For the Development fo an Electrostatic Discharge control Program for—Protection of Electrical and Electronic Parts, Assemblies and Equipment (EVcluding Electrically Initialted EVplosive Devices)

GB/T 32304—2015，航天电子产品静电防护要求

GJB 3007A—2009，防静电工作区技术要求

反侵权盗版声明

反侵权盗版声明

电子工业出版社依法对本作品享有专有出版权。任何未经权利人书面许可，复制、销售或通过信息网络传播本作品的行为；歪曲、篡改、剽窃本作品的行为，均违反《中华人民共和国著作权法》，其行为人应承担相应的民事责任和行政责任，构成犯罪的，将被依法追究刑事责任。

为了维护市场秩序，保护权利人的合法权益，我社将依法查处和打击侵权盗版的单位和个人。欢迎社会各界人士积极举报侵权盗版行为，本社将奖励举报有功人员，并保证举报人的信息不被泄露。

举报电话：（010）88254396；（010）88258888
传　　真：（010）88254397
E-mail：　dbqq@phei.com.cn
通信地址：北京市海淀区万寿路 173 信箱
　　　　　电子工业出版社总编办公室
邮　　编：100036